战略性新兴领域“十四五”高等教育系列教材

深度学习

李 侃 孙 新 编著

机械工业出版社

本书是一本体系完整、算法和案例丰富的人工智能类教材。本书系统地讲解深度学习的理论与方法，主要内容包括绪论、深度学习基础、卷积神经网络、循环神经网络、深度序列模型、深度生成网络、图神经网络、注意力机制、深度强化学习、深度迁移学习、无监督深度学习。本书通过丰富的实例讲解方法的应用；强调深度学习的系统性、方法的时效性，同时针对深度学习快速发展的特点，讲解深度学习的最新技术，本书配备了实例的数字化资源，供学习者下载。

本书既可以作为国内各高等学校、科研院所本科生、研究生的教材，也可以供国内外从事深度学习的研究人员和工程人员使用。

本书配有电子课件，欢迎选用本书作教材的教师登录 www.compedu.com 注册后下载。

图书在版编目（CIP）数据

深度学习 / 李侃，孙新编著. -- 北京 ：机械工业出版社，2024. 11. -- (战略性新兴领域“十四五”高等教育系列教材). -- ISBN 978-7-111-77161-6

Ⅰ. TP181

中国国家版本馆 CIP 数据核字第 2024ZE6149 号

机械工业出版社（北京市百万庄大街22号　邮政编码100037）

策划编辑：吉　玲　　　　责任编辑：吉　玲　刘丽敏

责任校对：肖　琳　张　征　　封面设计：张　静

责任印制：邓　博

北京盛通数码印刷有限公司印刷

2024年12月第1版第1次印刷

184mm×260mm・16.25印张・399千字

标准书号：ISBN 978-7-111-77161-6

定价：59.00 元

电话服务　　　　　　　　　　网络服务

客服电话：010-88361066　　　机　工　官　网：www.cmpbook.com

010-88379833　　　机　工　官　博：weibo.com/cmp1952

010-68326294　　　金　书　网：www.golden-book.com

封底无防伪标均为盗版　　　机工教育服务网：www.cmpedu.com

序

人工智能和机器人等新一代信息技术正在推动着多个行业的变革和创新，促进了多个学科的交叉融合，已成为国际竞争的新焦点。《中国制造2025》《“十四五”机器人产业发展规划》《新一代人工智能发展规划》等国家重大发展战略规划都强调人工智能与机器人两者需深度结合，需加快发展机器人技术与智能系统，推动机器人产业的不断转型和升级。开展人工智能与机器人的教材建设及推动相关人才培养符合国家重大需求，具有重要的理论意义和应用价值。

为全面贯彻党的二十大精神，深入贯彻落实习近平总书记关于教育的重要论述，深化新工科建设，加强高等学校战略性新兴领域卓越工程师培养，根据《普通高等学校教材管理办法》（教材〔2019〕3号）有关要求，经教育部决定组织开展战略性新兴领域“十四五”高等教育教材体系建设工作。

湖南大学、浙江大学、国防科技大学、北京理工大学、机械工业出版社组建的团队成功获批建设“十四五”战略性新兴领域——新一代信息技术（人工智能与机器人）系列教材。针对战略性新兴领域高等教育教材整体规划性不强、部分内容陈旧、更新迭代速度慢等问题，团队以核心教材建设牵引带动核心课程、实践项目、高水平教学团队建设工作，建成核心教材、知识图谱等优质教学资源库。本系列教材聚焦人工智能与机器人领域，凝练出反映机器人基本机构、原理、方法的核心课程体系，建设具有高阶性、创新性、挑战性的《人工智能之模式识别》《机器学习》《机器人导论》《机器人建模与控制》《机器人环境感知》等20种专业前沿技术核心教材，同步进行人工智能、计算机视觉与模式识别、机器人环境感知与控制、无人自主系统等系列核心课程和高水平教学团队的建设。依托机器人视觉感知与控制技术国家工程研究中心、工业控制技术国家重点实验室、工业自动化国家工程研究中心、工业智能与系统优化国家级前沿科学中心等国家级科技创新平台，设计开发具有综合型、创新型的工业机器人虚拟仿真实验项目，着力培养服务国家新一代信息技术人工智能重大战略的经世致用领军人才。

这套系列教材体现以下几个特点：

（1）教材体系交叉融合多学科的发展和技术前沿，涵盖人工智能、机器人、自动化、智能制造等领域，包括环境感知、机器学习、规划与决策、协同控制等内容。教材内容紧跟人工智能与机器人领域最新技术发展，结合知识图谱和融媒体新形态，建成知识单元711个、知识点1803个，关系数量2625个，确保了教材内容的全面性、时效性和准确性。

（2）教材内容注重丰富的实验案例与设计示例，每种核心教材配套建设了不少于5节的核心范例课，不少于10项的重点校内实验和校外综合实践项目，提供了虚拟仿真和实操项目相结合的虚实融合实验场景，强调加强和培养学生的动手实践能力和专业知识综合应用能力。

（3）系列教材建设团队由院士领衔，多位资深专家和教育部教指委成员参与策划组织工作，多位杰青、优青等国家级人才和中青年骨干承担了具体的教材编写工作，具有较高的编写质量，同时还编制了新兴领域核心课程知识体系白皮书，为开展新兴领域核心课程教学及教材编写提供了有效参考。

期望本系列教材的出版对加快推进自主知识体系、学科专业体系、教材教学体系建设具有积极的意义，有效促进我国人工智能与机器人技术的人才培养质量，加快推动人工智能技术应用于智能制造、智慧能源等领域，提高产品的自动化、数字化、网络化和智能化水平，从而多方位提升中国新一代信息技术的核心竞争力。

中国工程院院士

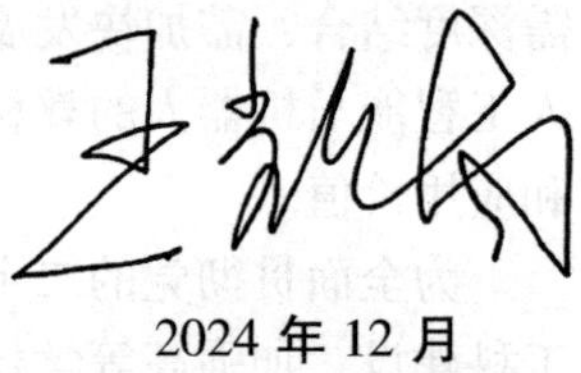

2024 年 12 月

前言

PREFACE

随着科技的飞速发展，人工智能（AI）已经成为这个时代最引人注目的科技之一。在AI的众多分支中，深度学习（Deep Learning）凭借其强大的特征提取能力和对数据内在模式的精确建模，已经成为推动AI技术不断突破的关键力量。为此，我们编写了这本《深度学习》教材，系统地介绍深度学习的理论与方法。本书旨在为读者提供一个全面而深入的深度学习知识体系。本书从深度学习的基础知识出发，逐步深入到各种先进的网络结构和算法，力求让读者在掌握基本理论的同时，能够了解深度学习的最新发展和应用。

本书由11章组成。第1章概述深度学习，介绍深度学习的发展历史、分类及度量指标。第2章介绍深度学习基础知识，讨论深度学习相关的数学基础知识、感知机与多层感知机，以及反向传播算法。第3章详细介绍卷积神经网络的基本概念、发展历程、基本结构与部件，以及代表性模型和各种卷积。第4章阐述循环神经网络的结构以及训练方法，着重分析长短期记忆网络和门控循环单元等典型循环神经网络。第5章主要讨论以序列到序列为代表的深度序列模型，分析编码器-解码器架构，重点论述Transformer架构及其各种变体。第6章阐述各种深度生成网络，包括基于玻尔兹曼机的方法、基于变分自动编码器的方法、基于生成对抗网络的方法、基于流模型的方法、基于扩散模型的方法、基于自回归网络的方法，以及大语言模型。第7章深入讨论图神经网络的核心概念和运行机制，详尽阐述了包括图卷积神经网络、图循环网络和图注意力网络等典型图神经网络。第8章介绍深度学习领域注意力机制的概念、发展历程、分类，讨论注意力模型的基本架构以及原理，以及注意力模型的性能测评。第9章主要论述深度强化学习，介绍强化学习模型和马尔可夫决策过程，重点讨论深度Q学习算法和TD算法等深度价值学习算法、策略梯度算法等深度策略学习、模仿学习以及基于人类反馈的强化学习。第10章阐述深度迁移学习，重点讨论基于微调的深度迁移学习、基于冻结CNN层的深度迁移学习、基于渐进式学习的深度迁移学习，以及基于对抗的深度迁移学习，总结了每一种方法的基本实现思路与相关应用，并给出了常用的数据集。第11章主要论述无监督深度学习，介绍基于掩码的任务、基于语言模型的任务、基于时序的任务、基于对比学习的任务，以及经典无监督深度学习模型。

本书内容全面，体系完整，涵盖了深度学习的基本概念、原理、算法和应用等多个方面，为读者呈现完整的深度学习知识体系。本书注重理论与实践相结合，不仅介绍了各种算法的原理，还提供了大量的实验案例和代码实现，读者可以通过亲手实践，加深对算法的理解和掌握，提高解决实际问题的能力。随着技术的不断发展，机器学习领域也在不断涌现新的研究成果和应用场景，本书注重跟踪前沿动态，及时介绍最新的研究成果和趋势。本书强调可读性和可教性，充分考虑了读者的阅读体验和教师的教学需求，同时，提供了丰富的教学资源，方便教师进行课堂教学和实验教学。本书数字化资源丰富，学习体验升级。作为新形态教材，本书配备了数字化资源，如实例源代码等。这些资源不仅能够帮助读者更直观地理解复杂的概念和算法，还能够提升学习的趣味性和互动性。读者可以通过扫描书中的二维码或访问指定网站，获取这些数字化资源。通过本书的学习，读者将能够全面掌握深度学习的理论与方法，了解深度学习领域的最新研究成果和应用趋势，为未来的研究和应用奠定坚实的基础。期待本书能为读者提供一个深入、系统的深度学习知识体系，共同推动人工智能的发展。

本书既可以作为国内各高等学校、科研院所本科生、研究生的教材，也可以供国内外从事深度学习的研究人员和工程人员使用。希望读者通过阅读本书，学会各种深度学习方法，体验学习相关知识的乐趣。

本书第 1~4 章、第 6 章、第 8~10 章由李侃编著，第 5、7、11 章由孙新编著。感谢博士生王星霖、刘鑫、袁沛文、尹航、李易为、范文骁为本书所付出的辛勤工作。感谢对本书投入过心血的所有人！另外，在本书写作和出版的过程中，机械工业出版社的编辑团队给予了很多帮助，在此特向他们致谢。

由于笔者水平有限，书中难免有不足之处，敬请广大读者批评指正。

李侃

目 录

CONTENTS

第1章 绪论

1.1 深度学习简介

深度学习(Deep Learning)是近年来发展十分迅速的一项人工智能(AI)技术，是机器学习领域的一个重要分支。深度学习通过模拟大量的神经元和复杂的网络结构来实现信息的处理、提取和学习，使机器从样本数据中自动学习到有效的特征表示和内在规律，让机器能够像人一样具有分析学习能力，令其更接近于最初的目标——人工智能。

深度学习的发展历程可以追溯到20世纪50年代，Rosenblatt发明了感知机算法，对输入的多维数据进行二分类。20世纪80年代，Hinton发明了适用于多层感知机的反向传播算法，有效地解决了非线性分类和学习的问题。然而，由于当时计算能力的限制，神经网络的效果并不理想。近二十年来，随着计算机性能的不断提升和大数据的出现，深度学习取得了显著的突破。2006年，Hinton等人提出了深度学习的概念，之后在众多研究者的努力下，随机梯度下降、dropout等神经网络优化策略被相继提出，尤其是GPU并行计算技术的出现解决了神经网络的时延问题。此后，许多经典的深度学习架构被相继提出，如深度卷积神经网络AlexNet、循环神经网络(RNN)、长短期记忆(LSTM)网络、生成对抗网络(GAN)以及众多大模型的主干架构Transformer等。

随着深度学习技术的不断发展及其性能的不断提升，深度学习被广泛应用在众多实际领域，并展现出了极高的应用价值。在计算机视觉领域，深度学习已成功应用于图像分类、对象检测、语义分割、姿态估计和3D重建等任务；在自然语言处理领域，深度学习可以实现机器翻译、文本分类、命名实体识别、语义分析、文本生成等功能；在语音识别领域，深度学习可用于声纹识别、语音转文本、语音合成等。此外，在生物医学、无人驾驶、工业自动化、智能家居等诸多领域均有广泛应用。深度学习目前正处于迅猛发展阶段。未来，深度学习技术将越来越成熟，并赋能更多的领域与场景，为人们的生活带来便利，使人工智能成为现实生活的得力助手。

本书主要介绍深度学习的基本概念、原理、技术与相关应用。本章首先介绍深度学习的发展历史，然后分别从任务和模型的角度概述深度学习技术，最后对现有的度量方法进行阐述，以帮助读者更好地理解和掌握这一技术。

1.2 深度学习的发展历史

从历史发展进程看，深度学习的发展历史可以从技术和产业应用两大方面进行阐述，下面将对其分别进行介绍。

1.2.1 深度学习技术的发展历史

计算机模拟人脑的思维起源于20世纪的人工神经元模型，该算法思想由神经科学家麦卡洛克(W. S. McCulloch)和数学家皮兹(W. Pitts)于1943年首次提出。1958年，Rosenblatt推出了感知机算法，这是计算机历史上的第二个机器学习模型，该模型在功能上与现在部分模型相似。感知机是一个非常简单的二元分类器，可以确定给定的输入图像是否属于给定的类。为了实现这一点，它使用了单位阶跃激活函数。使用单位阶跃激活函数，如果输入大于0，则输出为1，否则为0。将感知机算法作为实际应用于数据分类问题的具体演绎，并引发了第一次神经网络学习狂潮。然而，随着时间的推移，感知器算法被证明仅适用于处理线性问题，应用范围的限制阻碍了该算法的进一步发展，神经网络相关研究陷入了长达20年的停滞状态。

这种停滞状态一直持续到20世纪80年代才得以改变。1982年，加拿大多伦多大学教授，深度学习奠基人Geoffrey Hinton提出了适用于人工神经网络的反向传播算法(BP算法)。BP算法通过将参数反向传播，从而实现对非线性数据的分类。该算法的出现为机器学习带来了新的活力，引发了第二次神经网络学习狂潮。

1982—1986年，在多层感知机显示出解决图像识别问题的潜力之后，人们开始思考如何对文本等序列数据进行建模。第一种循环神经网络(RNN)单元应运而生，它是一类旨在处理序列的神经网络。与多层感知机(MLP)等前馈网络不同，RNN有一个内部反馈回路，负责记住每个时间步长的信息状态。然而此时的RNN没有引起人们的注意，因为简单的RNN单元在用于长序列时会受到很大影响，主要是存在记忆力短和梯度不稳定的问题。

在后续的发展过程中，研究人员由于计算机技术的发展和算法的完善发现，BP算法的误差会随着网络层数的增加而逐渐消失，即梯度消失问题。这个问题导致无法调整浅层神经元的参数，对于深度学习来说是个致命打击，从而使得深度学习的发展再次陷入停滞。同时在此期间，支持向量机、决策树、随机森林等算法的发明以及它们在数据分类方面的优越性能，导致基于统计学思想的机器学习方法成为主流，这无疑加深了深度学习的困境。

由于梯度不稳定的问题，简单RNN单元无法处理长序列问题。1998年，长短期记忆(LSTM)单元被提出，相比于RNN，它可以处理更长的文本序列。LSTM单元的一个特殊设计差异是它有一个门控机制，这是它可以控制多个时间步长的信息流的基础。LSTM使用门来控制从当前时间步长到下一个时间步长的信息流，有以下4种方式：

（1）输入门识别输入序列；

（2）遗忘门去掉输入序列中包含的所有不相关信息，并将相关信息存储在长期记忆中；

（3）LTSM单元更新“更新单元”的状态值；

（4）输出门控制必须发送到下一个时间步长的信息。

LSTM处理长序列的能力使其成为适合各种序列任务的神经网络架构，例如文本分类、情感分析、语音识别、图像标题生成和机器翻译。LSTM 是一种强大的架构，但它的计算成本很高。2014 年推出的门控循环单元 GRU(Gated Recurrent Unit)可以解决这个问题。与 LSTM 相比，GRU 的参数更少，效果也很好。

在 2006 年，Geoffrey Hinton 教授与其学生 Salakhutdinov 在学术期刊 *Science* 上发表了一篇具有启示性的论文，这篇论文成功地结束了深度学习的第二次停滞期，使其再次成为公众关注的焦点。该工作通过结合无监督逐层训练及有标记数据的有监督训练，实现了数据分类和可视化。同时，它为 BP 神经网络中的梯度消失问题提供了解决方案，并证明了具有多隐含层的深度学习神经网络具备出色的学习能力。这篇论文不仅在学术界引起了广泛关注，还在工业领域掀起了一股深度学习热潮，为工业 4.0 的诞生奠定了基础。因此，2006 年被誉为深度学习的元年。

自 2006 年起，深度学习的研究不断升温，众多国际知名大学加入了该领域的研究浪潮，其中包括斯坦福大学、蒙特利尔大学和纽约大学等。

ImageNet 挑战赛始于 2010 年，其目标是评估大型数据集上的图像分类和对象分类架构。它带来了许多强大而有趣的视觉架构。2012 年，Hinton 教授带领团队参加 ImageNet 图像识别大赛，提出的 AlexNet 以 15.3%的 Top 5 低错误率压倒性地赢得了比赛。AlexNet 由 5 个卷积层、随后的最大池化层、3 个全连接层和一个 softmax 层组成。AlexNet 提出了深度卷积神经网络可以很好地处理视觉识别任务的想法。但当时，这个观点还没有深入到其他应用上。在随后的几年里，卷积神经网络架构不断变得更大并且工作得更好。例如，有 19 层的 VGG 以 7.3%的错误率赢得了挑战。GoogLeNet(Inception-v1)更进一步，将错误率降低到 6.7%。2015 年，ResNet(Deep Residual Network)扩展了这一点，并将错误率降低到 3.6%，并表明通过残差连接，可以训练更深的网络(超过 100 层)，在此之前，训练如此深的网络是不可能的。人们发现更深层次的网络做得更好，这导致产生了其他新架构，如 ResNeXt、Inception-ResNet、DenseNet、Xception 等。

2014 年，Ian Goodfellow 创建生成对抗网络(GAN)，用于从训练数据中生成或合成新的数据样本，例如文本、图像和音乐。GAN 由两个主要组件组成：生成假样本的生成器，以及区分真实样本和生成器生成样本的判别器。生成器和判别器可以说有互相竞争的关系。它们都是独立训练，在训练过程中，采用零和游戏方式。生成器不断生成欺骗判别器的假样本，而判别器则努力发现那些假样本(参考真实样本)。在每次训练迭代中，生成器在生成接近真实的假样本方面做得更好，判别器必须提高标准来区分不真实的样本和真实样本。

GAN 是生成模型的一种。其他流行的生成模型类型还有 Variational Autoencoder(变分自动编码器，VAE)、AutoEncoder(自动编码器)和扩散模型等。

2017 年，相比于计算机视觉领域各种新的卷积网络架构层出不穷，核心计算机视觉任务(图像分类、目标检测、图像分割)不再像以前那样复杂、人们可以使用 GAN 生成逼真的图像，自然语言处理(NLP)领域的发展似乎落后了。但是随后出现的一种完全基于注意力机制的新神经网络架构 Transformer，在 NLP 各个下游任务上表现出非常优越的性能，在随后的几年，注意力机制继续主导其他方向(最显著的是视觉)。Transformer 是一类纯粹基于注意力机制的神经网络算法，它不使用循环网络或卷积。它由多头自注意力、残差连接、层归一化、全连接层和位置编码组成。Transformer 彻底改变了 NLP，目前它也在改变着计算机视觉领域，并被用在机器翻译、文本摘要、语音识别、文本补全、文档搜索等多个下游任务上。

自 2017 年以来，深度学习算法、应用和技术突飞猛进，下面介绍近年来的一些重要的技术突破。

（1）Vision Transformer

Transformer 在 NLP 中表现出优异的性能后不久，一些勇于创新的人就迫不及待地将注意力机制用到了图像领域。2020 年，在论文 *An Image is Worth 16x16 Words：Transformers for Image Recognition at Scale* 中，谷歌的几位研究人员表明，对直接在图像块序列上运行的正常 Transformer 进行轻微修改，就可以在图像分类数据集上产生实质性的结果。他们将这种架构称为 Vision Transformer（ViT），它在大多数计算机视觉基准测试中都有不错表现（在编著者编著本文时，ViT 是 CIFAR-10 上最先进的分类模型）。除了使用图像 patch 之外，使 Vision Transformer 成为强大架构的原因是 Transformer 的超强并行性及其缩放行为。

（2）视觉和语言模型

视觉和语言模型通常被称为多模态。它们涉及视觉和语言的模型，例如文本到图像生成（给定文本，生成与文本描述匹配的图像）、图像字幕（给定图像，生成其描述）和视觉问答（给定一个图像和关于图像中内容的问题，生成答案）。很大程度上，Transformer 在视觉和语言领域的成功促成了多模型作为一个单一的统一网络。

2022 年，OpenAI 发布了 DALL·E 2（改进后的 DALL·E），这是一种可以根据文本生成逼真图像的视觉语言模型。现有的文本转图像模型有很多，但 DALL·E 2 的分辨率、图像标题匹配度和真实感都相当出色，图 1-1 是 DALL·E 2 创建的一些图像示例。

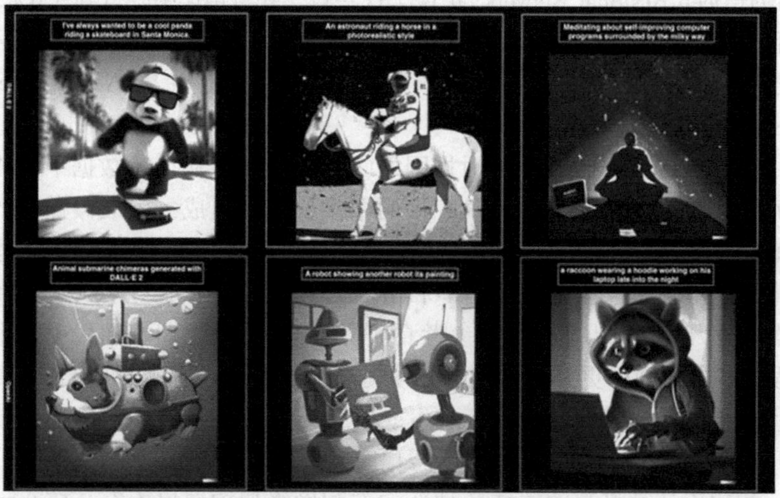

图 1-1　DALL·E 2 生成的图像

（3）大规模语言模型（LLM）

语言模型有多种用途。它们可用于预测句子中的下一个单词或字符、总结一段文档、将给定文本从一种语言翻译成另一种语言、识别语音或将一段文本转换为语音。

在引入论文 *Attention is all you need* 一年后，大规模语言模型开始出现。2018 年，OpenAI 发布了 GPT（Generative Pre-trained Transformer），这是当时最大的语言模型之一。一年后，OpenAI 发布了 GPT-2，一个拥有 15 亿个参数的模型。又一年后，他们发布了 GPT-3，它有1750亿(175B)个参数，用了570GB的文本来训练。模型有700GB。根据Lambda Labs的说法，如果使用在市场上价格最低的GPU云训练GPT-3，需要366年，花费460万美元!

GPT-*n*系列型号仅仅是个开始。还有其他更大的模型接近甚至比GPT-3更大。如：最新的DeepMind Gopher有280亿(280B)参数。2022年4月12日，DeepMind发布了另一个名为Chinchilla的70B语言模型，尽管比Gopher、GPT-3和Megatron-Turing NLG(530B参数)小，但它的性能优于许多语言模型。Chinchilla的论文表明，现有的语言模型是训练不足的，具体来说，它表明将模型的大小加倍，数据也应该加倍。但是，几乎在同一周内又出现了具有5400亿个参数的Google Pathways语言模型(PaLM)。

2022年11月30日，OpenAI发布了ChatGPT人机对话交互模型，相比于过去的人机对话模型，ChatGPT展现出更贴近人类的思维逻辑，可以回复用户的连续问题，具有一定的道德准则，减少了错误问答出现的概率，具备代码的编写和debug功能。ChatGPT在人机对话上到达了前所未有的高度，模型开放测试一周用户便突破了百万级别。ChatGPT作为GPT-3.5的微调版本，采用了基于人类反馈的强化学习(RLHF)方式和近端策略优化(PPO)，通过奖励模型的设定，极大减少了无效、编造、有害的答案出现的概率，更多输出人们期望的答案。

2023年3月14日，OpenAI公司发布了其最新的深度学习模型GPT-4，OpenAI在6个月的时间迭代调整GPT-4利用了对抗性测试程序和ChatGPT的经验教训，这是继2022年11月推出的ChatGPT之后的又一重大里程碑。GPT-4比以往任何时候都更具创造力和协作性。它可以生成、编辑和迭代用户进行创意和技术写作任务，例如创作歌曲、编写剧本或学习用户的写作风格。与前一代模型GPT-3.5相比，GPT-4在许多真实世界的场景中表现出了接近或达到人类水平的性能，虽然在许多现实世界场景中的能力不如人类，但在各种专业和学术基准上表现出人类水平的表现。

随着OpenAI公司不断推出性能更强、功能更多样的大模型，全球许多独角兽公司加入到大模型研发的竞赛中来，例如Meta于2023年2月开始开发Llama系列模型，并于2023年7月与2024年4月分别推出新版本的系列模型Llama2、Llama3；Google于2023年5月发布了超过3400亿参数的大语言模型，并于2023年12月推出了包括三个量级的原生多模态大模型Gemini；马斯克旗下大模型公司于2024年3月开源了3140亿参数的大模型Grok-1；法国初创公司Mistral AI于2023年9月发布了首个生成式人工智能模型Mistral 7B，我国也不断有初创公司加入进来，月之暗面与2023年10月推出Kimi，并于2024年3月推出支持200万字超长上下文的服务，2024年5月，幻方旗下的深度求索发布的DeepSeek-V2(32k)，在数学、编程、中英文等能力上已逼近GPT-4，随着大模型在各行各业垂类应用的不断增多，未来会有越来越多的科创公司加入到大模型研发中。

(4) 代码生成模型

代码生成是一项涉及补全给定代码或根据自然语言或文本生成代码的任务，或者简单地说，它是可以编写计算机程序的人工智能系统。

2021年，OpenAI发布了新的深度学习工具Codex，它是在GitHub公共仓库和其他公共源代码上微调的GPT-3。OpenAI表示："OpenAI Codex是一种通用编程模型，这意味着它基本上可以应用于任何编程任务(尽管结果可能会有所不同)。我们已经成功地将它用于编译、解释代码和重构代码。但我们知道，我们只触及了可以做的事情的皮毛。"目前，由Codex支持的 GitHub Copilot 扮演着辅助程序员的角色。

在 OpenAI 发布 Codex 几个月后，DeepMind 发布了 AlphaCode，这是一种基于 Transformer 的语言模型，可以解决编程竞赛问题。AlphaCode 发布的博文称："AlphaCode 通过解决需要结合批判性思维、逻辑、算法、编码和自然语言理解的新问题，在编程竞赛的参与者中估计排名前 54%。"2023 年 8 月，Meta 继发布用于生成文本、翻译语言和创建音频的人工智能模型之后，开源了 Code Llama。这是一个机器学习系统，可以用自然语言(特别是英语)生成和解释代码，可以免费商用和研究。

1.2.2 深度学习产业应用的变迁史

深度学习产业应用随着深度学习技术的发展而变迁，大体可分为以下三个阶段：

人工智能的第一次发展浪潮(1956—1980 年)：这一时期的核心在于让机器具备逻辑推理能力，通过推理与搜索尝试开发能够解决代数应用题、证明几何定理、使用英语的机器。该阶段的成果几乎无法解决实用问题。

人工智能第二次发展浪潮(1980—2006 年)：1980 年，以"专家系统"商业化兴起为标志，第二次发展浪潮正式掀起，该阶段的核心是：总结知识，并"教授"给计算机。这一时期内，解决特定领域问题的"专家系统"AI 程序开始为全世界的公司所采纳，弥补了第一次发展浪潮中"早期人工智能大多是通过固定指令来执行特定问题"，使得 AI 变得实用起来。知识库系统和知识工程成为了这一时期的主要研究方向，专家系统能够根据该领域已有的知识或经验进行推理和判断，从而做出可以媲美人类专家的决策。典型代表如医学专家系统 MYCIN，MYCIN 具有 450 条规则，其推导患者病情的过程与专家的推导过程类似，开处方的准确率可以达到 69%，该水平强于初级医师，但比专业医师(准确率 80%)还是差一些。随着人们发现专家系统具有很强的场景局限性，同时面临着升级迭代的高难度和高昂的维护费用，因而 AI 技术发展经历了第二次低迷期。

人工智能第三次发展浪潮(2006 年起)：机器学习、深度学习、类脑计算提出。以 2006 年 Hinton 提出"深度学习"神经网络为标志，第三次发展浪潮正式掀起，该阶段的核心是实现从"不能用、不好用"到"可以用"的技术突破。与此前多次起落不同，第三次浪潮解决了人工智能的基础理论问题，受到互联网、云计算、5G 通信、大数据等新兴技术不断崛起的影响，以及核心算法的突破、计算能力的提高和海量数据的支撑，人工智能领域的发展跨越了从科学理论与实际应用之间的"技术鸿沟"，迎来爆发式增长的新高潮。

在应用场景维度，目前人工智能已在安防、金融、教育、交通、医疗、家居、营销等多垂直领域取得一定发展，尤其是 AI+安防、金融、交通领域发展较快，典型公司有海康威视、商汤科技等；应用产品维度广阔，包括自动驾驶汽车、无人机、智能语音助手、智能机器人等，典型公司包括小马智行、科大讯飞等。从下游需求方来看，安防依然占据着 AI 主要需求，金融赛道则是下一个应用较好的场景，金融行业本身有较好的信息化基础以及数据积累，对精准营销、智能风控、反欺诈和反洗钱等机器学习产品有强烈需求。医疗、工业等赛道未来具有一定快速增长潜力，如 AI 在新药研发、手术机器人等领域的应用，工业领域也从机器视觉、质检进一步拓展至更多领域。

随着 OpenAI 公司产品 ChatGPT 的发布，生成式 AI 技术被广泛应用，其典型的应用场景包括语言模型、图像生成、音乐创作、数据分析和自动化客户服务等。在语言模型方面，生成式AI被广泛应用于开发高级语言模型，如聊天机器人、自动摘要、翻译系统和代码辅助生成，显著提升了语言应对的速度和准确性。在游戏设计和数据分析中，生成式AI赋能于自动生成游戏关卡、角色对话，并分析大量数据，为企业的战略规划提供有力支持。在艺术创作领域，生成式AI能够创作出独到的艺术作品，如绘画、音乐和文学作品，不仅为艺术家提供了新的创作工具和思路，还打破了传统的创作限制。生成式AI在商业应用中也展现了广泛的价值。它不仅可以自动化客户服务和支持任务，提供个性化客户体验，还能在内容创作、自动化病历编码、医学影像分析和基因组研究等方面发挥重要作用。

1.3 深度学习的分类

1.3.1 任务类型

在深度学习中，根据训练数据的标注情况和任务需求，可以将任务类型划分为有监督学习(Supervised Learning)、无监督学习(Unsupervised Learning)、半监督学习(Semi-supervised Learning)、自监督学习(Self-supervised Learning)和弱监督学习(Weakly-supervised Learning)五类。

1.3.1.1 有监督学习

有监督学习是指在训练过程中，数据集中的每个样本都有明确的目标输出值，模型通过学习这些样本的输入和输出关系来预测新的输出值。

应用场景：分类和回归的场景，如图像分类、心脏病预测等。

1.3.1.2 无监督学习

无监督学习是指在训练过程中，数据集中的每个样本没有明确的目标输出值，模型通过学习数据集中的输入关系来发现数据集中的规律和结构。常见深度学习的无监督学习任务有降维和生成模型。典型的算法包括：

1. 自动编码器

自动编码器是一种用于降维的神经网络。它的工作原理是将输入数据编码为低维表示，然后将其解码回原始空间。自动编码器通常用于数据压缩、去噪和异常检测等任务。它们对于高维且具有大量特征的数据集特别有用，因为它们可以学习捕获最重要特征的数据的低维表示。

2. 生成模型

生成模型用于学习数据的分布并生成与训练数据相似的新示例。一些流行的生成模型包括生成对抗网络(GAN)和变分自动编码器(VAE)。生成模型有很多应用，包括数据生成、图像生成和语言建模。它们还用于风格转换和图像超分辨率等任务。

1.3.1.3 半监督学习

半监督学习介于有监督和无监督学习之间，部分数据集中的样本有明确的目标输出值，而其他样本没有目标输出值。半监督学习算法旨在利用未标注的数据来提高模型在有标注数据上的性能。

在许多实际应用中，很容易找到海量的无类标签的样例，但需要使用特殊设备或经过昂贵且用时非常长的实验过程进行人工标记才能得到有类标签的样本，由此产生了极少量的有类标签的样本和过剩的无类标签的样例。因此，人们尝试将大量的无类标签的样例加入到有限的有类标签的样本中一起训练来进行学习，期望能对学习性能起到改进的作用，由此产生了半监督学习，如图 1-2 所示。半监督学习避免了数据和资源的浪费，同时解决了监督学习的模型泛化能力不强和无监督学习的模型不精确等问题。

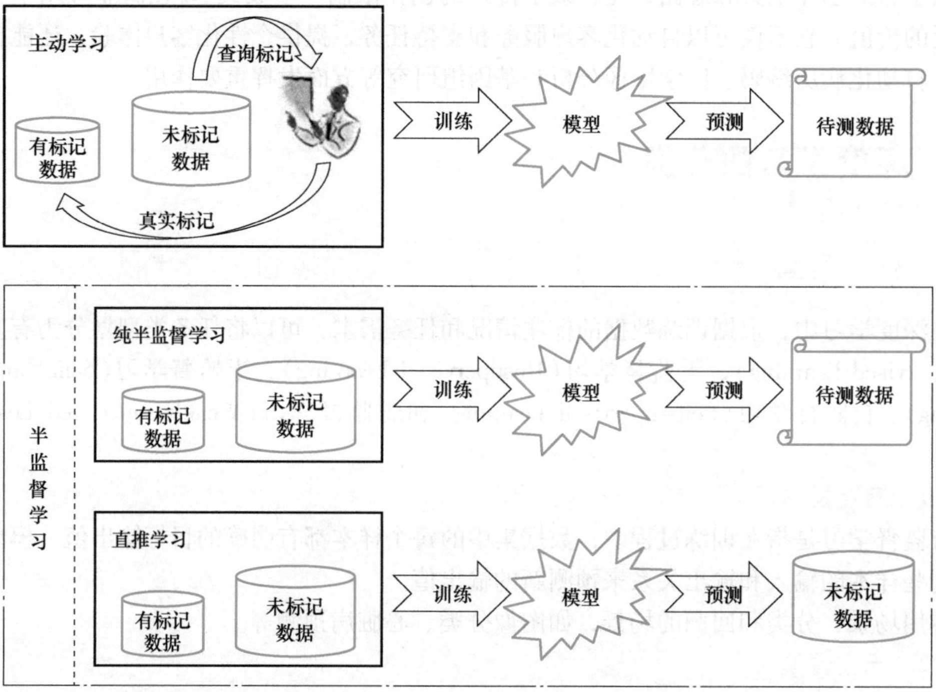

图 1-2　主动学习、半监督学习

基于未标记数据在训练过程中充当的不同角色，半监督学习可进一步划分为纯(pure)半监督学习和直推学习(Transductive Learning)。前者假定训练数据中的未标记样本并非待预测的数据，而后者则假定学习过程中所考虑的未标记样本恰是待预测数据。具体来说，纯半监督学习是基于"开放世界"假设，希望学得模型能适用于训练过程中未观察到的数据，而直推学习是基于"封闭世界"假设，仅试图对学习过程中观察到的未标记数据进行预测。

另一方面，根据训练算法类型的不同，半监督学习可分为：Self-training(自训练)算法、Graph-based Semi-supervised Learning(基于图的半监督算法)和 Semi-supervised Supported Vector Machine(半监督支持向量机，S3VM)等，具体包括：

1. 简单自训练(simple self-training)

用有标签数据训练一个分类器，然后用这个分类器对无标签数据进行分类，这样就会产生伪标签(pseudo label)或软标签(soft label)，基于准则挑选认为分类正确的无标签样本，把选出来的无标签样本用来训练分类器。

2. 协同训练(co-training)

属于 self-training 的一种技术，它假设每个数据可以从不同的角度进行分类，不同角度可以训练出不同的分类器，然后用这些从不同角度训练出来的分类器对无标签样本进行分类，再选出认为可信的无标签样本加入训练集中。由于这些分类器从不同角度训练，可以形成一种互补，而提高分类精度。

3. 半监督字典学习

先将有标签数据构建为字典，对无标签数据进行分类，挑选出认为分类正确的无标签样本，加入字典中(此时的字典就变成了半监督字典)。

4. 标签传播算法(Label Propagation Algorithm)

标签传播算法是一种基于图的半监督算法，通过构造图结构(数据点为顶点，点之间的相似性为边)来寻找训练数据中有标签数据和无标签数据的关系。

5. 半监督支持向量机(S3VM)

半监督支持向量机是利用了结构风险最小化来分类的，半监督支持向量机还用上了无标签数据的空间分布信息，即决策超平面应该与无标签数据的分布一致(应该经过无标签数据密度低的地方)。

实际上，半监督学习的方法大都建立在对数据的某种假设上，只有满足这些假设，半监督算法才能有性能的保证，这也是限制了半监督学习应用的一大障碍。

1.3.1.4　自监督学习

自监督学习是指通过利用数据本身的内在结构来预测数据中的特定关系或特征，从而使用有监督的学习算法进行训练，这种方法的关键在于如何设计合适的“伪标签”以捕获数据的结构信息，预训练语言模型、图像分割等任务都是自监督学习。一般来说，自监督的主要方法可以分为三类，介绍如下：

1. 基于上下文(Context Based)方法

基于数据本身的上下文信息可以构造很多任务，如 NLP 领域中重要的 Word2Vec 算法。Word2Vec 主要是利用语句的顺序，如图 1-3 所示，CBOW 通过利用周围词来预测中心词，而 Skip-gram 通过中心词来预测周围的词。

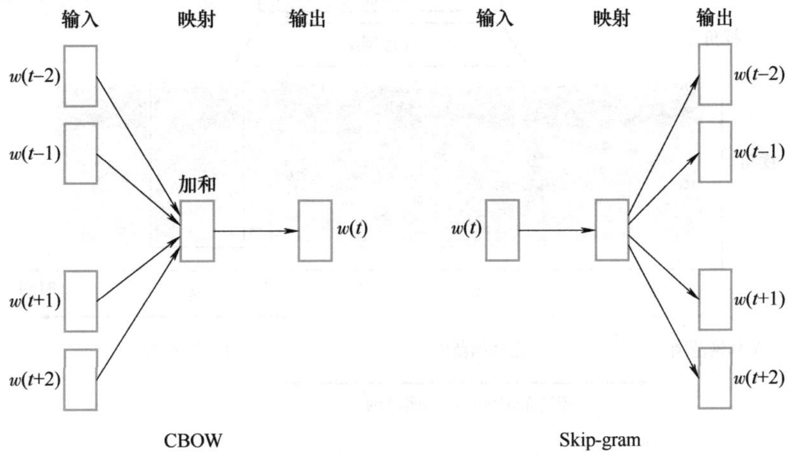

图 1-3　Word2Vec 的两种方法：CBOW 和 Skip-gram

在图像领域，研究人员通过一种名为 Jigsaw(拼图)的方式来构造辅助任务(Pretext)。如图 1-4 所示，将一张图分成 9 个部分，然后通过预测这几个部分的相对位置来产生损失。比如输入这张图中小猫的眼睛和右耳朵，然后让模型学习到猫的右耳朵是在眼睛的右上方的，如果模型能够很好地完成这个任务，那么就可以认为模型学习到的表征具有语义信息。

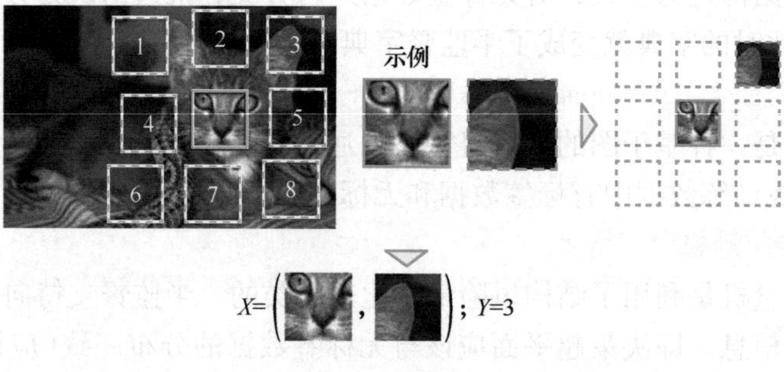

图 1-4 基于上下文预测的自监督视觉表征学习

2. 基于时序(Temporal Based)方法

在基于上下文的方法中大多是基于样本本身的信息，而样本间其实也具有很多约束关系，因此可以利用时序约束来进行自监督学习。最能体现时序的数据类型就是视频(Video)。

如图 1-5 所示，在视频领域可以基于帧的相似性进行研究，对于视频中的每一帧存在特征相似的概念，简单来说可以认为视频中的相邻帧的特征是相似的，而相隔较远的视频帧之间的相似度较低。通过构建这种相似(Positive)和不相似(Negative)的样本来进行自监督约束。

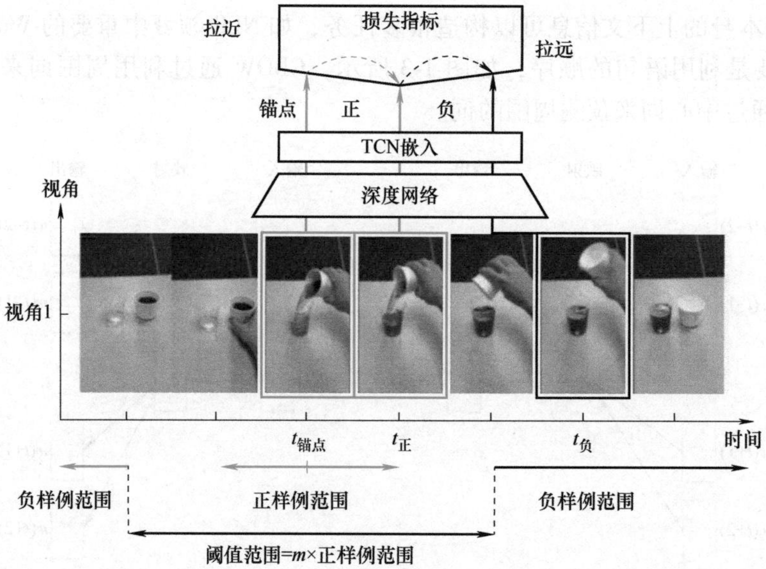

图 1-5 时序帧相似性示意图

3. 基于对比(Contrastive Based)方法

第三类自监督学习的方法是基于对比约束，它通过学习对两个事物的相似或不相似进行编码来构建表征。基于时序的方法已经涉及了基于对比的约束，其通过构建正样本(Positive)和负样本(Negative)，然后度量正负样本的距离从而实现自监督学习。

在自然语言处理领域，研究人员提出 SimCLR，重点关注正负样例的构建方式，探究非线性层在对比学习中的作用，进而获得更好的文本序列表征。SimCLR 模型结构如图 1-6 所示：

MoCo 是由 Kaiming He 的团队发表在 CVPR2020 的工作，MoCo 通过对比学习的方法，将无监督学习在 ImageNet 的分类的效果超过有监督学习的性能。MoCo 关注的重点是样本数量对学习到的质量的影响。MoCo 使用的正负样例生成方法中，正样本生成方法：随机裁剪，生成两个区域，同一张图片的两个区域是正样本，不同图片的两个区域是负样本，即判断两个区域是否为同一张图片。MoCo 的具体架构如图 1-7 所示。

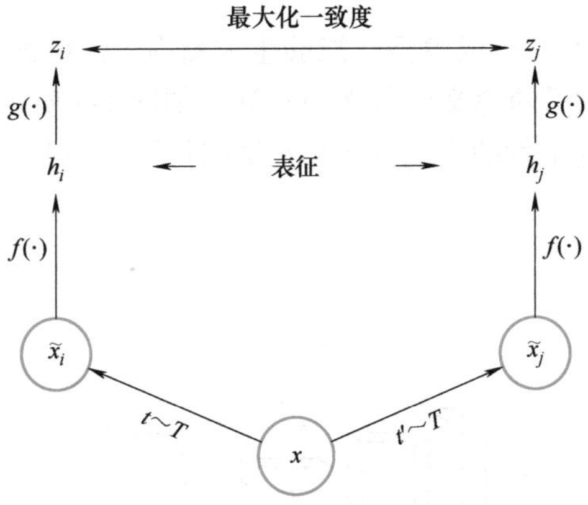

图 1-6　SimCLR 中的对比学习提取文本表征的方法

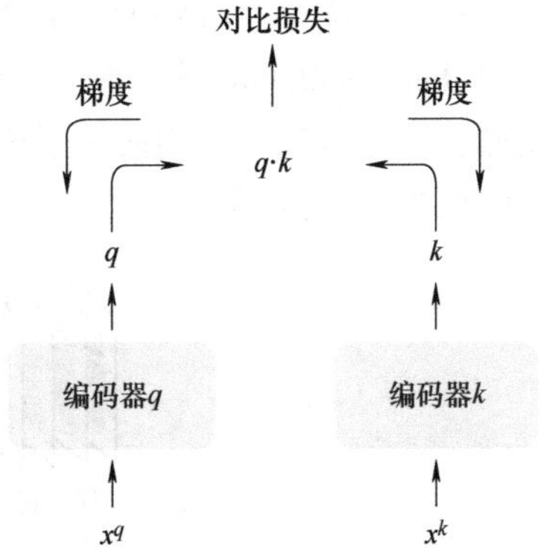

图 1-7　MoCo 结构示意图

定义 q、k 分别为正负样本的 key，x^q 和 x^k 分别为正负样本，端到端(End-to-end)模型可以使用同一个编码器或两个编码器来编码 x^q 和 x^k，然后通过内积计算损失(Loss)。

1.3.1.5　弱监督学习

弱监督学习是指在一个有噪声或不完全准确的标签数据集中进行监督学习，模型需要从质量较低的标签中学习到有用的信息，进而提高模型性能。依据南京大学周志华教授在 2018 年发表的论文，弱监督学习可以分为三种典型的类型，不完全监督(Incomplete Supervision)，不确切监督(Inexact Supervision)，不精确监督(Inaccurate Supervision)。

不完全监督是指训练数据中只有一部分数据有标签，有一些数据没有标签。

不确切监督是指训练数据只给出了粗粒度标签，可以把输入想象成一个包，这个包里面有一些示例，只知道这个包的标签，Y 或 N，但是不知道每个示例的标签。

不精确监督是指给出的标签不总是正确的，比如本来应该是 Y 的标签被错误标记成了 N。

1.3.2　模型类型

根据深度学习的目标和方式，可以将深度学习模型划分为生成式模型和判别式模型两类，如图 1-8 所示。

1. 生成式模型

生成式模型，又称概率模型，是指通过学习输入数据的联合概率分布 $P(X,Y)$，其中 X 表示输入特征，Y 表示输出标签，生成新的数据样本。常见的生成式模型有生成对抗网络(GAN)、变分自动编码器(VAE)、深度信念网络(DBN)和扩散模型等。

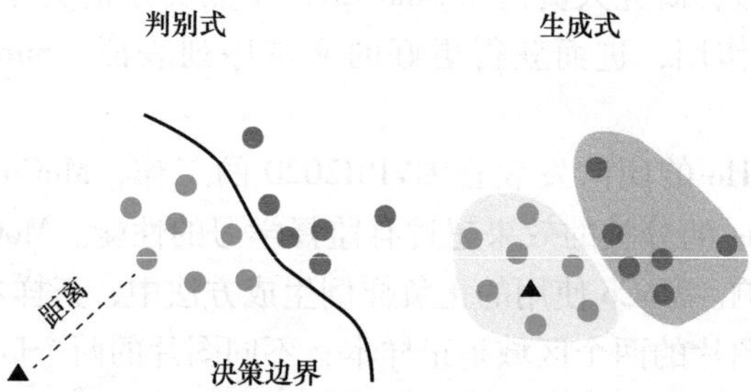

图 1-8　生成式模型和判别式模型

生成对抗网络(GAN)是一种基于深度学习的生成模型，能够生成新内容。GAN 架构在 2014 年 Ian Goodfellow 等人题为“生成对抗网络”的论文中首次被描述。如图 1-9 所示，GAN 采用监督学习方法，使用两个子模型：生成新示例的生成器模型和试图将示例分类为真实或假(生成的)的判别器模型。

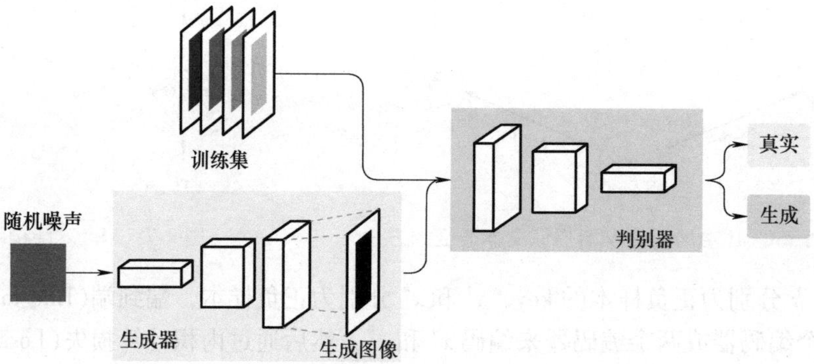

图 1-9　生成对抗网络(GAN)

变分自动编码器(VAE)是一种生成模型，它通过对数据的隐含表示(Latent Representation)进行概率建模，能够生成与训练数据类似的新数据。如图 1-10 所示，VAE 结合了深度神经网络和贝叶斯推理的概念，其主要思想是：假设存在一个可以生成观察到的数据的隐含变量，并且可以通过学习这个隐含变量的分布来生成新的数据。

DBN 是由一组受限玻尔兹曼机(RBM)堆叠而成的深度生成式网络(图 1-11)，它的核心部分是贪婪的、逐层学习的算法，这种算法可以最优化深度置信网络的权重，使用配置好的深度置信网络来初始化多层感知器的权重，常常会得到比随机初始化的方法更好的结果。在深度神经网络(Deep Neural Network，DNN)的高度非凸优化问题中，以无监督方式预训练的深度信念网络(DBN)可以提供良好的初始点，然后通过有监督的反向传播算法微调权值，从而有效解决深度网络的局部最优情况和欠拟合问题。这种生成式模型与判别式模型相结合的预训练/微调策略，极大地推动了深度学习早期的发展。

扩散模型(Diffusion Model，DM)用于生成与训练数据相似的数据。DM 的工作原理是通过连续添加高斯噪声来破坏训练数据，然后通过学习逆向的去噪过程来恢复数据。训练后，使用 DM 将随机采样的噪声传入模型中，通过学到的去噪过程来生成数据。DM 包括正向的扩散过程和反向的逆扩散过程。

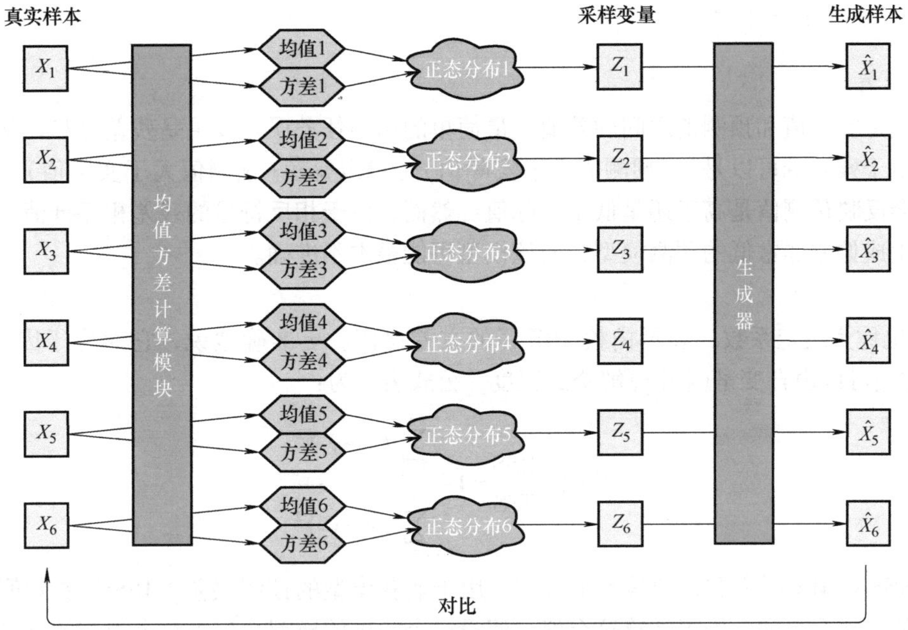

图 1-10　变分自动编码器(VAE)

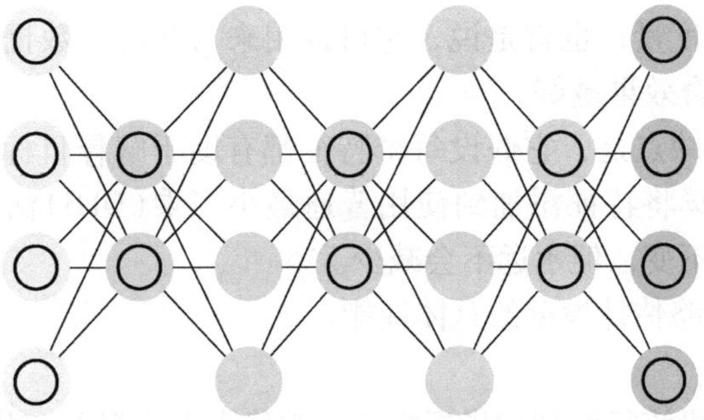

图 1-11　深度信念网络(DBN)

2. 判别式模型

判别式模型，又称非概率模型，是指通过学习数据集中的统计规律，对输入数据进行分类或回归。判别式模型试图学习输入数据和输出标签之间的条件概率分布 $P(Y|X)$。判别式模型关注“给定数据属于哪个类别”的问题，直接对输入数据进行分类或回归。常见的判别式模型有卷积神经网络(CNN)、循环神经网络(RNN)、长短时记忆(LSTM)网络等。

1.4　度量指标

在深度学习中，如何评估模型解决当前问题的“可用”程度，需要根据对应需求选择合适的评估指标对模型的表现进行评定。深度学习的度量指标可按任务类型大致分为三类：回归任务指标、分类任务指标、生成任务指标。

1.4.1 回归任务指标

1. 偏差

残差是实际值和预测值之间的差值，最简单的回归任务误差度量是残差之和，常被称为偏差。由于残差既可以是正(预测值小于实际值)也可以是负(预测值大于实际值)，所以偏差通常会反映预测值是高于还是低于实际值。然而，由于相反符号的残差相互抵消，仅可获得一个生成偏差非常低的预测模型，而该模型可能根本不准确。

2. R^2

R^2 也称为决定系数，表示由模型解释的方差比例。更准确地说，它对应于因变量(目标)的方差可以由自变量(特征)解释的程度，公式表示为：

$$R^2=1-\frac{\text{RSS}}{\text{TSS}}=1-\frac{\sum_{i=1}^{N}(y_i-\hat{y}_i)^2}{\sum_{i=1}^{N}(y_i-\bar{y}_i)^2}$$

式中，RSS 是偏差平方和，即残差平方和，用于捕获模型的预测误差；TSS 是实际值和平均值之差的二次方总和。为了计算这个值，假设一个简单的模型，其中每个观测的预测是所有观测到的实际值的平均值。

R^2 有以下几项特点：

(1) R^2 是一个相对度量；也就是说，它可以用来与在同一数据集上训练的其他模型进行比较。值越高表示拟合效果越好。

(2) R^2 的一个潜在缺点是，它假设每个特征都有助于解释目标的变化，而事实并非总是如此。因此，如果继续将特征添加到使用普通最小二乘(OLS)法估计的线性模型中，R^2 的值可能会增加或保持不变，但永远不会减少。

(3) R^2 可以用来粗略估计模型的总体性能。

3. 均方误差(MSE)

均方误差(MSE)是最流行的评估指标之一，它代表平均误差，公式表述如下：

$$\text{MSE}=\frac{1}{N}\sum_{i=1}^{N}(y_i-\hat{y}_i)^2$$

MSE 有以下几项特点：

(1) MSE 使用平均值(而不是总和)来保持度量与数据集大小无关。

(2) 随着残差的平方的引入，MSE 对大误差的惩罚要大得多。其中一些可能是异常值，因此 MSE 对它们的存在并不稳健。

(3) MSE 是尺度相关度量的一个例子，也就是说，误差以基础数据的单位表示(即使它实际上需要一个二次方根来以相同的尺度表示)。因此，此类度量不能用于比较不同数据集之间的性能。

4. 均方根误差(RMSE)

均方根误差(RMSE)与 MSE 密切相关，因为它只是后者的二次方根。取二次方根将度量带回目标变量的刻度，这样更容易解释和理解。然而，请注意：一个经常被忽视的事实是，尽管 RMSE 与目标的规模相同，但 RMSE 为 10 并不意味着平均减少了 10 个单位。

RMSE 公式表述为：

$$\mathrm{RMSE}=\sqrt{\frac{1}{N}\sum_{i=1}^{N}(y_i-\hat{y}_i)^2}$$

5. 平均绝对误差(MAE)

平均绝对误差(MAE)公式类似于 MSE，公式表述为：

$$\mathrm{MAE}=\frac{1}{N}\sum_{i=1}^{N}|y_i-\hat{y}_i|$$

MAE 包括以下几项特点：

(1) 相比 MSE，由于去除了二次方计算，度量以与目标变量相同的比例表示，因此更容易解释。

(2) 所有误差都被同等对待，因此度量对异常值是鲁棒的。

(3) 与 MSE 和 RMSE 类似，MAE 也依赖于规模，因此无法在不同的数据集之间进行比较。

1.4.2 分类任务指标

1. 混淆矩阵

混淆矩阵是评判模型结果的一种指标，属于模型评估的一部分，常用于评判分类模型的优劣。表 1-1 为混淆矩阵的一个示例，T 表示本次预测结果正确；F 表示本次预测结果错误；P 表示判为正例；N 表示判为负例。进一步结合字母代表：TP：本次预测为正例(P)，而且这次预测是对的(T)；FP：本次预测为正例(P)，而且这次预测是错的(F)；TN：本次预测为负例(N)，而且这次预测是对的(T)；FN：本次预测为负例(N)，而且这次预测是错的(F)。混淆矩阵每一行对应着预测属于该类的所有样本，混淆矩阵的对角线表示预测正确的样本个数。希望网络预测过程中，将预测类别分布在对角线上。预测值在对角线上分布越密集，则表示模型性能越好。通过混淆矩阵还容易看出模型对于哪些类别容易分类出错。

以核酸检测为例：正例代表核酸检测阳性(P)；负例代表核酸检测阴性(N)。那么 TP 代表的就是检测出来是阳性并且这一次判断是正确的，FP 代表的就是检测出来是阳性并且这一次判断是错误的，TN 代表的就是检测出来是阴性并且这一次判断是正确的，FN 代表的就是检测出来是阴性并且这一次判断是错误的。其中，总样本数=TP+FP+TN+FN。

表 1-1 混淆矩阵

	真实正例	真实负例
预测正例	TP	FP
预测负例	FN	TN

利用混淆矩阵可以算出精确率、召回率等，这三个指标是对于每个类别得到的结果。注意到，精确率和准确率是不一样的。准确率是所有预测正确样本的个数除以所有样本数量之和。

2. 准确率(Accuracy)

准确率表示所有预测中正确的百分比，对应公式为：

$$\text{Accuracy}=\frac{\text{TP}+\text{TN}}{\text{TP}+\text{FP}+\text{FN}+\text{TN}}$$

虽然准确率可以判断总的正确率，但是在样本不平衡的情况下，并不能作为很好的指标来衡量结果。比如说 P 占了总样本量的 99.9%，N 占 0.01%，如果我们毫无逻辑地全部判定为 P，那么准确率将高达 99.9%，但是实际上我们的模型只是无脑地全部判定为 P，所以准确率在样本类别占比不平衡时衡量结果的效果并不好。

3. 精确率(Precision)

精确率表示在所有判定为 P 的样本中判定正确的百分比(代表对正样本结果中的预测准确程度)，对应公式为：

$$\text{Precision}=\frac{\text{TP}}{\text{TP}+\text{FP}}$$

4. 召回率(Recall)

召回率表示实际为正(P)的样本中被预测为正(P)样本的概率，召回率越高，实际为正(P)被预测出来的概率越高，对应公式为：

$$\text{Recall}=\frac{\text{TP}}{\text{TP}+\text{FN}}$$

精确率和召回率是一对矛盾的度量。一般来说，精确率高时，召回率会偏低；而召回率高时，精确率会偏低。通常只有在一些简单任务中，才可能使精确率和召回率都很高。

5. F1-Score

F1 分数(F1-Score)被定义为精确率和召回率的调和平均数，是统计学中用来衡量二分类(或多任务二分类)模型精确度的一种指标。它同时兼顾了分类模型的精确率和召回率。F1 分数可以看作是模型精确率和召回率的一种加权平均，它的最大值是 1，最小值是 0，值越大意味着模型越好，对应公式为：

$$\text{F1}=2\times\frac{\text{Precision}\cdot\text{Recall}}{\text{Precision}+\text{Recall}}$$

1.4.3 生成任务指标

1. BLEU

BLEU(Bilingual Evaluation Understudy，双语评估辅助工具)可以说是所有生成任务评价指标的鼻祖，它的核心思想是比较候选译文和参考译文里的 n 元语法模型(n-gram)的重合程度，重合程度越高就认为译文质量越高。unigram 用于衡量单词翻译的准确性，高阶 n-gram 用于衡量句子翻译的流畅性。实践中，通常是取 $n=1\sim4$，然后对进行加权平均。BLEU 的公式表示如下：

$$\text{BLEU}=\text{BP}\times\exp\left(\sum_{n=1}^{N}W_n\times\log P_n\right)$$

$$\text{BP}=\begin{cases}1 & lc>lr\\ \exp(1-lr/lc) & lc\leqslant lr\end{cases}$$

式中，P_n 指 n-gram 的精确率；W_n 指 n-gram 的权重，一般设为均匀权重，即对于任意 n 都有 $W_n=1/N$；lc 是机器翻译的长度；lr 是最短的参考译文的长度；BP 是惩罚因子；如果译文的长度小于最短的参考译文，则 BP 小于 1；BLEU 的 1-gram 精确率表示译文忠于原文的程度，而其他 n-gram 表示翻译的流畅程度。

2. ROUGE

ROUGE(Recall-Oriented Understudy for Gisting Evaluation)可以看做是 BLEU 的改进版，专注于召回率而非精度。换句话说，它会查看有多少个参考译句中的 n 元词组出现在了输出之中。ROUGE 用作机器翻译评价指标的初衷是这样的：在 SMT(统计机器翻译)时代，机器翻译效果较差，需要同时评价翻译的准确度和流畅度；等到 NMT(神经网络机器翻译)出来以后，神经网络脑补能力极强，翻译出的结果都是通顺的，但是有时候容易瞎翻译。ROUGE 的出现很大程度上是为了解决 NMT 的漏翻问题(低召回率)。所以 ROUGE 只适合评价 NMT，而不适用于 SMT，因为它不管候选译文流不流畅。

3. METEOR

和 BLEU 不同，METEOR 同时考虑了基于整个语料库上的准确率和召回率，而最终得出测度。METEOR 也包括其他指标不具备的一些功能，如同义词匹配等。METEOR 用 WordNet 等知识源扩充了一下同义词集，同时考虑了单词的词形(词干相同的词也认为是部分匹配的，也应该给予一定的奖励)。在评价句子流畅性的时候，用了 chunk 的概念(候选译文和参考译文能够对齐的、空间排列上连续的单词形成一个 chunk，这个对齐算法是一个有点复杂的启发式束搜索(beam search)，chunk 的数目越少意味着每个 chunk 的平均长度越长，也就是说候选译文和参考译文的语序越一致，最后，METEOR 计算为对应最佳候选译文和参考译文之间的准确率和召回率的调和平均。

4. DISTINCT

在某些生成场景中(对话、广告文案)等，需要追求文本的多样性。论文 *A diversity-promoting objective function for neural conversation models* 中提出了 DISTINCT 指标，后续也被许多人采用。DISTINCT 公式定义如下：

$$\text{DISTINCT}(n)=\frac{\text{Count}(\text{unique } n\text{-gram})}{\text{Count}(\text{word})}$$

式中，Count(unique n-gram)表示回复中不重复的 n-gram 数量，Count(word)表示回复中 n-gram 词语的总数量。DISTINCT 越大表示生成的多样性越高。

5. 词向量评价指标

上述的词重叠评价指标基本上都采用 n-gram 方式，即计算生成响应和真实响应之间的重合程度、共现程度等指标。而词向量则是通过 Word2Vec、Sent2Vec 等方法将句子转换为向量表示，这样一个句子就被映射到一个低维空间，句向量在一定程度上表征了其含义，再通过余弦相似度等方法就可以计算两个句子之间的相似程度。

使用词向量的好处是，可以一定程度上增加答案的多样性，因为这里大多采用词语相似度进行表征，相比于词重叠中要求出现完全相同的词语，限制降低了很多。词向量评价指标主要包括 Greedy Matching、Embedding Average 和 Vector Extrema 三种。

(1) Greedy Matching　是基于词级的一种矩阵匹配方法，在给定的两个句子 r 和 $\hat{r}$，每个词 $w\in r$ 经过词向量转换后变为词向量 e_w，同时与 $\hat{r}$ 中每一个词序列 $\hat{w}\in\hat{r}$ 的词向量 $\hat{e}_w$ 最大限度进行余弦相似度匹配，最后得出的结果是所有词匹配之后的均值。Greedy Matching 定义如下：

$$G(r,\hat{r})=\frac{\sum_{w\in r;\ \hat{w}\in\hat{r}}\text{maxcos\_sim}(e_w,e_{\hat{w}})}{|r|}$$

$$GM(r,\hat{r})=\frac{G(r,\hat{r})+G(\hat{r},r)}{2}$$

对于真实响应的每个词，寻找其在生成响应中相似度最高的词，并将其余弦相似度相加并求平均。同样再对生成响应再做一遍，并取二者的平均值。上面的相似度计算都是基于词向量进行的，可以看出本方法主要关注两句话之间最相似的那些词语，即关键词。

（2）Embedding Average　Embedding Average 公式定义如下：

$$\bar{e}_r=\frac{\sum_{w\in r}e_w}{\left|\sum_{w'\in r}e_{w'}\right|}$$

这种方法直接使用句向量计算真实响应和生成响应之间的相似度，而句向量则是每个词向量加权平均而来。然后使用余弦相似度来计算两个句向量之间的相似度。

（3）Vector Extrema　跟上面的方法类似，也是先通过词向量计算出句向量，再使用句向量之间的余弦相似度表示二者的相似度。不过句向量的计算方法略有不同，这里采用向量极值法进行计算。

6. 困惑度(PPL)

PPL 可以用来比较两个语言模型在预测样本上的优劣。低困惑度的概率分布模型或概率模型能更好地预测样本。（例如，给定一段人写的文本，分别查看 RNN 和 GPT-2 的 PPL 分数如何）注意，PPL 指标越低，代表语言模型的建模能力越好。给测试集的句子赋予较高概率值的语言模型较好，当语言模型训练完之后，测试集中的句子都是正常的句子，那么训练好的模型在测试集上的概率越高越好，公式如下：

$$PPL(W)=P(w_1w_2\cdots w_N)^{-\frac{1}{N}}=\sqrt[N]{\frac{1}{P(w_1w_2\cdots w_N)}}$$

7. BERTScore

基于 n-gram 重叠的度量标准只对词汇变化敏感，不能识别句子语义或语法的变化。因此，它们被反复证明与人工评估差距较大。随着 BERT 表征模型的提出和快速火爆，BERTScore 提出使用句子上下文表示和人工设计的计算逻辑对句子相似度进行计算。这样的评价指标鲁棒性较好，在缺乏训练数据的情况下也具有较好表现。

8. GPT-Eval

随着 GPT 系列大模型的不断迭代，其文本理解、生成、评估等能力不断增强，有学者提出用 GPT-4 等能力强大的语言大模型代替人工对各类生成任务进行测评，大量实验证明相较于传统测评指标，GPT-4 在文本摘要、对话生成等任务展现出比人类显著更优的一致性。

本章小结

本章首先从基本概念、历史发展和应用价值对深度学习进行了简要介绍，继而讨论了技术发展、产业变迁对深度学习的发展历史进行具体阐述，再分别从任务类型和模型类型的角度对深度学习进行了分类和介绍，以便于读者能够快速且较为全面地对深度学习进行了解。

思考题与习题

1-1 当前大模型的规模已经达到千亿级别，你认为未来大模型能力的进化需要更大的参数规模吗？

1-2 将大模型的思维链能力蒸馏到小模型，属于有监督、无监督、半监督、自监督和弱监督中的哪种训练范式？

1-3 目前大模型竞赛中，欧美等国的科技公司处在前列，你认为应该采取什么措施拉近与欧美等国的差距？

1-4 随着大模型的能力不断增强，你认为在不久的将来它能够完全代替人工标注吗？可能会存在什么潜在的瓶颈或风险？

参考文献

[1] ROSENBLATT F. The perceptron：a probabilistic model for information storage and organization in the brain[J]. Psychological review，1958，65(6)：386.

[2] RUMELHART D E，HINTON G E，WILLIAMS R J. Learning representations by backpropagating errors[J]. Nature，1986，323(6088)：533-536.

[3] HINTON G E，OSINDERO S，TEH Y W. A fast learning algorithm for deep belief nets[J]. Neural computation，2006，18(7)：1527-1554.

[4] SRIVASTAVA N，HINTON G，KRIZHEVSKY A，et al. Dropout：a simple way to prevent neural networks from overfitting[J]. The journal of machine learning research，2014，15(1)：1929-1958.

[5] KRIZHEVSKY A，SUTSKEVER I，HINTON G E. ImageNet classification with deep convolutional neural networks[J]. Advances in neural information processing systems，2012，25：1106-1114.

[6] HOCHREITER S，SCHMIDHUBER J. Long short-term memory[J]. Neural computation，1997，9(8)：1735-1780.

[7] GOODFELLOW I，POUGET-ABADIE J，MIRZA M，et al. Generative adversarial networks[J]. Communications of the ACM，2020，63(11)：139-144.

[8] VASWANI A，SHAZEER N，PARMAR N，et al. Attention is all you need[J]. Advances in neural information processing systems，2017，30：5998-6008.

[9] MCCULLOCH W S，PITTS W. A logical calculus of the ideas immanent in nervous activity[J]. The bulletin of mathematical biophysics，1943，5：115-133.

[10] PLATT J. Sequential minimal optimization：a fast algorithm for training support vector machines[J]. CiteSeerX，1998，10(1. 43)：4376.

[11] CHO K，VAN MERRIËNBOER B，BAHDANAU D，et al. On the properties of neural machine translation：encoder-decoder approaches[Z/OL]. 2014[2024-08-01]. https://arxiv. org/abs/1409. 1259.

[12] Deng J，Dong W，SOCHER R，et al. Imagenet：a large-scale hierarchical image database[C]// IEEE Conference on Computer Vision and Pattern Recognition，Miami：IEEE，2009：248-255.

[13] SIMONYAN K，ZISSERMAN A. Very deep convolutional networks for large-scale image recognition[Z/OL]. 2014[2024-08-01]. https://arxiv. org/abs/1409. 1556.

[14] SZEGEDY C, LIU W, JIA Y, et al. Going deeper with convolutions[C]// IEEE Conference on Computer Vision and Pattern Recognition, Boston: IEEE, 2015: 1-9.

[15] He K, ZHANG X, REN S, et al. Deep residual learning for image recognition[C]// IEEE Conference on Computer Vision and Pattern Recognition, Las Vegas: IEEE, 2016: 770-778.

[16] XIE S, GIRSHICK R, DOLLÁR P, et al. Aggregated residual transformations for deep neural networks [C]// IEEE Conference on Computer Vision and Pattern Recognition, Honolulu: IEEE, 2017: 1492-1500.

[17] SZEGEDY C, IOFFE S, VANHOUCKE V, et al. Inception-v4, inception-resnet and the impact of residual connections on learning[C]// Annual AAAI Conference on Artificial Intelligence, San Francisco: AAAI, 2017: 31(1).

[18] HUANG G, LIU Z, VAN DER MAATEN L, et al. Densely connected convolutional networks[C]// IEEE Conference on Computer Vision and Pattern Recognition, Honolulu: IEEE, 2017: 4700-4708.

[19] CHOLLET F. Xception: deep learning with depthwise separable convolutions[C]// IEEE Conference on Computer Vision and Pattern Recognition, Honolulu: IEEE, 2017: 1251-1258.

[20] KINGMA D P, WELLING M. Auto-encoding variational bayes[Z/OL]. 2013[2024-08-01]. https://arxiv. org/abs/1312. 6114.

[21] DOSOVITSKIY A, BEYER L, KOLESNIKOV A, et al. An image is worth 16×16 words: transformers for image recognition at scale[Z/OL]. 2020[2024-08-01]. https://arxiv. org/abs/2010. 11929.

[22] RAMESH A, DHARIWAL P, NICHOL A, et al. Hierarchical text-conditional image generation with clip latents[Z/OL]. 2022[2024-08-01]. https://arxiv. org/abs/2204. 06125.

[23] RADFORD A, NARASIMHAN K, SALIMANS T, et al. Improving language understanding by generative pre-training [Z/OL]. 2018 [2024-08-01]. https://cdn. openai. com/research-covers/language-unsupervised/language_understanding_paper. pdf

[24] RADFORD A, WU J, CHILD R, et al. Language models are unsupervised multitask learners[J]. OpenAI blog, 2019, 1(8): 9.

[25] BROWN T, MANN B, RYDER N, et al. Language models are few-shot learners[J]. Advances in neural information processing systems, 2020, 33: 1877-1901.

[26] HOFFMANN J, BORGEAUD S, MENSCH A, et al. Training compute-optimal large language models[Z/OL]. 2022[2024-08-01]. https://arxiv. org/abs/2203. 15556.

[27] CHOWDHERY A, NARANG S, DEVLIN J, et al. Palm: scaling language modeling with pathways[J]. Journal of machine learning research, 2023, 24(240): 1-113.

[28] MIKOLOV T, Chen K, CORRADO G, et al. Efficient estimation of word representations in vector space [Z/OL]. 2013[2024-08-01]. https://arxiv. org/abs/1301. 3781.

[29] CHEN T, KORNBLITH S, NOROUZI M, et al. SimCLR: a simple framework for contrastive learning of visual representations[C]// International Conference on Learning Representations, Addis Ababa: ICLR, 2020: 2-4.

[30] HE K M, FAN H, WU Y, et al. Momentum contrast for unsupervised visual representation learning[C]// IEEE Conference on Computer Vision and Pattern Recognition, Seattle: IEEE, 2020: 9729-9738.

[31] ZHOU Z H. A brief introduction to weakly supervised learning[J]. National science review, 2018, 5(1): 44-53.

[32] IAN J. GOODFELLOW, JEAN POUGET-ABADIE, MEHDI MIRZA, et al. Generative adversarial networks [Z/OL]. 2014[2024-08-01]. https://arxiv. org/abs/1406. 2661.

[33] LI J, GALLEY M, BROCKETT C, et al. A diversity-promoting objective function for neural conversation models[C]// Annual Conference of the North American Chapter of the Association for Computational Linguis-

tics, San Diego: ACL, 2016: 110-119.

[34] ZHANG T, KISHORE V, Wu F, et al. BERTScore: evaluating text generation with BERT[C]// International Conference on Learning Representations, New Orleans: ICLR, 2019.

[35] LIU Y, ITER D, XU Y, et al. G-Eval: NLG evaluation using GPT-4 with better human alignment[C]// Conference on Empirical Methods in Natural Language Processing, Toronto: ACL, 2023: 2511-2522.

[36] DEVLIN J, CHANG M W, LEE K, et al. BERT: pre-training of deep bidirectional transformers for language understanding[Z/OL]. 2018[2024-08-01]. https://arxiv.org/abs/1810.04805.

第 2 章　深度学习基础

本章从数学和深度学习两方面出发，详细介绍在学习深度学习过程中所需基础知识，内容涵盖相关基本概念、计算公式、数学定理，以及基础算法等。

2.1　线性代数

2.1.1　标量和向量

1. 标量

标量是一个单独的数，它没有大小和方向之分。标量通常用一个数或者小写斜体字母表示。

2. 向量

向量由一列数有序排列组成，是一个既有大小也有方向的量。可以把向量看作空间中的点，每个元素对应不同坐标轴上的坐标。向量通常由黑体小写字母表示。

2.1.2　矩阵和张量

1. 矩阵

矩阵是一个二维数组，由 m 行 n 列元素排列而成，每个元素须由两个索引确定。矩阵也可视为由 m 个长度相等的行向量或 n 个长度相等的列向量组成。矩阵通常用黑斜体大写字母来表示。

2. 张量

张量是一个多维数组，可以看作是向量的推广，向量可以视为一维张量，同时矩阵也可视为二维张量。张量中每个元素须由各个维度对应索引共同确定。

2.1.3　矩阵计算

1. 点积

给定两个向量 $\boldsymbol{x}$，$\boldsymbol{y} \in \mathbf{R}^d$，它们的点积是指二者相同位置元素乘积的和，计算公式如下：

$$\boldsymbol{x}^{\mathrm{T}}\boldsymbol{y} = \sum_{i=1}^{d} x_i y_i \tag{2-1}$$

2. 矩阵乘法

给定两个矩阵 $\boldsymbol{A} \in \mathbf{R}^{n\times k}$ 和 $\boldsymbol{B} \in \mathbf{R}^{k\times m}$：

$$A=\begin{bmatrix} a_1^{\mathrm{T}} \\ a_2^{\mathrm{T}} \\ \vdots \\ a_n^{\mathrm{T}} \end{bmatrix},\ B=[b_1,b_2,\cdots,b_m] \tag{2-2}$$

式中，行向量 $a_i^{\mathrm{T}} \in \mathbf{R}^k$ 表示矩阵 A 的第 i 行，列向量 $b_j \in \mathbf{R}^k$ 表示矩阵 B 的第 j 列。两个矩阵的乘积计算如下：

$$AB=\begin{bmatrix} a_1^{\mathrm{T}} \\ a_2^{\mathrm{T}} \\ \vdots \\ a_n^{\mathrm{T}} \end{bmatrix}\begin{bmatrix} b_1 & b_2 & \cdots & b_m \end{bmatrix}=\begin{bmatrix} a_1^{\mathrm{T}}b_1 & a_1^{\mathrm{T}}b_2 & \cdots & a_1^{\mathrm{T}}b_m \\ a_2^{\mathrm{T}}b_1 & a_2^{\mathrm{T}}b_2 & \cdots & a_2^{\mathrm{T}}b_m \\ \vdots & \vdots & & \vdots \\ a_n^{\mathrm{T}}b_1 & a_n^{\mathrm{T}}b_2 & \cdots & a_n^{\mathrm{T}}b_m \end{bmatrix} \tag{2-3}$$

2.1.4　范数

范数是具有“长度”概念的函数，它常常被用来度量某个向量空间(或矩阵)中的向量的长度或大小。向量范数是将向量映射到标量的函数 f，对给定的任意向量 x，具有以下性质：

1）如果按常数因子 α 缩放向量的所有元素，其范数也会按相同常数因子的绝对值缩放。

$$f(\alpha x)=|\alpha| f(x) \tag{2-4}$$

2）满足三角不等式。

$$f(x+y) \leqslant f(x)+f(y) \tag{2-5}$$

3）范数是非负的。

$$f(x) \geqslant 0 \tag{2-6}$$

当且仅当向量 x 为零向量时范数为 0，即：

$$\forall i,[x]_i=0 \Leftrightarrow f(x)=0 \tag{2-7}$$

常用范数有 L_1 范数和 L_2 范数：

1）L_1 范数有很多名字，例如，曼哈顿距离、最小绝对误差等，其可以度量两个向量间的差异，如绝对误差和，计算方式如下：

$$\|x\|_1=\sum_{i=1}^{n}|x_i| \tag{2-8}$$

2）像 L_1 范数一样，L_2 范数也可以度量两个向量间的差异，如二次方差和。欧几里得距离就是一种 L_2 范数，计算方式如下：

$$\|x\|_2=\sqrt{\sum_{i=1}^{n}x_i^2} \tag{2-9}$$

2.2　微积分

2.2.1　导数和微分

导数是函数的局部性质，一个函数上某一点的导数描述了该函数在这个点附近的变化率。设函数 $y=f(x)$，如果 f 的导数存在，可表示为：

$$f'(x)=\lim_{\Delta x\to 0}\frac{f(x+\Delta x)-f(x)}{\Delta x} \tag{2-10}$$

如果 $f'(x_0)$ 存在，则称 f 在 x_0 处是可微的。如果 f 在一个区间上的每一点都是可微的，则 f 在此区间上是可微的。下面是导数的等价表示：

$$f'(x)=y'=\frac{\mathrm{d}y}{\mathrm{d}x}=\frac{\mathrm{d}f}{\mathrm{d}x}=\frac{\mathrm{d}}{\mathrm{d}x}f(x)=Df(x)=D_x f(x) \tag{2-11}$$

可以使用以下规则来对常见函数求微分：

① $DC=0$（C 是一个常数）

② $Dx^n=nx^{n-1}$（幂律，n 是任意实数）

③ $De^x=e^x$

④ $D\ln(x)=1/x$

在实际应用时，常常需要微分一个由一些常见函数组成的函数，这时可以使用以下法则。

假设函数 f 和 g 都是可微的，C 是一个常数，有：

① 常数相乘法则：

$$\frac{\mathrm{d}}{\mathrm{d}x}[Cf(x)]=C\frac{\mathrm{d}}{\mathrm{d}x}f(x) \tag{2-12}$$

② 加法法则：

$$\frac{\mathrm{d}}{\mathrm{d}x}[f(x)+g(x)]=\frac{\mathrm{d}}{\mathrm{d}x}f(x)+\frac{\mathrm{d}}{\mathrm{d}x}g(x) \tag{2-13}$$

③ 乘法法则：

$$\frac{\mathrm{d}}{\mathrm{d}x}[f(x)g(x)]=f(x)\frac{\mathrm{d}}{\mathrm{d}x}[g(x)]+g(x)\frac{\mathrm{d}}{\mathrm{d}x}[f(x)] \tag{2-14}$$

④ 除法法则：

$$\frac{\mathrm{d}}{\mathrm{d}x}\left[\frac{f(x)}{g(x)}\right]=\frac{g(x)\frac{\mathrm{d}}{\mathrm{d}x}[f(x)]-f(x)\frac{\mathrm{d}}{\mathrm{d}x}[g(x)]}{[g(x)]^2} \tag{2-15}$$

2.2.2 偏导数和梯度

1. 偏导数

设函数 $y=f(x_1,x_2,\cdots,x_n)$ 是一个具有 n 个变量的函数，y 关于第 i 个变量 x_i 的偏导数表示为：

$$\frac{\partial y}{\partial x_i}=\lim_{\Delta x\to 0}\frac{f(x_1,\cdots,x_{i-1},x_i+\Delta x,x_{i+1},\cdots,x_n)-f(x_1,\cdots,x_i,\cdots,x_n)}{\Delta x} \tag{2-16}$$

计算过程中，可以将 x_1，…，x_{i-1}，x_{i+1}，…，x_n 看作常数，并计算 y 关于 x_i 的导数。偏导数的等价表示：

$$\frac{\partial y}{\partial x_i}=\frac{\partial f}{\partial x_i}=f_{x_i}=f_i=D_i f=D_{x_i} f \tag{2-17}$$

2. 梯度

连接一个多元函数对其所有变量的偏导数，就得到了该函数的梯度向量。设函数 $y=f(\boldsymbol{x})$ 的输入是一个 n 维向量 $\boldsymbol{x}=[x_1,x_2,\cdots,x_n]^{\mathrm{T}}$，则函数 $f(\boldsymbol{x})$ 对于 $\boldsymbol{x}$ 的梯度表示为：

$$\nabla_{\boldsymbol{x}} f(\boldsymbol{x})=\left[\frac{\partial f(x)}{\partial x_1},\frac{\partial f(x)}{\partial x_2},\cdots,\frac{\partial f(x)}{\partial x_n}\right]^{\mathrm{T}} \tag{2-18}$$

在没有歧义时，$\nabla_{\boldsymbol{x}} f(\boldsymbol{x})$ 也可表示为 $\nabla f(\boldsymbol{x})$。

对于 n 维向量 $\boldsymbol{x}$，在微分多元函数时有以下规则：

① 对于所有 $\boldsymbol{A}\in\mathbf{R}^{m\times n}$，都有 $\nabla_{\boldsymbol{x}}\boldsymbol{A}\boldsymbol{x}=\boldsymbol{A}^{\mathrm{T}}$；

② 对于所有 $\boldsymbol{A}\in\mathbf{R}^{n\times m}$，都有 $\nabla_{\boldsymbol{x}}\boldsymbol{x}^{\mathrm{T}}\boldsymbol{A}=\boldsymbol{A}$；

③ 对于所有 $\boldsymbol{A}\in\mathbf{R}^{n\times n}$，都有 $\nabla_{\boldsymbol{x}}\boldsymbol{x}^{\mathrm{T}}\boldsymbol{A}\boldsymbol{x}=(\boldsymbol{A}+\boldsymbol{A}^{\mathrm{T}})\boldsymbol{x}$；

④ $\nabla_{\boldsymbol{x}}\|\boldsymbol{x}\|^2=\nabla_{\boldsymbol{x}}\boldsymbol{x}^{\mathrm{T}}\boldsymbol{x}=2\boldsymbol{x}$。

偏导数与梯度并不是相同的概念，二者有区别也有联系，具体而言：

① 偏导数：是一个多元函数针对其某一个变量的导数，而保持其他变量恒定。

② 梯度：是一个向量，它指向函数在给定点处变化率最大的方向，它是一个由偏导数组成的向量。

2.2.3　链式法则

深度学习中，多元函数通常是复合的，这时可以用链式法则来求复合函数的导数。

对于一元函数，设函数 $y=f(u)$ 和 $u=g(x)$ 可微，链式法则可表示为：

$$\frac{\mathrm{d}y}{\mathrm{d}x}=\frac{\mathrm{d}y}{\mathrm{d}u}\frac{\mathrm{d}u}{\mathrm{d}x} \tag{2-19}$$

对于多元函数，设函数 $y=f(u_1,u_2,\cdots,u_m)$ 和 $u_i=g_i(x_1,x_2,\cdots,x_n)$ 可微，链式法则可表示为：

$$\frac{\partial y}{\partial x_i}=\frac{\partial y}{\partial u_1}\frac{\partial u_1}{\partial x_i}+\frac{\partial y}{\partial u_2}\frac{\partial u_2}{\partial x_i}+\cdots+\frac{\partial y}{\partial u_m}\frac{\partial u_m}{\partial x_i} \tag{2-20}$$

2.3　概率论

2.3.1　概率分布

概率分布用于描述随机变量每个取值或状态的可能性大小。针对离散型随机变量和连续型随机变量有不同的描述方式。

1. 离散型随机变量

离散型随机变量的概率分布通常用概率质量函数 P 来描述，概率质量函数上每点对应的函数值表示随机变量取到该点值的概率，如：$P(X=x)=1$ 时表示 $X=x$ 是确定的，如果 $P(X=x)=0$ 则表示 X 取值不可能为 x。

2. 连续型随机变量

连续型随机变量的概率分布通常用概率密度函数来表示，但其并没有直接给出特定取值或状态对应的概率值，需要对概率密度函数求积分来获得随机变量取值落在某一范围内的概率。

2.3.2 期望和方差

1. 期望

期望是最基本的数学特征之一，反映了随机变量平均取值的大小。

若随机变量 X 为离散型，其期望可表示为：

$$E(X)=\sum_x xP(X=x) \tag{2-21}$$

若随机变量 X 为连续型，概率密度函数为 $f(x)$，其期望可表示为：

$$E(X)=\int_{-\infty}^{+\infty} xf(x)\,\mathrm{d}x \tag{2-22}$$

2. 方差

方差是对随机变量离散程度的度量，其描述了随机变量与其数学期望之间的偏离程度。

若随机变量 X 为离散型，其方差可表示为：

$$D(X)=E[(X-E(X))^2]=E(X^2)-E(X)^2 \tag{2-23}$$

若随机变量 X 为连续型，概率密度函数为 $f(x)$，其方差可表示为：

$$D(X)=\int_{-\infty}^{+\infty}[x-E(X)]^2 f(x)\,\mathrm{d}x \tag{2-24}$$

2.3.3 条件概率和联合概率

1. 条件概率

条件概率是在给定部分信息的基础上对实验结果的一种推断。例如，在连续两次抛掷骰子的试验中，已知两次抛掷的点数的总和为 8，第一次抛掷的点数为 3 的可能性有多大。也就是说，假设已经知道给定的事件 B 发生了，而希望知道另一个给定事件 A 发生的可能性。此时，需要构建一个新的概率，它顾及了事件 B 已经发生的信息，求出事件 A 发生的概率。这个概率就是给定 B 发生之后事件 A 的条件概率，记作 $P(A|B)$，读作 B 的条件下 A 的概率。

设事件 B 满足 $P(B)>0$，则给定 B 的条件下，事件 A 的条件概率可由下式给出：

$$P(A|B)=\frac{P(A\cap B)}{P(B)} \tag{2-25}$$

2. 联合概率

联合概率是指在多元的概率分布中多个随机变量分别满足各自条件的概率，记作 $P(A,B)$，可以理解为事件 A 和事件 B 同时发生的概率。联合概率和条件概率之间是存在关系的，二者可以互相转换：

$$P(A,B)=P(B)P(A|B) \tag{2-26}$$

更一般地，假设有 A_1，A_2，…，A_N 共 N 个随机事件，它们的联合概率可以写为：

$$P(A_1,A_2,\cdots,A_N)=P(A_1)P(A_2|A_1)P(A_3|A_1,A_2)\cdots P(A_N|A_1,A_2,\cdots,A_{N-1}) \tag{2-27}$$

2.3.4 全概率公式与贝叶斯定理

1. 全概率公式

设 B_1，B_2，…，B_n 是一组互不相容的事件，形成样本空间的一个分割，又假定对每一

个 i，$P(B_i)>0$，则对于任何事件 A，有如下全概率公式：

$$\begin{aligned}P(A) &= P(B_1)P(A|B_1)+P(B_2)P(A|B_2)+\cdots+P(B_n)P(A|B_n)\\ &= P(A,B_1)+P(A,B_2)+\cdots+P(A,B_n)\\ &= \sum_{i=1}^{N}P(A,B_i)\end{aligned} \tag{2-28}$$

2. 贝叶斯定理

通常，事件 A 在事件 B(发生)的条件下的概率，与事件 B 在事件 A 的条件下的概率是不一样的；然而，这两者有确定的关系，贝叶斯法则就是这种关系的陈述，具体如下：

$$P(A_i|B)=\frac{P(B|A_i)P(A_i)}{\sum_j P(B|A_j)P(A_j)} \tag{2-29}$$

式中，$P(A_i|B)$是在 B 发生的条件下，A_i 发生的可能性，A_1，…，A_n 是完备事件组，即 $\bigcup_{i=1}^{n} A_i=\Omega$，$A_iA_j=\varnothing$，$P(A_i)>0$。

2.3.5　边缘概率分布

边缘概率分布是指，在多个随机变量的联合概率分布中，只包含其中部分变量的概率分布。边缘概率分布可以通过对联合概率分布在除目标变量以外的其他变量上求和(积分)得到。

它的计算过程其实就是利用全概率公式把变量 A 从联合概率分布中消除掉，因此可以称为消元法，具体如下：

$$P(B)=\sum_A P(A,B)=\sum_A P(A)P(B|A) \tag{2-30}$$

当已知 $P(A)$和 $P(B|A)$，可以利用边缘化的方法求得 $P(B)$的概率分布。即使有更多的随机变量也是如此，比如，已知 4 个变量的联合概率分布 $P(A,B,C,D)$以及 $P(C)$和 $P(D|C)$，想要求 $P(A,B)$的概率分布，这时就需要“边缘化”随机变量 A 和 B，也就是从 $P(A,B,C,D)$“消除掉”随机变量 C 和 D，从而得到 $P(A,B)$，具体如下：

$$P(A,B)=\sum_C\sum_D P(A,B,C,D)=\sum_C\sum_D P(C)P(D|C)P(A,B|C,D) \tag{2-31}$$

如果是连续型随机变量，则把求和换成积分。

2.4　距离与相似度计算

假设当前有两个 n 维向量 $\boldsymbol{x}$ 和 $\boldsymbol{y}$，可以通过两个向量之间的距离或者相似度来判定这两个向量的相近程度，两个向量之间距离越小，相似度越高；两个向量之间距离越大，相似度越低。

2.4.1　常见的距离计算

1. 闵可夫斯基距离(Minkowski Distance)

$$\text{Minkowski Distance}=\left(\sum_{i=1}^{n}|x_i-y_i|^p\right)^{\frac{1}{p}} \tag{2-32}$$

Minkowski Distance 是对多个距离度量公式概括性的表述，当 $p=1$ 时，Minkowski

Distance 便是曼哈顿距离；当 $p=2$ 时，Minkowski Distance 便是欧几里得距离；Minkowski Distance 取极限的形式便是切比雪夫距离。

2. 曼哈顿距离(Manhattan Distance)

$$\text{Manhattan Distance}=\left(\sum_{i=1}^{n}|x_i-y_i|\right) \tag{2-33}$$

3. 欧氏距离/欧几里得距离(Euclidean Distance)

$$\text{Euclidean Distance}=\sqrt{\sum_{i=1}^{n}(x_i-y_i)^2} \tag{2-34}$$

4. 切比雪夫距离(Chebyshev Distance)

$$\lim_{p\to\infty}\left(\sum_{i=1}^{n}|x_i-y_i|^p\right)^{\frac{1}{p}}=\max(|x_i-y_i|) \tag{2-35}$$

5. 海明距离(Hamming Distance)

在信息论中，两个等长字符串之间的海明距离是两个字符串对应位置的不同字符的个数。假设有两个字符串分别是：$x=[x_1,x_2,\cdots,x_n]$，$y=[y_1,y_2,\cdots,y_n]$，则两者的距离为：

$$\text{Hamming Distance}=\sum_{i=1}^{n}I(x_i\neq y_i) \tag{2-36}$$

式中，I 表示指示函数，两者不相同为 1，否则为 0。

6. KL 散度

给定随机变量 X 和两个概率分布 P 和 Q，KL 散度可以用来衡量两个分布之间的差异性，其公式如下：

$$\text{KL}(P\|Q)=\sum_{x\in X}p(x)\log\frac{P(x)}{Q(x)} \tag{2-37}$$

2.4.2 常见的相似度计算

1. 余弦相似度(Cosine Similarity)

$$\text{Cosine Similarity}=\frac{x\cdot y}{|x|\cdot|y|}=\frac{\sum_{i=1}^{n}x_iy_i}{\sqrt{\sum_{i=1}^{n}x_i^2}\sqrt{\sum_{i=1}^{n}y_i^2}} \tag{2-38}$$

2. 皮尔逊相关系数(Pearson Correlation Coefficient)

给定两个随机变量 X 和 Y，皮尔逊相关系数可以用来衡量两者的相关程度，公式如下：

$$\rho_{x,y}=\frac{cov(X,Y)}{\sigma_X\sigma_Y}=\frac{E[(X-\mu_X)(Y-\mu_Y)]}{\sigma_X\sigma_Y}=\frac{\sum_{i=1}^{n}(X_i-\bar{X})(Y_i-\bar{Y})}{\sqrt{\sum_{i=1}^{n}(X_i-\bar{X})^2}\sqrt{\sum_{i=1}^{n}(Y_i-\bar{Y})^2}} \tag{2-39}$$

式中，μ_X 和 μ_Y 分别表示向量 X 和 Y 的均值，σ_X 和 σ_Y 分别表示向量 X 和 Y 的标准差。

3. Jaccard 相似系数(Jaccard Coefficient)

假设有两个集合 X 和 Y，则其计算公式为：

$$\mathrm{Jaccard}(X,Y)=\frac{|X\cap Y|}{|X\cup Y|} \tag{2-40}$$

2.5　激活函数

激活函数是一种添加到人工神经网络中的函数，旨在帮助网络学习数据中的复杂模式。在神经元中，输入经过一系列加权求和后作用于另一个函数，这个函数就是激活函数。类似于人类大脑中基于神经元的模型，激活函数最终决定了是否传递信号以及要发射给下一个神经元的内容。在人工神经网络中，一个节点的激活函数定义了该节点在给定的输入或输入集合下的输出。标准的计算机芯片电路可以看作是根据输入得到开(1)或关(0)输出的数字电路激活函数。

如果不用激活函数，每一层输出都是上层输入的线性函数，无论神经网络有多少层，最终的输出都是输入的线性组合。激活函数给神经元引入了非线性因素，使得神经网络可以逼近任何非线性函数。

下面介绍常见的几种激活函数。

1. Sigmoid

函数定义：

$$f(x)=\sigma(x)=\frac{1}{1+\mathrm{e}^{-x}} \tag{2-41}$$

函数图像如图 2-1 所示。

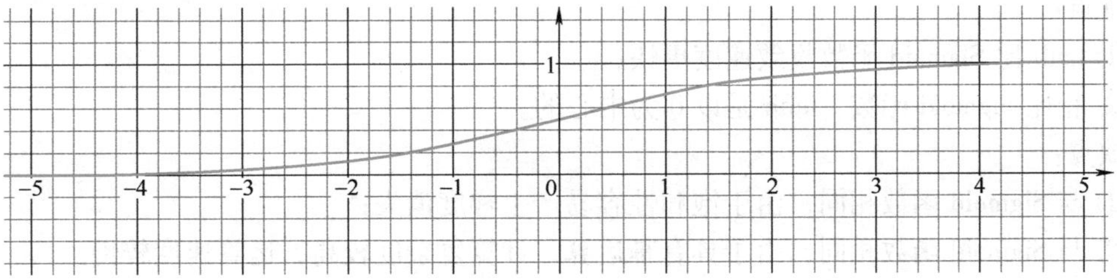

图 2-1　Sigmoid 函数图像

导数：

$$f'(x)=f(x)[1-f(x)] \tag{2-42}$$

优点：

① Sigmoid 函数的输出映射在(0,1)之间，单调连续，输出范围有限，优化稳定，可以用作输出层；

② 求导容易。

缺点：

① 由于其软饱和性，一旦落入饱和区梯度就会接近于0，根据反向传播的链式法则，容易产生梯度消失，导致训练出现问题；

② Sigmoid 函数的输出恒大于 0。非零中心化的输出会使得其后一层的神经元的输入发生偏置偏移，并进一步使得梯度下降的收敛速度变慢；

③ 计算时，由于具有幂运算，计算复杂度较高，运算速度较慢。

2. tanh

函数定义：

$$f(x)=\tanh(x)=\frac{e^{x}-e^{-x}}{e^{x}+e^{-x}} \tag{2-43}$$

函数图像如图 2-2 所示。

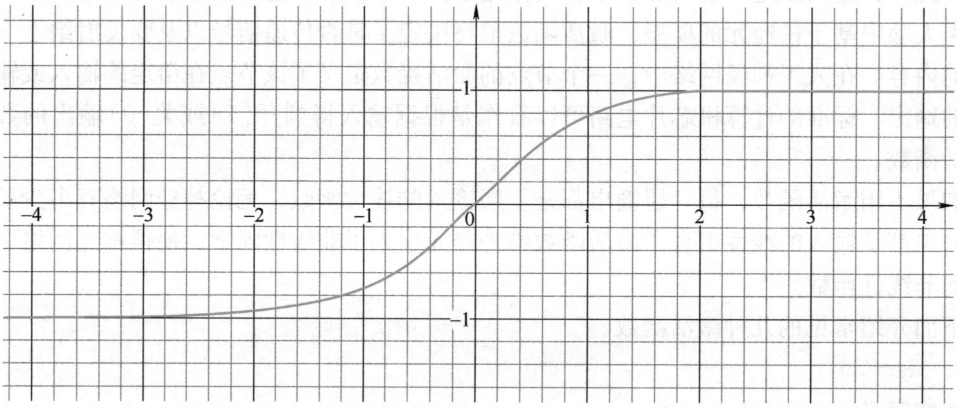

图 2-2 tanh 函数图像

导数：

$$f'(x)=1-f(x)^{2} \tag{2-44}$$

优点：

① tanh 比 Sigmoid 函数收敛速度更快；

② 相比 Sigmoid 函数，tanh 是以 0 为中心的。

缺点：

① 与 Sigmoid 函数相同，由于饱和性容易产生梯度消失；

② 与 Sigmoid 函数相同，由于具有幂运算，计算复杂度较高，运算速度较慢。

3. ReLU

函数定义：

$$f(x)=\begin{cases}0 & x<0\\ x & x\geqslant 0\end{cases} \tag{2-45}$$

函数图像如图 2-3 所示。

导数：

$$f'(x)=\begin{cases}0 & x<0\\ 1 & x\geqslant 0\end{cases} \tag{2-46}$$

优点：

① 收敛速度快；

② 相较于 Sigmoid 和 tanh 中涉及了幂运算，导致计算复杂度高，ReLU 可以更加简单地实现；

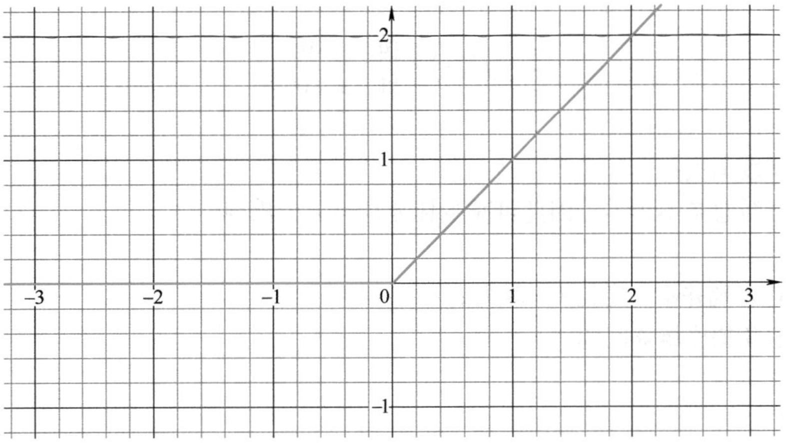

图 2-3　ReLU 函数图像

③ 当输入 $x \geqslant 0$ 时，ReLU 的导数为常数，这样可有效缓解梯度消失问题；

④ 当 $x<0$ 时，ReLU 的梯度总是 0，提供了神经网络的稀疏表达能力。

缺点：

① ReLU 的输出不是以 0 为中心的；

② 神经元坏死现象，某些神经元可能永远不会被激活，导致相应参数永远不会被更新；

③ 不能避免梯度爆炸问题。

4. LReLU

函数定义：

$$f(x)=\begin{cases}ax & x<0 \\ x & x \geqslant 0\end{cases} \tag{2-47}$$

$a=0.3$ 时，函数图像如图 2-4 所示。

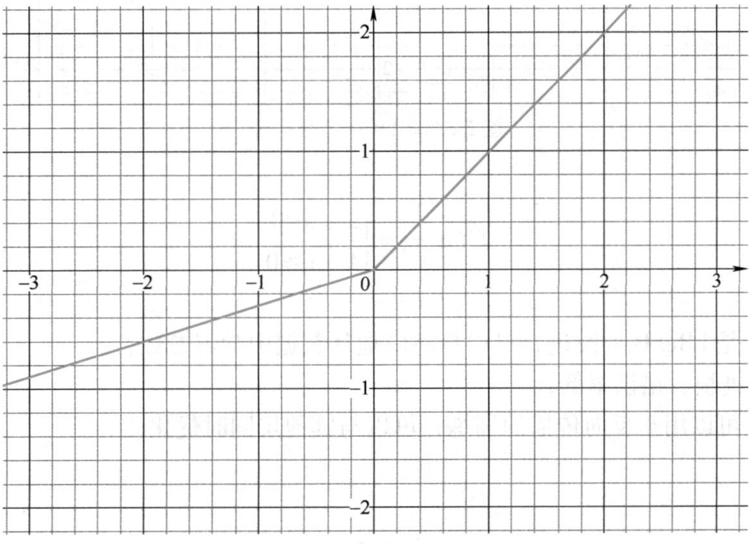

图 2-4　LReLU 函数图像

导数：

$$f'(x)=\begin{cases}a & x<0\\1 & x\geqslant 0\end{cases} \tag{2-48}$$

优点：

① 避免梯度消失；

② 由于导数总是不为零，因此可减少坏死神经元的出现。

缺点：

① LReLU 表现并不一定比 ReLU 好；

② 不能避免梯度爆炸问题。

5. PReLU

函数定义：

$$f(a,x)=\begin{cases}ax & x<0\\x & x\geqslant 0\end{cases} \tag{2-49}$$

$a=0.6$ 时，函数图像如图 2-5 所示。

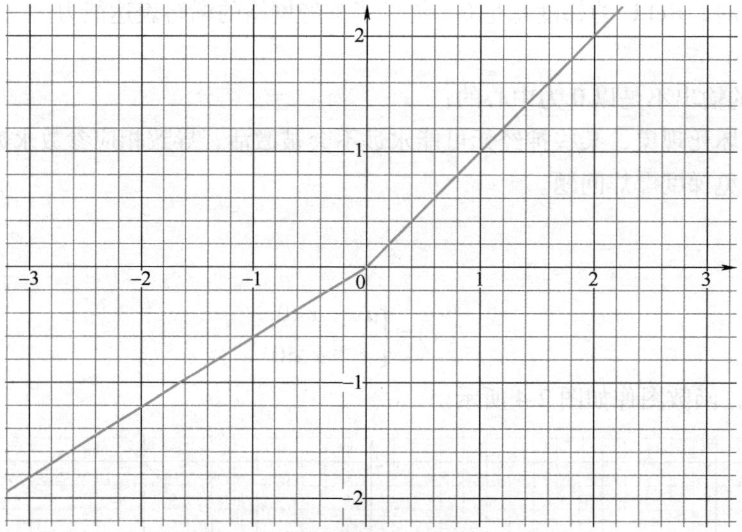

图 2-5 PReLU 函数图像

导数：

$$f'(a,x)=\begin{cases}a & x<0\\1 & x\geqslant 0\end{cases} \tag{2-50}$$

优点：

① PReLU 是 LReLU 的改进，可以自适应地从数据中学习参数；

② 收敛速度快、错误率低；

③ PReLU 可以用于反向传播的训练，可以与其他层同时优化。

6. ELU

函数定义：

$$f(a,x)=\begin{cases}\alpha(e^x-1) & x<0\\x & x\geqslant 0\end{cases} \tag{2-51}$$

$a=0.6$ 时，函数图像如图 2-6 所示。

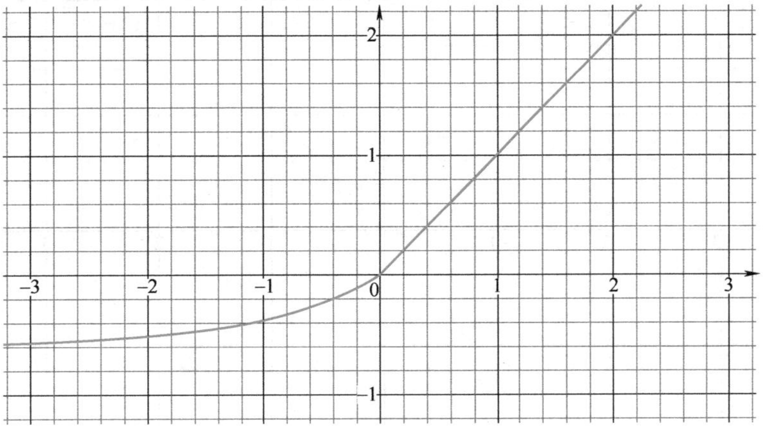

图 2-6　ELU 函数图像

导数：

$$f'(a,x)=\begin{cases} f(\alpha,x)+\alpha & x<0 \\ 1 & x\geqslant 0 \end{cases} \tag{2-52}$$

优点：

① 导数收敛为零，从而提高学习效率；

② 能得到负值输出，这能帮助网络向正确的方向推动权重和偏置变化；

③ 防止坏死神经元出现。

缺点：

① 计算量大，表现并不一定比 ReLU 好；

② 不能避免梯度爆炸问题。

7. SELU

函数定义：

$$f(a,x)=\lambda\begin{cases} \alpha(\mathrm{e}^x-1) & x<0 \\ x & x\geqslant 0 \end{cases} \tag{2-53}$$

$\lambda=1.0507$，$a=1.6732$ 时，函数图像如图 2-7 所示。

导数：

$$f'(a,x)=\lambda\begin{cases} \alpha\mathrm{e}^x & x<0 \\ 1 & x\geqslant 0 \end{cases} \tag{2-54}$$

优点：

① SELU 是 ELU 的一个变种。其中 λ 和 α 是固定数值(分别为 1.0507 和 1.6732)；

② 经过该激活函数后使得样本分布自动归一化到 0 均值和单位方差；

③ 不会出现梯度消失或爆炸问题。

8. softsign

函数定义：

$$f(x)=\frac{x}{|x|+1} \tag{2-55}$$

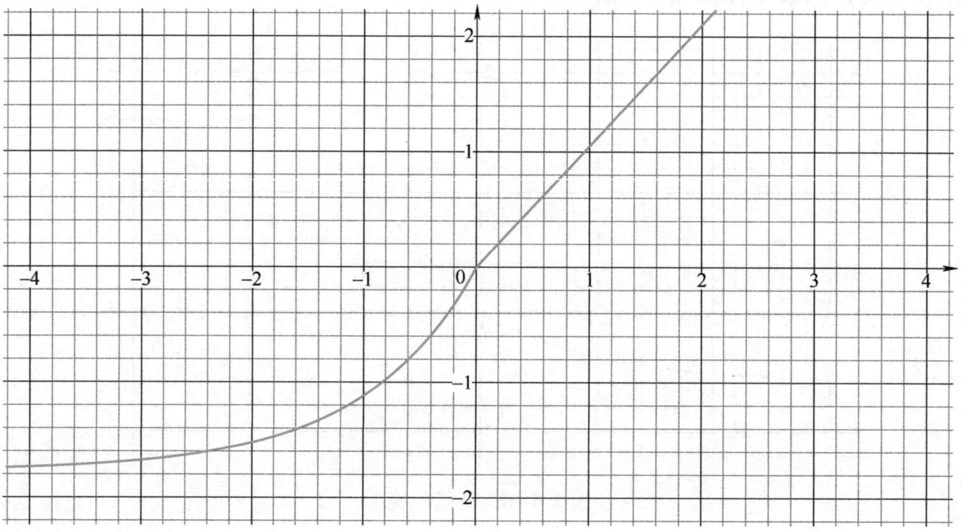

图 2-7　SELU 函数图像

函数图像如图 2-8 所示。

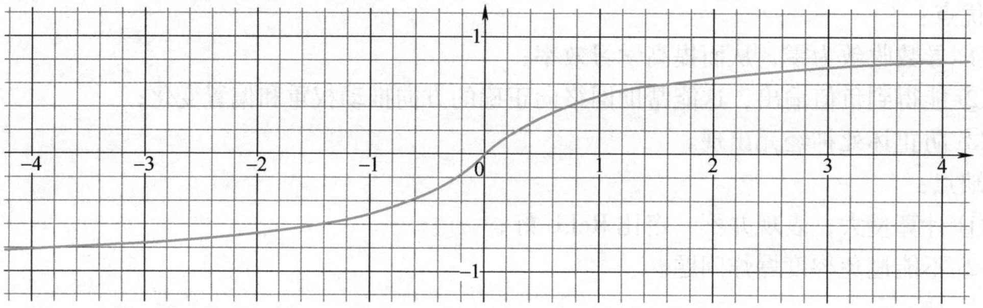

图 2-8　softsign 函数图像

导数：

$$f'(x)=\frac{1}{(1+|x|)^2} \tag{2-56}$$

优点：

① softsign 是 tanh 激活函数的另一个替代选择；

② softsign 是反对称、去中心、可微分的，并返回−1 和 1 之间的值；

③ softsign 更平坦的曲线与更慢的下降导数表明它可以更高效地学习。

缺点：

导数的计算比 tanh 更麻烦

9. softplus

函数定义：

$$f(x)=\ln(1+e^x) \tag{2-57}$$

函数图像如图 2-9 所示。

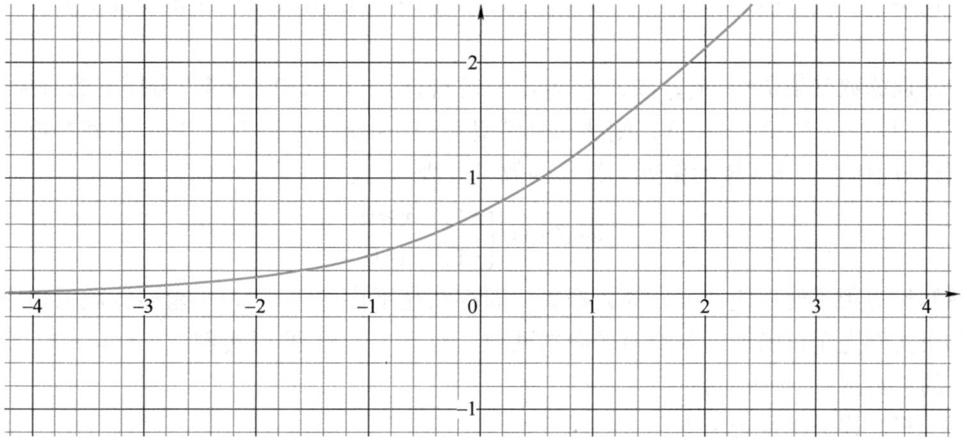

图 2-9　softplus 函数图像

导数：

$$f'(x)=\frac{1}{1+e^{-x}} \tag{2-58}$$

优点：

① 作为 ReLU 的一个不错的替代选择，softplus 能够返回任何大于 0 的值；

② 与 ReLU 不同，softplus 导数是连续的、非零的，无处不在，从而防止出现坏死神经元。

缺点：

① 导数常常小于 1，也可能出现梯度消失的问题；

② softplus 另一个不同于 ReLU 的地方在于其不对称性，不以零为中心，可能会妨碍学习。

10. softmax

softmax 函数一般用于多分类问题中，它是对逻辑回归的一种推广，也被称为多项逻辑回归模型。假设要实现 k 个类别的分类任务，softmax 函数将输入数据 x_i 映射到第 i 个类别的概率 y_i，计算方式如下：

$$y_i=\text{softmax}(x_i)=\frac{e^{x_i}}{\sum_{j=1}^{k} e^{x_j}} \tag{2-59}$$

显然，式中 $0<y_i<1$，且输出结果的值累加起来为 1，因此可将输出概率最大的作为分类目标。

2.6　感知机与多层感知机

2.6.1　感知机

感知机（perceptron）是 1957 年由美国心理学家 Frank Rosenblatt 提出的一个二分类的线性

分类器模型。它包含两层：输入层为样本的特征向量，输出层为样本的类别，用+1 或-1 标记。

给定训练数据集 $T=\{(x_1,y_1),(x_2,y_2),\cdots,(x_N,y_N)\}$，其中 $x_i\in\mathbf{R}^n$ 为样本的特征向量，$y_i\in\{+1,-1\}$，$i=1,2,\cdots,N$，则感知机模型 $f(x)=\mathrm{sign}(w\cdot x+b)$，其中模型参数 $w\in\mathbf{R}^n$ 为权值或权值向量，$b\in\mathbf{R}$ 为偏置。符号函数 sign 表示为：

$$\mathrm{sign}(x)=\begin{cases}+1, & x\geqslant 0\\ -1, & x<0\end{cases} \tag{2-60}$$

感知机适用于处理线性可分的数据集，即存在超平面 S：$w\cdot x+b$ 能够将数据集中的正实例和负实例完全正确地划分到超平面的两侧，对于 $y_i=+1$ 的正实例 $w\cdot x+b\geqslant 0$，而对于 $y_i=-1$ 的负实例 $w\cdot x+b<0$。

感知机的损失函数定义为：

$$L(w,b)=-\sum_{x_i\in M}y_i(w\cdot x_i+b) \tag{2-61}$$

其中，M 为误分类的集合。

损失函数 L 是 w，b 的连续可导函数。损失函数是非负值，如果没有误分类数据，则损失函数值为 0。感知机的训练就是使损失函数极小化：

$$\min_{w,b}\mathrm{L}(w,b)=-\sum_{x_i\in M}y_i(w\cdot x_i+b) \tag{2-62}$$

感知机学习算法(见算法 2.1)是误分类驱动的，这里需要注意的是所谓的“误分类驱动”指的是只需要判断 $-y_i(w\cdot x_i+b)$ 的正负来判断分类的正确与否。损失函数里，只有误分类的集合里面的样本才能参与损失函数的优化，所以不能用最普通的批量梯度下降，能采用随机梯度下降方法训练感知机。损失函数梯度：

$$\nabla_w L(w,b)=-\sum_{x_i\in M}y_i x_i \tag{2-63}$$

$$\nabla_b L(w,b)=-\sum_{x_i\in M}y_i \tag{2-64}$$

训练过程中，参数 w，b 的更新：

$$w\leftarrow w-\eta\nabla_w L(w,b) \tag{2-65}$$

$$b\leftarrow b-\eta\nabla_b L(w,b) \tag{2-66}$$

其中，$\eta(0\leqslant\eta\leqslant 1)$ 是学习率。

算法 2.1：感知机学习算法

输入：训练数据集 $T=\{(x_1,y_1),(x_2,y_2),\cdots(x_N,y_N)\}$，$x_i\in\mathbf{R}^n$，$y_i\in\{+1,-1\}$，$i=1,2,\cdots,N$；
学习率 $\eta\,(0\leqslant\eta\leqslant 1)$
输出：w，b，感知机模型 $f(x)=\mathrm{sign}(w\cdot x+b)$

1. 设定初值 w，b；
2. 对每个数据样本对 (x_i,y_i) 计算 $y_i(w\cdot x_i+b)$：
   如果 $y_i(w\cdot x_i+b)<0$
   $w\leftarrow w-\eta\nabla_w L(w,b)$
   $b\leftarrow b-\eta\nabla_b L(w,b)$
3. 对所有的输入重复步骤 2，直到所有的样本没有误分类为止。

2.6.2　多层感知机

感知机能够解决线性可分的情况，但真实世界中，大量分类问题是非线性可分问题。一种有效的解决方法是，在输入层和输出层之间引入隐含层，在每个隐含层通过激活函数来处理非线性情况，从而将感知机转化为多层感知机来解决非线性可分问题。

多层感知机是目前应用广泛的神经网络之一，这主要源于基于 BP 算法的多层感知机具有以下重要能力。

1）非线性映射能力。多层感知机能学习和存储大量输入-输出模式映射关系，它能完成由 n 维输入空间到 m 维输出空间的非线性映射。

2）泛化能力。多层感知机训练后将所提取的样本对中的非线性映射关系存储在权值矩阵中。在测试阶段，当输入新数据时，网络也能完成由输入空间向输出空间的正确映射。这种能力称为多层感知机的泛化能力，它是衡量多层感知机性能优劣的一个重要方面。

3）容错能力。多层感知机的优势还在于允许输入样本中带有较大的误差甚至个别错误。因为对权矩阵的调整过程也是从大量的样本对中提取统计特性的过程，反映正确规律的知识来自全体样本，个别样本中的误差不能左右对权矩阵的调整。

2.7　反向传播算法

反向传播（Back Propagation，BP）神经网络是一种按照误差反向传播算法训练的多层前馈神经网络，是目前应用最广泛的神经网络。图 2-10 是包含输入层、隐含层、输出层的三层感知机。

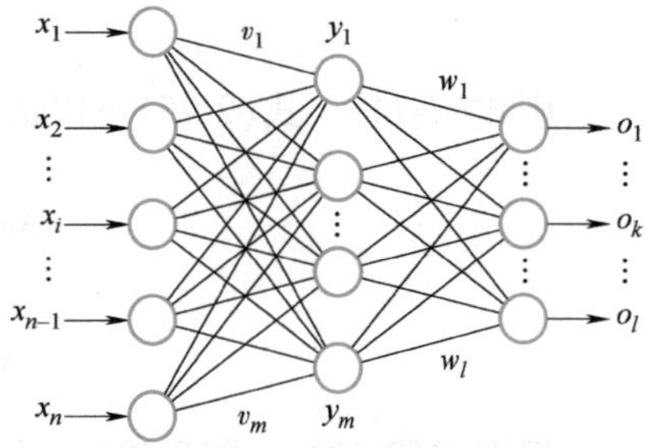

图 2-10　三层感知机

在这个三层感知机中，输入向量：$\boldsymbol{X}=(x_1,x_2,\cdots,x_n)^{\mathrm{T}}$，隐含层输入：$\boldsymbol{Y}=(y_1,y_2,\cdots,y_m)^{\mathrm{T}}$，实际输出：$\boldsymbol{O}=(o_1,o_2,\cdots,o_l)^{\mathrm{T}}$。期望输出：$\boldsymbol{d}=(d_1,d_2,\cdots,d_l)^{\mathrm{T}}$。权值矩阵：$\boldsymbol{V}=(v_1,v_2,\cdots,v_m)^{\mathrm{T}}$ 和 $\boldsymbol{W}=(w_1,w_2,\cdots,w_l)^{\mathrm{T}}$。

1. 前向传递过程

输入层到隐含层的计算：

$$net_j=\sum_{i=0}^{i=n} v_{ji}x_j \tag{2-67}$$

$$y_j=f(net_j),\ j=1,2,\cdots,m \tag{2-68}$$

隐含层到输出层的计算：

$$net_k=\sum_{j=0}^{j=m} w_{kj}y_j \tag{2-69}$$

$$o_k=f(net_k),\ k=1,2,\cdots,l \tag{2-70}$$

其中，$f(x)$是激活函数，它是非线性函数。

2. 误差反向传播过程

网络输出层的误差函数定义为：

$$E=\frac{1}{2}(d-o)^2=\frac{1}{2}\sum_{k=1}^{l}(d_k-o_k)^2 \tag{2-71}$$

根据式(2-69)、式(2-70)，误差函数展开到隐含层：

$$E=\frac{1}{2}(d-o)^2=\frac{1}{2}\sum_{k=1}^{l}(d_k-o_k)^2=\frac{1}{2}\sum_{k=1}^{l}\left[d_k-f\left(\sum_{j=0}^{j=m}w_{kj}y_j\right)\right]^2 \tag{2-72}$$

根据式(2-67)、式(2-68)，误差函数进一步展开到输入层：

$$E=\frac{1}{2}\sum_{k=1}^{l}\left[d_k-f\left(\sum_{j=0}^{j=m}w_{kj}y_j\right)\right]^2=\frac{1}{2}\sum_{k=1}^{l}\left(d_k-f\left[\sum_{j=0}^{j=m}w_{kj}f\left(\sum_{i=0}^{i=n}v_{ji}x_j\right)\right]\right)^2 \tag{2-73}$$

根据梯度下降策略，求解误差关于各个权值的梯度，增量 w_{kj}，y_{ji}：

$$\Delta w_{kj}=-\eta\frac{\partial E}{\partial w_{kj}},\ k=1,2,\cdots,l;\ j=0,1,2,\cdots,m \tag{2-74}$$

$$\Delta v_{ji}=-\eta\frac{\partial E}{\partial v_{ji}},\ i=0,1,2,\cdots,n;\ j=1,2,\cdots,m \tag{2-75}$$

其中，负号表示梯度下降，$\eta\in(0,1)$表示学习率。

在推导过程中，对输出层有 $j=0, 1, 2, \cdots, m$；$k=1, 2, \cdots, l$。对隐含层有 $i=0, 1, 2, \cdots, n$；$j=1, 2, \cdots, m$

对于输出层，定义：

$$\delta_k^o=-\frac{\partial E}{\partial net_k} \tag{2-76}$$

对于隐含层，定义：

$$\delta_j^y=-\frac{\partial E}{\partial net_j} \tag{2-77}$$

则式(2-74)、式(2-75)可以进一步写为：

$$\Delta w_{jk}=-\eta\frac{\partial E}{\partial w_{jk}}=-\eta\frac{\partial E}{\partial net_k}\frac{\partial net_k}{\partial w_{jk}} \tag{2-78}$$

$$\Delta v_{ij}=-\eta\frac{\partial E}{\partial v_{ij}}=-\eta\frac{\partial E}{\partial net_j}\frac{\partial net_j}{\partial v_{ij}} \tag{2-79}$$

根据式(2-67)、式(2-69)、式(2-76)、式(2-77)，式(2-78)，式(2-79)分别可表示为：

$$\Delta w_{jk}=\eta\delta_k^o y_j \tag{2-80}$$

$$\Delta v_{ij}=\eta\delta_j^y x_i \tag{2-81}$$

进一步计算由(2-76)、式(2-77)定义的 delta 信号：

$$\delta_k^o=-\frac{\partial E}{\partial net_k}=-\frac{\partial E}{\partial o_k}\frac{\partial o_k}{\partial net_k}=-\frac{\partial E}{\partial o_k}f'(net_k) \tag{2-82}$$

根据 $E=\frac{1}{2}\sum_{k=1}^{l}(d_k-o_k)^2$，则：

$$\frac{\partial E}{\partial o_k}=-(d_k-o_k) \tag{2-83}$$

代入得：

$$\delta_k^o=(d_k-o_k)f'(net_k) \tag{2-84}$$

对于隐含层：

$$\delta_j^y = -\frac{\partial E}{\partial net_j} = -\frac{\partial E}{\partial y_j}\frac{\partial y_j}{\partial net_j} = -\frac{\partial E}{\partial y_j}f'(net_j) \tag{2-85}$$

根据 $E=\frac{1}{2}\sum_{k=1}^{t}\left[d_k - f\left(\sum_{i=0}^{m} w_{jk}y_j\right)\right]^2$，得：

$$\frac{\partial E}{\partial y_j} = -\sum_{k=1}^{l}(d_k - o_k)f'(net_k)w_{jk} \tag{2-86}$$

代入得：

$$\delta_j^y = \left[\sum_{k=1}^{l}(d_k - o_k)f'(net_k)w_{jk}\right]f'(net_j) \tag{2-87}$$

根据式(2-84)可得：

$$\delta_j^y = \left[\sum_{k=1}^{l}\delta_k^o w_{jk}\right]f'(net_j) \tag{2-88}$$

式(2-84)、式(2-88)是关于误差的最终表达式。可以证明，如果有更多的隐含层，这样的误差定义具有普遍意义。

如果激活函数 $f(x)$ 采用 Sigmoid 函数：

$$f(x) = \frac{1}{1+e^{-x}} \tag{2-89}$$

其导数为：

$$f'(x) = f(x)[1-f(x)] \tag{2-90}$$

把式(2-84)、式(2-88)代入式(2-80)、式(2-81)，并根据式(2-45)、式(2-68)、式(2-70)可得：

$$\Delta w_{jk} = \eta\delta_k^o y_j = \eta(d_k - o_k)o_k(1-o_k)y_j \tag{2-91}$$

$$\Delta v_{ij} = \eta\delta_j^y x_i = \eta\left(\sum_{k=1}^{l}\delta_k^o w_{jk}\right)y_j(1-y_j)x_i \tag{2-92}$$

本章小结

本章主要讨论了深度学习所需要的数学基础知识，包括线性代数、微积分、概率论相关基础概念和运算，以及深度学习中常用的距离与相似度计算方式。进一步，介绍了人工神经网络中的几个重要概念，包括激活函数、感知机与多层感知机等。最后，对神经网络训练过程涉及的反向传播算法进行了介绍。希望通过本章的介绍，能够让读者对后续章节有更好的理解。

思考题与习题

2-1　标量、向量、矩阵以及张量之间有什么区别和联系？

2-2　多元函数链式法则如何表示？

2-3　贝叶斯定理如何表示？

2-4　列举三种常用的距离计算方式。

2-5 针对多分类问题，可以使用哪种激活函数？

2-6 什么是感知机与多层感知机？

2-7 简述误差反向传播算法。

参考文献

[1] XAVIER G, ANTOINE B, YOSHUA B. Deep sparse rectifier neural networks [C]// Proceedings of the Fourteenth International Conference on Artificial Intelligence and Statistics, Fort Lauderdale: JMLR, 2011, 15: 315-323.

[2] DJORK-ARNÉ C, THOMAS U, SEPP H. Fast and accurate deep network learning by exponential linear units (elus) [Z/OL]. 2015. [2024-06-15]. https://arxiv.org/abs/1511.07289.

[3] GÜNTER K, THOMAS U, ANDREAS M, et al. Self-normalizing neural networks [J]. Advances in Neural Information Processing Systems, 2017, 30.

[4] FRANK R. The perceptron: a probabilistic model for information storage and organization in the brain [J]. Psychological Review, 1958, 65(6): 386-408.

[5] DAVID E R, GEOFFREY E H, RONALD J W. Learning representations by back-propagating errors [J]. Nature, 1986, 323(6088): 533-536.

第 3 章　卷积神经网络

卷积神经网络(Convolutional Neural Networks，CNN)是一类特殊的人工神经网络，在深度学习领域具有重要地位。相较于其他神经网络模型(如递归神经网络、Boltzmann 机等)，CNN 最显著的特点是卷积运算操作。正是由于这种特性，CNN 在图像相关任务上表现出色，如图像分类、图像语义分割、图像检索、物体检测等计算机视觉问题。此外，随着 CNN 研究的深入，它还在其他领域得到应用，例如自然语言处理中的文本分类、软件工程以及数据挖掘中的软件缺陷预测等问题。与传统方法和其他深度网络模型相比，CNN 在这些领域展现出更为优越的预测效果。

本章主要对卷积神经网络的发展历程、基础模块、典型卷积神经网络、各种卷积及实例等进行详细介绍。

3.1　简介

本章将首先从抽象的角度介绍卷积神经网络的基本结构，随后回顾卷积神经网络的发展历程。

3.1.1　基本概念

总体而言，卷积神经网络是一种层次模型，其输入为原始数据(如 RGB 图像、原始音频数据等)。通过一系列操作的层层堆叠，包括卷积操作、池化操作和非线性激活函数映射等，卷积神经网络从原始数据输入层中逐层抽取和逐层抽象高层语义信息。这个过程被称为“前馈运算”。在卷积神经网络中，不同类型的操作通常被称为“层”，如卷积操作对应“卷积层”等。

最终，卷积神经网络的最后一层将目标任务(如分类、回归等)转化为目标函数，通过计算预测值与真实值之间的误差或损失来衡量。利用反向传播算法，将误差或损失从最后一层逐层向前反馈，更新每一层的参数。在更新参数后，再次进行前馈运算，如此反复进行，直到网络模型收敛，从而达到模型训练的目的。

以更通俗的方式解释，可以将卷积神经网络比作搭积木的过程。它使用卷积等操作作为“基本单元”，依次堆叠在原始数据上。在这个过程中，每一层数据都是一个三维张量，类似于式(3-1)中的 x^1。在计算机视觉应用中，通常使用 RGB 颜色空间的图像作为输入数据。例如，一个图像可以表示为一个 H 行、W 列、3 个通道(R、G、B)的张量，记作 x^1。x^1 经过第一层操作(记作 $\boldsymbol{\beta}^1$)，产生 $\boldsymbol{x}^2$，然后 $\boldsymbol{x}^2$ 作为第二层操作(记作 $\boldsymbol{\beta}^2$)的输入，产生 $\boldsymbol{x}^3$，以此类推，直到第 L-1 层。在这个过程中，每一层操作可以是单独的卷积、池化、非线性映射或其他操作/变换，甚至可以是不同形式操作/变换的组合。整个过程以损失函数的计算式(3-1)中的 z 作为结束点。

$$\boldsymbol{x}^1 \to \boldsymbol{\beta}^1 \to \boldsymbol{x}^2 \to \cdots \boldsymbol{x}^{L-1} \to \boldsymbol{\beta}^{L-1} \to \boldsymbol{x}^L \to \boldsymbol{\beta}^L \to z \tag{3-1}$$

最后，整个网络以损失函数的计算结束。如果 $\boldsymbol{y}$ 表示输入 $\boldsymbol{x}^1$ 对应的真实标签(ground truth)，那么损失函数可以表示为：

$$z = \mathrm{Loss}(\boldsymbol{x}^L, \boldsymbol{y}) \tag{3-2}$$

函数 Loss(·)中的参数可以为空，特别是对于某些操作，如池化操作、无参数的非线性映射以及无参数损失函数的计算等。在实际应用中，不同的任务可能会使用不同形式的损失函数。举例来说，对于回归问题，常见的平方损失函数可以作为卷积网络的目标函数；而对于分类问题，常用的交叉熵损失函数可以作为目标函数。显然，无论是回归问题还是分类问题，在计算 z 之前，都需要通过适当的操作获得与 $\boldsymbol{y}$ 具有相同维度的 $\boldsymbol{x}^L$，以正确计算样本预测的损失或误差值。

3.1.2 发展历程

卷积神经网络的发展历史中的第一个重要里程碑事件可以追溯到 20 世纪 60 年代早期的神经科学研究中。1959 年，加拿大的神经科学家提出了猫的初级视皮层中单个神经元的“感受野”概念。为了确定关于哺乳动物视觉系统如何工作等的基本事实，神经生理学家 David Hubel 和 Torsten Wiesel 在 1960 年左右做了一系列关于猫的视觉神经元的研究，该研究主要有以下三个主要成果：

猫的大脑中第一层的视觉神经元(V1)，只处理局部视觉中的简单基础结构信息(如某一方向的直线、点)，且一类神经元只对一种特定的基础结构做出反应，对其他模式几乎完全没有反应。V1 神经元会保留拓扑结构信息，即相邻的神经元的感受野在图像中也相邻。视觉神经元是有层次的，高层神经元处理更加复杂的特征。1962 年，他们发现了猫的视觉中枢存在感受野、双目视觉和其他功能结构，这标志着神经网络结构首次在大脑视觉系统中被发现。这一发现对于后来卷积神经网络的发展起到了重要的启示作用。

在 20 世纪 80 年代前后，日本科学家福岛邦彦(Kunihiko Fukushima)在 Hubel 和 Wiesel 的研究基础上，提出了一种模拟生物视觉系统的层级化多层人工神经网络，被称为“神经认知”(neurocognitron)，用于处理手写字符识别和其他模式识别任务。这一神经认知模型后来被认为是卷积神经网络的前身。福岛邦彦的神经认知模型包含两种关键组件：“S 型细胞”(S-cells)和“C 型细胞”(C-cells)，这两种细胞以交替堆叠的方式构成了神经认知网络。其中，S 型细胞用于提取局部特征，而 C 型细胞用于抽象表示和容错处理。这种结构类比为现代卷积神经网络中的卷积层和池化层。

Yann LeCun 等人在 1998 年提出了基于梯度学习的卷积神经网络算法，并成功将其应用于手写数字字符识别。在当时的技术条件下，该网络能够实现低于 1%的错误率。因此，这个名为 LeNet 的卷积神经网络成为几乎所有美国邮政系统使用的工具，用于识别手写邮政编码并进行邮件和包裹的分拣。LeNet 可以说是第一个在商业领域产生实际价值的卷积神经网络，同时也为后来卷积神经网络的发展奠定了坚实的基础。出于对先驱者 LeNet 的致敬，Google 在 2015 年提出 GoogLeNet 时特意将“L”大写。

迈入 2012 年，恰逢计算机视觉界备受瞩目的 ImageNet 图像分类竞赛四周年纪念。Geoffrey E. Hinton 等研究者运用卷积神经网络 AlexNet，力挫日本东京大学和英国牛津大学 VGG 组等强大对手，准确率超越亚军近 12%，夺得了该竞赛的冠军。自此，卷积神经网络开始逐渐在计算机视觉领域崭露头角，并成为业界的主流。此后每年，深度卷积神经网络成为 ImageNet 竞赛的无可争议的冠军。

直到 2015 年，通过改进卷积神经网络中的激活函数(activation function)，卷积神经网络在 ImageNet 数据集上的性能(4.94%)首次超越了人类的错误预测率(5.1%)。近年来，随着神经网络，尤其是卷积神经网络的研究人员不断增加，技术不断进步，卷积神经网络的规模变得越来越大、越来越深、越来越复杂。从最初的 5 层和 16 层，发展到 MSRA 提出的 152 层的 Residual Net，甚至出现了上千层的网络结构。

AlexNet 在基本结构上与十几年前的 LeNet 几乎没有什么差异。然而，数十年间，数据和硬件设备(尤其是 GPU)的发展却经历了快速变化，实际上它们才是推动神经网络领域革新的主要动力。正是这些变化，使得深度神经网络成为了一种切实可行的工具和应用手段。自从 2012 年以来，深度卷积神经网络已经成为人工智能领域中至关重要的研究课题，尤其在计算机视觉、自然语言处理等领域成为具有主导地位的研究技术。同时，它也是各大工业公司和创业机构争相发展和占据领先地位的关键技术节点。

3.2 基础模块

本节将在深度卷积神经网络的基本框架后，重点探讨卷积神经网络中的关键组成部分及模块。这些组成部分的逐层堆叠，使得卷积神经网络能够直接从原始数据中学习特征表示，并成功地完成最终任务。

3.2.1 端到端架构

深度学习采用了一种重要的思想，即“端到端”学习，它是表示学习的一种形式。这一思想是深度学习与其他机器学习算法最为显著的区别之一。传统的机器学习算法，如特征选择算法、分类器算法和集成学习算法等，假设样本的特征表示已经确定，并基于此设计具体的机器学习算法。在深度学习方法之前，通常使用手工设计的特征来表示样本。人工特征的质量往往在很大程度上决定了最终任务的精度。为了解决这个问题，特征工程作为一种特殊的机器学习分支应运而生。特征工程在数据挖掘的工业界应用和计算机视觉等领域都扮演着非常重要的角色，在深度学习时代之前具有重要的意义。

特别是在计算机视觉领域，在深度学习出现之前，针对图像、视频等对象的表示方法可谓“百花齐放、百家争鸣”。以图像表示为例，从表示的范围来看，可以将其分为全局特征描述子和局部特征描述子。仅就局部特征描述子而言，就存在数十种不同的方法，如 SIFT、PCA-SIFT、SURF、HOG、steerable filters 等。同时，不同的局部特征描述子擅长处理的任务也不尽相同，有些适用于边缘检测，有些适用于纹理识别，这使得在实际应用中选择合适的特征描述子成为一项困难的任务。对此，甚至有研究者在 2004 年在国际顶级期刊 TPAMI(*IEEE Transactions on Pattern Recognition and Machine Intelligence*)上发表了名为“*A Performance Evaluation of Local Descriptors*”的实验综述，以系统地了解不同局部特征描述子的作用，至今已经被引用近8000次。然而，在深度学习广泛应用之后，人工设计的特征逐渐被表示学习所取代，深度学习能够根据任务的需求自动学习到适合的特征表示。

更重要的是，在过去解决人工智能问题时(以图像识别为例)，通常采用分治法将问题分解为预处理、特征提取与选择、分类器设计等多个步骤。分治法的动机是将图像识别这样的复杂问题分解为简单、可控且清晰的子问题。然而，尽管在每个子问题上可能得到最优解，但子问题的最优解并不一定能得到全局问题的最终解决方案。相对而言，深度学习提供了另一种范式，即"端到端"学习方式。在这种方式下，整个学习流程不再人为地将问题划分为子问题，而是直接将原始输入映射到期望输出的学习过程交给深度学习模型完成。与分治策略相比，"端到端"学习方式具有协同增效的优势，因此更有可能获得全局最优解。

深度模型的输入数据是原始样本的未经过任何人为加工的形式，而后续的操作层则是在输入层上进行堆叠的。这些操作层的整体可以被视为一个复杂的函数，称为全连接神经网络(Fully Connected Neural Network)。最终的损失函数由数据损失和模型参数的正则化项组成。

损失函数的组成使得深度模型的训练过程能够在最终损失的驱动下更新模型参数，并通过误差反向传播到网络的各个层级。模型的训练过程可以简单地概括为直接"拟合"从原始数据到最终目标的过程。而其中的各个组成部件起到了关键作用，将原始数据映射为特征(即特征学习)，然后再映射为样本标签(即目标任务，如分类)。下面介绍CNN的基本组成部件。

3.2.2 输入层

卷积神经网络的输入层是网络的第一个层级，负责接收原始输入数据并进行预处理，为后续的网络层提供数据流。以图像数据为例进行具体说明。

输入层的主要任务是将图像数据转换为适合神经网络处理的格式。通常，一个图像由像素组成，每个像素包含一个或多个通道(例如RGB图像有3个通道)。在输入层中，通常会进行以下预处理步骤：

图像大小调整(Resizing)：为了适应网络的输入尺寸，通常需要将原始图像调整为统一的大小。这是因为神经网络中的权重参数是固定的，输入大小的一致性可以简化网络结构并提高计算效率。常见的输入尺寸包括224×224、227×227或者32×32等。

归一化(Normalization)：将图像数据进行归一化处理，使其数值范围落在一定区间内，常见的方法是将像素值缩放到0到1之间。这样可以帮助网络更稳定地学习和收敛。

数据增强(Data Augmentation)：在训练过程中，为了增加数据的多样性和数量，通常会对图像进行一系列的随机变换，如随机旋转、平移、缩放、水平翻转等。数据增强可以帮助提高网络的泛化能力，防止过拟合。

通道处理(Channel Processing)：对于彩色图像，每个像素点可能包含多个通道(如RGB图像有3个通道)。在输入层，通常会对通道进行处理，例如将RGB通道拆分或者进行颜色通道的均值计算，以便更好地适应网络结构和训练过程。

批量处理(Batching)：由于深度学习中的训练通常采用小批量数据，输入层还会将预处理后的图像按照一定的批次大小组织，以便在训练过程中高效地进行数据传递和计算。

以上预处理步骤通常在数据输入阶段完成，之后数据将被送入CNN的后续层级进行特征提取和学习。通过输入层的处理，CNN 能够处理复杂的图像数据，并逐渐学习抽取图像中的重要特征，用于后续的分类、检测、分割等任务。

3.2.3　卷积层

卷积层是深度卷积神经网络中的基本操作，它在网络中发挥着重要作用。实际上，甚至在网络的最后起分类作用的全连接层在工程实现时也可以通过卷积操作进行替代。这种替代方式的使用在实际应用中相当常见。

1. 基本思想

卷积运算实际上是数学分析中的一种运算方法，在卷积神经网络中通常涉及离散卷积。下面以二维场景中的情况为例，介绍卷积操作的过程。

假设有一个输入图像(输入数据)，如图 3-1 右侧所示，它是一个 5×5 的矩阵。图 3-1a 展示了一个 3×3 的卷积核，而图 3-1b 展示了一个 5×5 的输入数据。同时，卷积核(也称为卷积参数、卷积滤波器)设定为一个 3×3 的矩阵。假定在进行卷积操作时，每次卷积时卷积核在图像上移动一个像素位置，也就是卷积步长(stride)为 1。

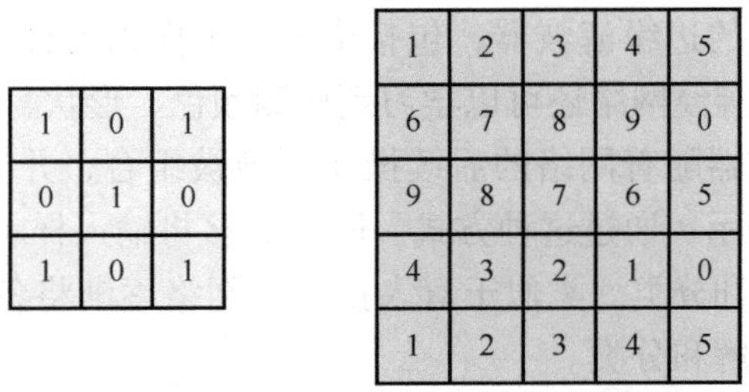

a) 卷积核　　b) 输入数据

图 3-1　二维场景下，卷积核和输入数据的可视化

在第一次卷积操作中，从图像的像素位置(0,0)开始，卷积核的参数与对应位置的图像像素逐个相乘，并将它们累加起来作为卷积操作的结果。具体计算为：$1\times1+2\times0+3\times1+6\times0+7\times1+8\times0+9\times1+8\times0+7\times1=1+3+7+9+7=27$，如图 3-2a 所示。

类似地，在步长为 1 的情况下(见图 3-2)，卷积核以步长的大小在输入图像上从左至右、自上而下依次进行卷积操作，最终输出一个 3×3 大小的卷积特征图。同时，该特征图将作为下一层操作的输入。

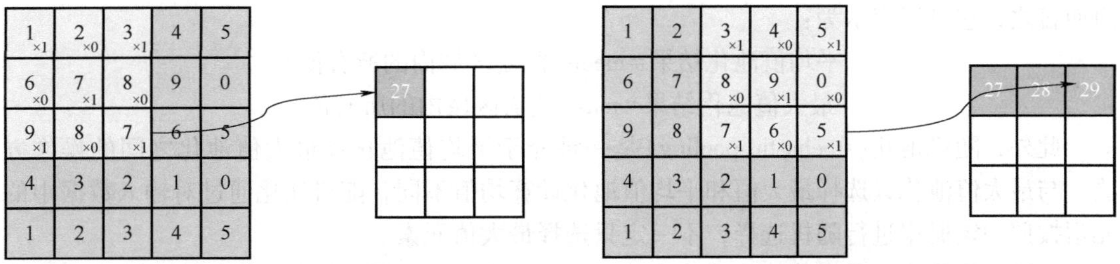

a) 第一次卷积操作后的结果　　b) 第三次卷积操作后的结果

图 3-2　卷积中间结果示意图

在三维情况下，假设卷积层 l 的输入张量为 $\boldsymbol{x}^l \in \mathbf{R}^{H^l \times W^l \times D^l}$，该层的卷积核为 $\boldsymbol{f}^l \in \mathbf{R}^{H \times W \times D^l}$。三维输入时的卷积操作实际上是将二维卷积扩展到对应位置的所有通道（即 D^l 维度）。在每个位置上，将一次卷积操作处理的所有 HWD^l 个元素在所有通道上进行求和，作为该位置的卷积结果。

2. 卷积层基本作用

卷积操作是一种局部操作，通过使用特定大小的卷积核对局部图像区域进行处理，从而获取图像的局部信息。本节将使用三种边缘卷积核（也称为滤波器）来说明卷积神经网络中卷积操作的作用。将这些卷积核分别应用于一张原始图像上，包括整体边缘滤波器、横向边缘滤波器和纵向边缘滤波器。

假设原始图像的某个像素点 (x,y) 可能存在物体的边缘，那么它周围的像素点，如 $(x-1,y)$、$(x+1,y)$、$(x,y-1)$、$(x,y+1)$ 的像素值与点 (x,y) 应该有显著的差异。因此，如果应用整体边缘滤波器 K，它可以消除那些周围像素值差异较小的图像区域，从而保留出显著差异的区域，从而检测出物体的边缘信息。同样的道理，类似的横向和纵向边缘滤波器可以分别保留图像中的横向和纵向边缘信息。

实际上，在卷积神经网络中，卷积核的参数是通过网络的训练学习得到的。通过训练，网络可以学习到各种不同的边缘滤波器，包括横向、纵向以及任意角度的边缘滤波器。此外，一个复杂的深层卷积神经网络还可以学习到检测颜色、形状、纹理等许多基本模式的滤波器（卷积核）。这些滤波器随着网络的后续操作逐渐被组合，并且基本模式逐渐被抽象为具有高层语义的“概念”表示。通过这种方式，网络能够将输入样本映射到具体的样本类别，并对不同的概念进行表示和分类。类似于盲人摸象，网络逐渐将各个部分的结果整合起来，最终形成对整体样本的理解和分类。

3.2.4 池化层

在卷积神经网络中，当涉及池化层时，通常使用的操作有平均值池化和最大值池化。这些操作与卷积层不同，它们不包含需要学习的参数。在使用池化层时，只需要指定池化类型（如平均值或最大值）、池化操作的核大小（池化核的大小）以及池化操作的步长等超参数即可。这些超参数决定了在池化操作中如何对输入数据进行下采样。

1. 池化的基本概念

使用在 3.2.3 节中引入的符号表示法，第 l 层的池化操作表示为 $\boldsymbol{p}^l \in \mathbf{R}^{H \times W \times D^l}$。在每次池化操作中，对池化核覆盖的区域中的所有值取平均值（或最大值），作为该次池化的结果。简而言之，它可以表示为：

平均值池化结果=mean（覆盖区域内的所有值）

最大值池化结果=max（覆盖区域内的所有值）

此外，随机池化（stochastic pooling）是一种介于平均值池化和最大值池化之间的操作方法。与最大值池化只选择最大值和平均值池化计算均值不同，随机池化通过对输入数据中的元素按照一定概率进行随机选择，不一定只选择最大值元素。

在随机池化中，元素值较大的响应（activation）被选中的概率较大，而较小的响应被选中的概率较小。因此，在整体意义上，随机池化与平均值池化接近，因为它考虑了所有元素的贡献；而在局部意义上，它又类似于最大值池化，因为它选择了响应较大的元素。

随机池化操作的目的是引入一定的随机性，以增加模型的鲁棒性和抗过拟合能力。它在某些情况下可能对模型的性能有所帮助，但并不像平均值池化和最大值池化那样被广泛使用。

2. 池化层意义

池化操作实质上是一种“下采样”(down-sampling)的技术。同时，可以将池化操作视为一种使用 p-范数(p-norm)作为非线性映射的“卷积”技巧。特别地，当 p 逼近无穷大时，它就等同于常见的最大值池化。

引入池化层是模仿人类视觉系统对视觉输入对象进行降维(降采样)和抽象的过程。在卷积神经网络的研究中，研究人员普遍认为池化层具有以下三种功能：

1. 特征不变性

池化操作使模型更加关注特征的存在与否，而不是特征的具体位置。这可以看作是一种强先验，使得特征学习具有一定的自由度，可以容忍一些微小的特征位移。

2. 特征降维

由于池化操作的降采样效果，池化层的结果中的每个元素对应于原始输入数据的一个子区域。因此，池化操作在空间范围内实现了维度的约减，使模型能够提取更广泛的特征。同时，它还减小了下一层的输入大小，从而降低了计算量和参数数量。

3. 一定程度上防止过拟合，更容易进行优化

尽管池化操作不是卷积神经网络中必需的组件或操作，但它可以在一定程度上防止过拟合，并且更容易进行优化。德国赖堡大学的研究人员提出了一种特殊的卷积操作来替代池化层实现降采样，从而构建了一个只包含卷积操作的网络。实验验证了这种改造的网络在分类准确度方面可以达到甚至超过传统的卷积神经网络(卷积层和池化层交替使用)。

3.2.5 激活层

激活层(Activation Layer)是卷积神经网络另外一个重要的组成部分。激活层将卷积层或者全连接层线性运算的输出做非线性映射，为神经网络提供非线性能力。激活层通过激活函数来实现。激活函数模拟了生物神经元的特性，接收一组输入信号产生输出，并通过一个阈值模拟生物神经元的激活和兴奋状态。常见的激活函数包括：Sigmoid、tanh、ReLU 等，具体可参考第 2 章。

3.2.6 全连接层

全连接层在卷积神经网络中充当“分类器”的角色。如果将卷积层、池化层和激活层等操作视为将原始数据映射到隐藏层特征空间，那么全连接层则将学习到的特征表示映射到样本的标签空间。在实际应用中，可以使用卷积操作来实现全连接层的功能：对于前一层是全连接层的情况，可以将其转化为具有 1×1 的卷积核；而对于前一层是卷积层的全连接层，可以将其转化为具有 $h \times w$ 的全局卷积核，其中 h 和 w 分别代表前一层卷积输出结果的高度和宽度。

以经典的 VGG 网络模型为例，对于一个 224×224×3 的图像输入，经过前面的卷积和池化层后，最后一层卷积层的输出为一个 7×7×512 的特征张量。如果后面跟着一层包含 4096 个神经元的全连接层，可以使用卷积核为 7×7×512×4096 的全局卷积来实现这个全连接的计算过程。

具体地，将 7×7×512 的特征张量展平为一个长度为 25088 的向量，并将其作为输入。然后，可以使用卷积核为 7×7×512×4096 的全局卷积来执行全连接的运算。这相当于将每个 7×7 的局部特征图与对应的权重进行逐元素相乘，并将所有结果相加，得到一个包含 4096 个元素的向量。这样就完成了从特征表示到标签空间的映射过程，实现了全连接层的功能。

值得注意的是，这种将全连接层转化为全局卷积的方法在 VGG 网络中是一种特殊的设计选择，旨在减少全连接层所需的参数量。这种转化方法可以简化网络结构，提高计算效率，并且在实践中已经证明是有效的。

3.2.7 目标函数

全连接层用于将网络的特征映射到样本的标记空间并进行预测。目标函数的作用是衡量这个预测值与真实样本标记之间的误差。在当前的卷积神经网络中，对于分类问题，交叉熵损失函数是最常见的选择之一。它基于预测类别和真实类别之间的差异来衡量分类错误。交叉熵损失函数在训练过程中可以促使网络更好地拟合训练数据，并且对于多类别分类问题也有很好的效果。对于回归问题，L2 损失函数（也称为均方误差）是常用的目标函数之一。它衡量了预测值与真实值之间的二次方差，用于回归任务中最小化预测误差。L2 损失函数对异常值比较敏感，但在许多情况下仍然是一种有效的选择。

除了交叉熵损失函数和 L2 损失函数，针对不同问题的特性，研究人员还提出了许多其他类型的目标函数。例如，针对序列生成任务的序列交叉熵损失函数，用于强化学习的策略梯度目标函数等。这些不同的目标函数可以更好地适应不同的任务和数据特点，提供了更大的灵活性和选择性。

因此，在当前的卷积神经网络中，有多种选择来定义适合特定问题的目标函数，以便更好地训练网络并优化模型的性能。

3.3 典型卷积神经网络

3.3.1 LeNet-5

当谈到深度学习历史上的经典模型时，LeNet-5 是一个不可忽视的里程碑。LeNet-5 是由 Yann LeCun 等人于 1998 年提出的神经网络架构，它是一个早期的卷积神经网络模型，被广泛用于手写数字识别任务，如 MNIST 数据集。LeNet-5 的成功为深度学习在计算机视觉领域的发展奠定了坚实的基础。

LeNet-5 引入了卷积层和池化层，并以层级结构进行堆叠。卷积层使用卷积核从输入图像中提取特征，通过学习适合任务的卷积核，网络可以自动学习图像的局部特征。池化层通过降采样操作减少特征图的大小，从而降低计算复杂性，增加模型的鲁棒性。LeNet-5 使用 Sigmoid 激活函数引入非线性性质，使网络能够学习非线性特征。

LeNet-5 当时（1998 年）在手写数字识别任务上取得了显著的成果。它在 MNIST 数据集上取得了非常好的性能，为深度学习在计算机视觉领域的发展奠定了基础。LeNet-5 的成功激励了后续更加复杂和强大的 CNN 模型的发展，并对现代计算机视觉和深度学习的应用产生了深远的影响。

3.3.2　AlexNet

2012 年，Geoff Hinton 和他的学生 Alex Krizhevsky、Ilya Sutskever 在多伦多大学的实验室设计出了一个深层的卷积神经网络 AlexNet，并以此夺得了 2012 年 ImageNet LSVRC(large scale visual recognition challenge，大规模视觉识别挑战)竞赛的冠军，且准确率远超第二名(Top5 错误率为 15.3%，第二名为 26.2%)。AlexNet 可以说是具有历史意义的一个网络结构。自此，随后几年的 ImageNet 竞赛冠军均是基于 CNN，并且层次越来越深，使得 CNN 成为图像识别分类任务的核心算法模型，并带来了深度学习发展的大爆发。

AlexNet 的网络结构如图 3-3 所示，其共包含五个卷积层及三个全连接层。从图中可以看出，AlexNet 网络可以分为上下两个完全一样的分支，Alex Krizhevsky 等人分别在两个 GPU 上对两个分支进行并行训练，并在第三个卷积层和全连接层对上下两分支的信息进行交互。在 ImageNet LSVRC 竞赛中，AlexNet 解决了图像分类的问题，其输入是 1000 个不同类型图像(如猫、狗等)中的一个图像，其输出是维度为 1000 的向量。该向量的第 i 个维度上的数值即为该输入图像属于第 i 类图像的概率。

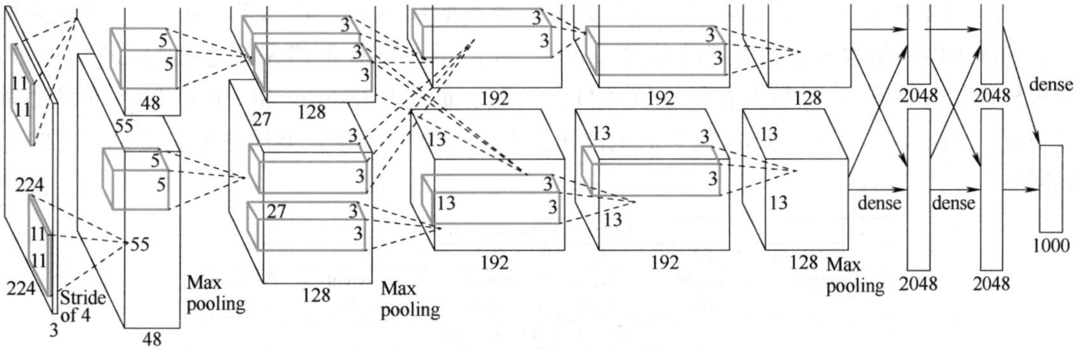

图 3-3　AlexNet 网络结构

与之前的 CNN 结构相比，AlexNet 模型的设计和训练具有以下几个特点：

使用了 ReLU 非线性激活函数。传统的神经网络普遍使用 Sigmoid 或者 tanh 等非线性函数作为激活函数，然而它们容易出现梯度弥散或爆炸的情况。在 AlexNet 中，使用了 ReLU 作为激活函数，可以有效地加快模型的训练速度，减少梯度弥散和梯度爆炸情况的发生。虽然 ReLU 激活函数在很久之前就被提出了，但是直到 AlexNet 网络的出现才将其发扬光大。

数据扩充。数据扩充是指当训练数据有限时，可以通过随机裁剪、平移、翻转等变换从已有的训练数据集中生成一些新的数据，以快速地扩充训练数据。AlexNet 网络随机地从 256×256 的原始图像中截取 224×224 大小的区域，以及这些区域水平翻转后的镜像，相当于增加了 2048 倍的数据量。预测时，则是提取图片中的四个角及中间 5 个位置的区域，进行左右翻转，共获得 10 张图像，对着 10 张图像分别进行预测并对 10 次预测结果取平均值。

Dropout。Dropout 是在 AlexNet 中提出的一种防止深度网络训练过拟合的方法。Dropout 是指在卷积神经网络的训练过程中，对于神经网络单元，按照一定的概率将其随机丢弃。由于是随机丢弃，故而每一个 mini-batch 都在训练不同的网络。因此 Dropout 可以看成是一种模型组合，每次生成的网络结构都不一样，通过组合多个模型的方式能够有效地减少过拟合。AlexNet 网络主要是在最后三个全连接层中使用 Dropout。

多 GPU(Graphics Processing Unit，图形计算模块)训练。AlexNet 使用了多块 GPU 进行训练，将网络参数分布在多块 GPU 上并行进行计算，从而突破了单块 GPU 显存大小的限制。由于 GPU 之间通信方便，且可以互相访问显存而不需要通过主机内存，所以同时使用多块 GPU 是非常高效的。此外，AlexNet 的设计让 GPU 之间的通信只在网络的某些层进行，控制了通信的性能损耗，大大加快了网络的训练速度。

局部响应归一化(Local Response Normalization，LRN)层。在神经生物学有一个概念叫做“侧抑制”(Lateral Inhibitio)，指的是被激活的神经元抑制相邻神经元。归一化(Normalization)的目的是“抑制”，局部响应归一化就是借鉴了“侧抑制”的思想来实现局部抑制，尤其当使用 ReLU 时这种“侧抑制”十分有效，因为 ReLU 的响应结果是无界的(可以非常大)，所以需要进行归一化。使用局部响应归一化就是使用临近的数据来做归一化，这种方案有助于增加泛化能力。

3.3.3 VGGNet

VGG 由牛津大学 VGG 组提出。VGG 是最符合典型 CNN 的一种网络，它在 AlexNet 的基础上加深了网络层次来达到更好的效果。如图 3-4 所示，VGG 网络采用连续的几个 3×3 的卷积核代替 AlexNet 中的较大卷积核(11×11，5×5)。最终其在 ImageNet 上的 Top5 准确度为 92.3%，是在 2014 年 ImageNet 竞赛的定位任务中取得第一名和分类任务中取得第二名的基础网络。

ConvNet Configuration					
A	A-LRN	B	C	D	E
11 weight layers	11 weight layers	13 weight layers	16 weight layers	16 weight layers	19 weight layers
Input(224 ×224 RGB image)					
conv3-64	conv3-64 **LRN**	conv3-64 **conv3-64**	conv3-64 conv3-64	conv3-64 conv3-64	conv3-64 conv3-64
Maxpool					
conv3-128	conv3-128	conv3-128 **conv3-128**	conv3-128 conv3-128	conv3-128 conv3-128	conv3-128 conv3-128
Maxpool					
conv3-256 conv3-256	conv3-256 conv3-256	conv3-256 conv3-256	conv3-256 conv3-256 **conv1-256**	conv3-256 conv3-256 **conv3-256**	conv3-256 conv3-256 conv3-256 **conv3-256**
Maxpool					
conv3-512 conv3-512	conv3-512 conv3-512	conv3-512 conv3-512	conv3-512 conv3-512 **conv1-512**	conv3-512 conv3-512 **conv3-512**	conv3-512 conv3-512 conv3-512 **conv3-512**
Maxpool					
conv3-512 conv3-512	conv3-512 conv3-512	conv3-512 conv3-512	conv3-512 conv3-512 **conv1-512**	conv3-512 conv3-512 **conv3-512**	conv3-512 conv3-512 conv3-512 **conv3-512**
Maxpool					
FC-4096					
FC-4096					
FC-1000					
softmax					

图 3-4 VGG 网络结构

VGG 相较于 AlexNet，采用了更小的卷积核和池化核，由于卷积核用于扩大通道数、池化核用于缩小特征图宽和高，因此使得 VGG 网络更深更宽，同时计算量的增加有所放缓。VGG 网络在测试阶段将训练阶段的三个全连接层均替换为卷积层，测试时重新使用训练时的参数，使得测试得到的全卷积网络因为没有全连接层的限制，可以接收任意宽或高的输入。

VGG 网络在 ImageNet 数据集上的预训练模型还被广泛应用于特征提出、物体候选框（object proposal）生成、细粒度图像定位与检索（Fine-grained Object Localization and Image Retrieval）及图像协同定位（Co-localization）等任务中。

3.3.4　GoogLeNet

GoogLeNet 和 VGG 是 2014 年 ImageNet 竞赛的两个著名网络，这两个网络结构都具有更深的层次。与 VGG 网络不同，GoogLeNet 做了更大胆的尝试，而不是像 VGG 那样继承了 AlexNet 的框架。GoogLeNet 网络也是从增加模型的深度和宽度这两方面出发，网络层数的增加虽然可以带来更好的训练效果，但也会带来一些负面的作用，如过拟合、梯度消失、梯度爆炸等。而 GoogLeNet 通过新的结构设计，在增加深度和宽度的同时避免了上述问题的产生，且其大小却比 AlexNet 和 VGG 要小上许多，同时可以达到十分优越的性能。

GoogLeNet 采用了 22 层网络，为了避免上述提到的梯度消失等问题，GoogLeNet 巧妙地在不同深度处增加了两个 loss 来保证梯度回传消失的现象。

此外，GoogLeNet 的创新点在于 Inception，这是一种网中网（Network in Network）的网络结构。Inception 一方面增加了网络的宽度，一方面增加了网络对于尺度的适应性，如图 3-5 所示为 Inception 的网络结构。所以为了避免所得到的 feature map 过厚，Inception 在 3×3 的卷积层，5×5 的卷积层和 max pooling 层的后面分别加上了 1×1 的卷积核，来降低 feature map 的厚度。这使得 GoogLeNet 虽然具有 22 层，但其参数个数要少于 AlexNet 和 VGG。

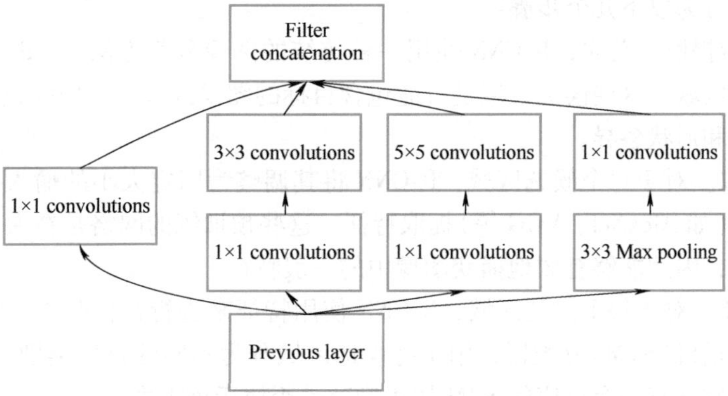

图 3-5　Inception 网络结构

3.3.5　ResNet

在之前的研究中，研究人员发现，模型越深越是具有更强的表达能力，凭借这一准则，CNN 网络自 AlexNet 的 7 层发展到了 VGG 的 16 层乃至 19 层，后来更有了 GoogLeNet 的 22 层。但在后来的研究中，研究人员发现 CNN 网络达到一定深度后再一味地增加层数并不能够带来性能进一步的提高，反而会招致网络收敛变得更慢，准确率也变得更差。例如，VGG

网络达到19层后再增加层数就会导致性能开始下降。

在这样的背景下，华人学者He Kaiming等人另辟蹊径，从常规计算机视觉领域中常用的残差表示(Residual Representation)的概念出发，并进一步将其应用在CNN模型的构建中，提出了ResNet网络，并在ILSVRC2015比赛中取得冠军，且在Top5上的错误率为3.57%，同时，参数量小于VGG，效果十分突出。

ResNet的结构可以加速神经网络的训练，且模型的准确率也有较大的提升。另外ResNet的推广性非常良好，甚至可以直接用到InceptionNet网络中。ResNet的主要思想是在网络中增加了直连通道(Highway Network)的概念。在此之前的网络结构是对输入做一个非线性变换，highway network则是允许保留之前网络层的一定比例的输出。ResNet的思想和highway network的思想非常类似，允许将原始的输入信息直接传递到后面的层中，如图3-6所示。

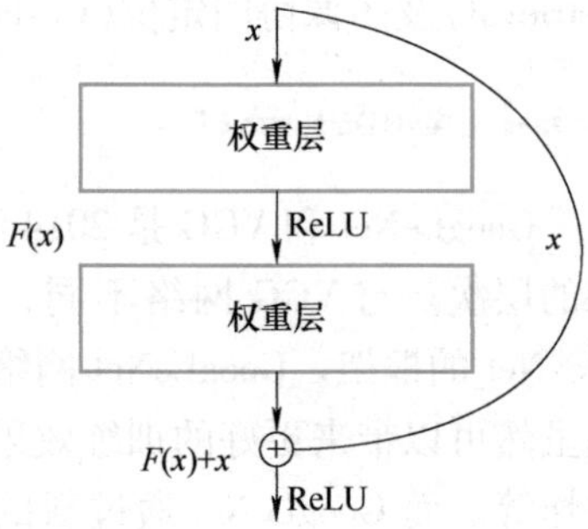

图3-6 ResNet模块结构

ResNet提出残差学习的思想来处理传统的卷积网络或者全连接网络在信息传递时存在的信息丢失及损耗等问题。同时还在一定程度上解决了梯度消失、梯度爆炸，或者很深的网络无法训练的问题。ResNet通过直接将输入信息绕道传输到输出，保护了信息的完整性，整个网络只需要对输入和输出的差别进行学习，简化了学习目标和学习难度。

3.3.6 R-CNN系列

R-CNN系列(图3-7)模型基于区域卷积神经网络(Region-based Convolutional Neural Networks)改进了目标检测的性能，并在目标检测任务中取得了显著的进展。最初版本的R-CNN的工作原理可以分为以下几个步骤：

1) 候选区域提取。首先，R-CNN使用一种传统的图像分割方法(如Selective Search)来生成一系列候选区域。这些候选区域是可能包含目标的图像区域，它们的数量可能很多，但不同区域的大小和形状各异。

2) 特征提取。对于每个候选区域，R-CNN将其调整为固定大小的输入，并通过预训练的卷积神经网络(如AlexNet、VGG等)提取特征。这些预训练的网络是在大规模图像分类任务上进行训练的，因此能够有效地捕获图像中的一般特征。

3) 目标分类。对于每个候选区域，R-CNN使用特征来进行目标分类。它将提取的特征输入一个支持向量机(SVM)分类器，用于将候选区域分为不同的目标类别，如汽车、行人、动物等。每个类别都有一个对应的SVM用于判断是否属于该类别。

4) 目标定位。在目标分类的同时，R-CNN还会对每个候选区域进行目标定位，即在图像中准确标记目标的边界框(Bounding Box)。这个过程使用回归器来微调候选区域的边界框，以更准确地匹配目标的实际位置。

5) 非极大值抑制(NMS)。由于Selective Search可能会生成重叠的候选区域，R-CNN使用非极大值抑制算法来排除冗余的检测结果。NMS会根据候选区域之间的重叠程度和目标分类的置信度进行筛选，确保每个目标只被保留一次。

6) 训练过程。R-CNN的训练是一个两阶段的过程。首先，在预训练的卷积神经网络上，使用大规模的图像分类数据集进行训练，得到通用的特征提取器。然后，在目标检测数据集上，对 SVM 分类器和回归器进行训练，使其能够根据具体任务进行调整。

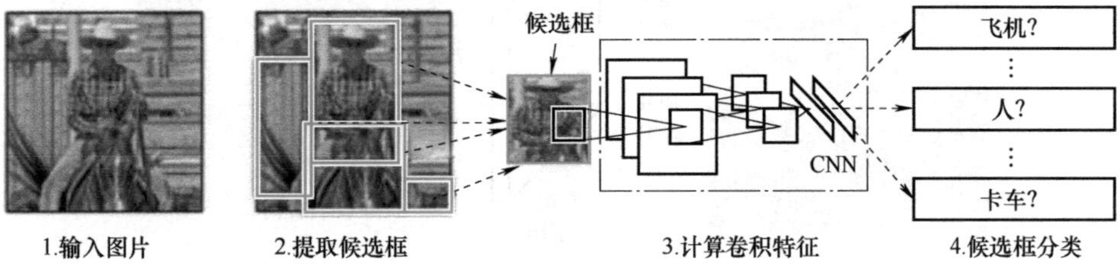

图 3-7　R-CNN 示意图

由于 R-CNN 用 Selective Search 算法提取候选框费时，对于每个 Proposal Region 都要经过深度网络进行计算，并且计算前要经过调整尺寸，Fast R-CNN 于 2015 年被提出用于解决上述问题。Fast R-CNN(图 3-8)采用了端到端的训练方式，通过共享特征提取过程，显著提高了目标检测的速度和准确性。下面是 Fast R-CNN 网络的详细工作原理：

1）候选区域提取。与 R-CNN 类似，Fast R-CNN 也采用候选区域作为目标检测的输入。但不同于 R-CNN 使用传统的图像分割方法，Fast R-CNN 引入了 RPNs(Region Proposal Networks)来生成候选区域。这使得候选区域的提取过程与特征提取过程可以共享卷积计算，从而大幅提高了速度。

2）特征提取。对整个图像进行卷积计算，得到一张特征图。然后，对于每个候选区域，Fast R-CNN 通过 RoI Pooling 层从特征图中提取固定大小的特征向量。RoI Pooling 层将不同大小的 RoI(Region of Interest)映射到相同大小的特征图，从而使得每个候选区域的特征表示都具有固定的维度。

3）目标分类与边界框回归。将 RoI Pooling 层输出的特征向量输入到两个全连接层。其中一个全连接层用于目标分类，通过 softmax 函数输出每个类别的概率分数。另一个全连接层用于边界框回归，预测每个目标的精确边界框位置。

4）多任务损失函数。Fast R-CNN 采用多任务损失函数来同时优化目标分类和边界框回归。该损失函数由两部分组成：分类损失和边界框回归损失。分类损失使用交叉熵来衡量目标分类的准确性，边界框回归损失使用 Smooth L1 Loss 来衡量预测的边界框与真实边界框之间的差异。

5）训练过程。Fast R-CNN 的训练是一个端到端的过程。首先，对预训练的卷积神经网络进行微调，以适应目标检测任务。然后，在目标检测数据集上进行训练，通过反向传播优化网络参数，使得网络能够准确分类目标并预测目标的边界框。

6）测试过程。在测试阶段，对整个图像进行前向传播，生成候选区域并提取特征。然后，使用训练好的分类器对候选区域进行目标分类，并应用边界框回归来获得更准确的目标位置。

Fast R-CNN 相比于 R-CNN 具有更高的计算效率和准确性，因为它引入了 RPNs 和共享特征提取过程，同时通过端到端训练使得目标检测任务更加高效。然而，Fast R-CNN 仍然需要在每个图像上生成候选区域，这限制了其在速度上的进一步提升。为了进一步改进，后续提出了 Faster R-CNN 网络，将 RPNs 与 Fast R-CNN 结合，实现了更快速的目标检测，在此不再详细介绍。

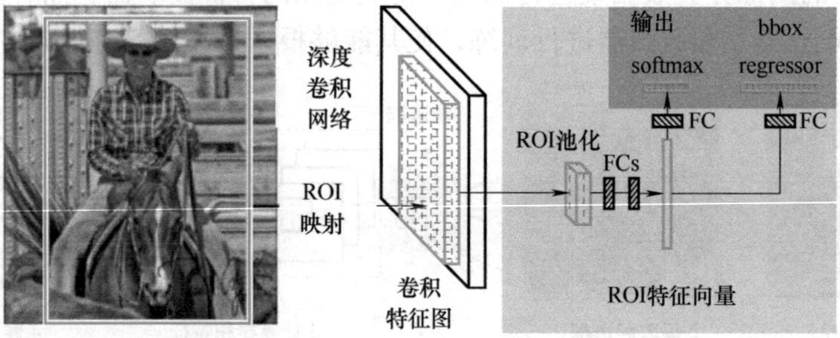

图 3-8　Fast R-CNN 示意图

3.3.7　YOLO 系列

“YOLO”代表“You Only Look Once”，是一系列用于实时目标检测的深度学习模型。YOLO 的主要特点是可以在单个前向传递中同时预测图像中的多个物体边界框和类别。这使得 YOLO 在速度和准确性方面都非常出色，适用于实时应用。

YOLO v1 是 YOLO 系列的第一个版本，于 2015 年由 Joseph Redmon 等人提出。YOLO v1 将输入图像划分为 S×S 个网格单元，每个网格单元负责预测该区域内的目标。每个网格单元预测 B 个边界框(bounding boxes)和每个边界框的置信度(Confidence Score)以及类别概率。网络的最后输出是一个大小为 S×S×(B×5+C)的张量，其中 C 是类别的数量。训练过程使用均方误差和交叉熵损失函数来同时优化边界框坐标预测和类别预测。采用了非极大值抑制用于去除重复检测和提高检测结果的准确性。

YOLO v2 于 2016 年由 Joseph Redmon 等人提出，并以 YOLO 9000 为名发布。其引入 Darknet-19 和 Darknet-53 两种不同的网络结构，其中 Darknet-53 是一个 53 层的卷积神经网络。使用了锚点框(anchor boxes)来提高边界框的预测准确性，每个网格单元预测固定数量的边界框，这些边界框的尺寸事先定义好。同时，实现了多尺度训练和预测，以便检测不同尺寸的目标。引入了目标检测与分类的联合训练，即将 COCO 数据集和 ImageNet 数据集同时用于训练。

YOLO v3 于 2018 年由 Joseph Redmon 等人提出。其使用更大的网络，即 Darknet-53 网络结构。在此基础上，引入了多尺度预测和特征融合，通过在不同层次上进行预测，可以更好地处理不同大小的目标。使用三种不同尺度的边界框来预测不同大小的目标。使用卷积核大小为 1×1 的卷积层来进行类别预测，提高了速度和准确性。

目前，经过多轮次的迭代提升，YOLO v10 于 2024 年由清华大学正式发布。YOLO v10 通过优化后处理和模型架构，实现了实时目标检测领域的高性能和低延迟。它取消了非最大抑制(NMS)，引入了一致双重赋值策略，并全面优化了模型组件，降低了计算成本。YOLO v10 在各种模型规模上均表现出色，如 YOLO v10-S 在 COCO 数据集上实现了快速且高效的目标检测，相比其他模型有显著优势。

3.3.8　MobileNet

MobileNet 是一种轻量级的卷积神经网络架构，旨在在计算资源有限的移动设备和嵌入式系统上实现高效的图像识别任务。它由谷歌的研究人员在 2017 年提出，并成为深度学习领域中受欢迎的轻量级模型之一。

MobileNet 的主要原理是使用深度可分离卷积(Depthwise Separable Convolution)来代替传统的标准卷积操作。传统卷积运算具有大量的参数和计算量，对于移动设备等资源有限的场景来说，这是一种效率较低的做法。MobileNet 通过两个关键步骤来减少计算量。

其一是采用了深度可分离卷积，这是 MobileNet 的核心组件。它将标准卷积分为两个单独的层：深度卷积和逐点卷积(Pointwise Convoluton)，如图 3-9 所示。其中深度卷积对输入的每个通道进行单独的卷积操作。例如，如果输入具有 D 个通道，而卷积核的深度为 M，那么将会有 D 个大小为(M,M)的卷积核，每个通道都会与对应的卷积核进行卷积操作。逐点卷积是一个标准的卷积操作，使用 1×1 的卷积核将深度卷积的结果映射到最终输出的通道数上。逐点卷积的目的是为了在通道之间进行信息交互和混合。

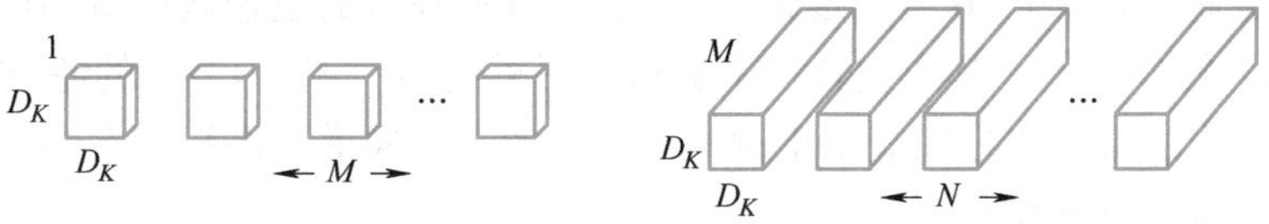

图 3-9　深度卷积(左)逐点卷积(右)

其二 MobileNet 引入了一个称为宽度乘法参数(Width Multiplier)的超参数，用于控制网络的宽度。通过减少宽度乘法参数，可以减少网络中的通道数，从而减少了模型的参数量和计算量。宽度乘法参数通常是介于 0 和 1 之间的一个值，例如 0.5 表示将每个层的通道数减少为原来的一半。

MobileNet 通过深度可分离卷积和宽度乘法参数的结合，实现了在资源受限的设备上高效执行图像识别任务的目标。它的设计思路和效果使得它成为移动端和嵌入式设备上广泛使用的轻量级深度学习模型。

3.3.9　Conformer

Conformer(图 3-10)作为一种融合了卷积神经网络与 Transformer 架构的混合网络结构，结合了卷积操作和自注意力机制，以增强表示学习能力。Conformer 采用并发结构，最大程度地保留局部特征和全局表示。实验表明，Conformer 在 ImageNet 上比视觉 Transformer 高出 2.3%，在 MSCOCO 上比 ResNet-101 高出 3.7%和 3.6%的 mAPs，分别用于目标检测和实例分割，展示了其作为通用骨干网络的巨大潜力。

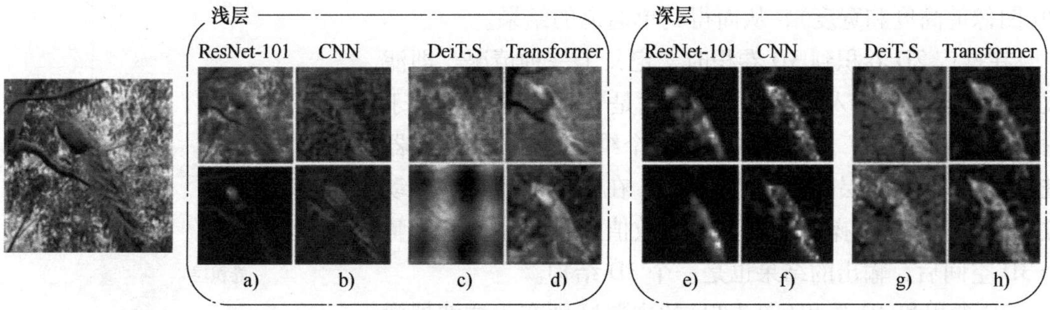

图 3-10　Conformer 效果对比

3.4 各种卷积

本节具体介绍 7 种卷积模块的设计与功能，从而对卷积神经网络有更全面的认识。

3.4.1 2D 卷积

如图 3-11 所示，单通道情况下，深度学习中的 2D 卷积实质是通过逐元素相乘并累加信号来获得卷积值。假设有一个单通道的图像，使用一个 3×3 的矩阵作为滤波器，其中元素为[[0,1,2],[2,2,0],[0,1,2]]。滤波器在输入数据上滑动，每次在位置上进行逐元素的乘法和加法运算。每个滑动位置都对应一个数字，最终形成一个 3×3 的矩阵作为输出结果。

考虑到图像通常具有 RGB 三个通道，因此 2D 卷积在多通道输入中得到广泛应用。以一个 5×5×3 的输入矩阵为例，其中包含三个通道，另外还有一组 3×3×3 的滤波器。在多通道情况下，滤波器中的每个核分别应用于输入矩阵中的三个通道，进行三次卷积操作，得到三个尺寸为 3×3 的通道输出结果。

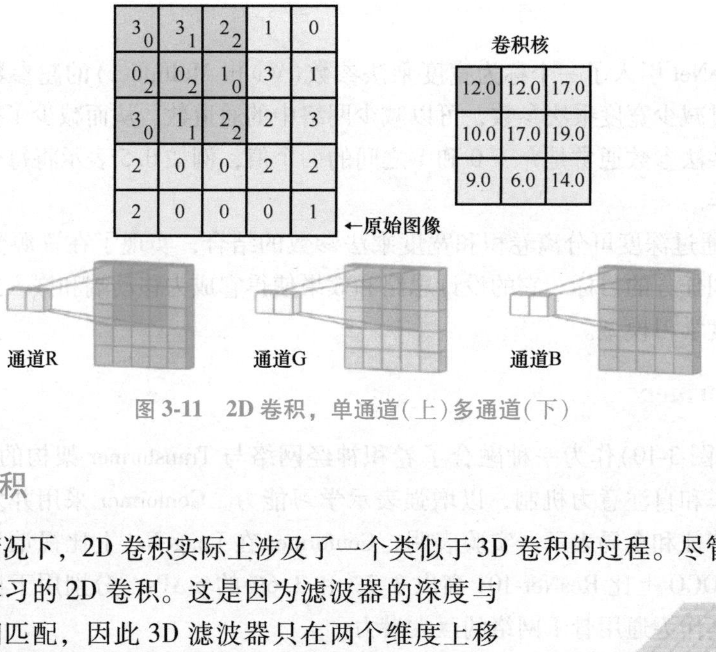

图 3-11 2D 卷积，单通道(上)多通道(下)

3.4.2 3D 卷积

在多通道情况下，2D 卷积实际上涉及了一个类似于 3D 卷积的过程。尽管如此，通常仍将其称为深度学习的 2D 卷积。这是因为滤波器的深度与输入层的深度相匹配，因此 3D 滤波器只在两个维度上移动(图像的高度和宽度)，从而得到单通道的结果。

在推广 2D 卷积到 3D 卷积时，定义了一种情况，即滤波器的深度小于输入层的深度(也就是卷积核的数量少于输入层的通道数)。这样，需要在三个维度上对 3D 滤波器进行滑动(即输入层的长、宽和高)。在滤波器的每个滑动位置执行一次卷积操作，得到一个数值。当滤波器遍历整个 3D 空间后，输出的结果也是一个 3D 结构。

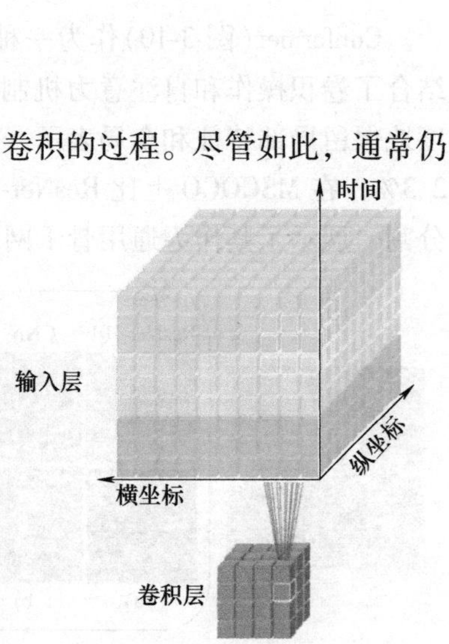

图 3-12 3D 卷积示意图

2D 卷积和 3D 卷积(图 3-12)的主要区别在于滤波器滑动的空间维度。3D 卷积的优势在于能够更好地描述 3D 空间中的对象关系。这对于某些应用至关重要，例如 3D 对象的分割和医学图像的重构等场景。

3.4.3　1×1 卷积

1×1 卷积看似只是对 Feature Maps 中的每个值进行缩放，然而，实际上它包含更多的操作。首先，由于经过了激活层，它实现了非线性的映射效果。其次，1×1 卷积还能够灵活地改变 Feature Maps 的通道数。

图 3-13 展示了在一个 $H\times W\times D$ 维度的输入层上的处理方式。通过应用 1×1 大小的 D 维 filters 进行卷积，输出通道的维度变为 $H\times W\times 1$。如果多次执行这样的 1×1 卷积，并将结果合并在一起，最终可以得到一个 $H\times W\times N$ 维度的输出层。

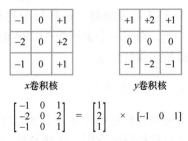

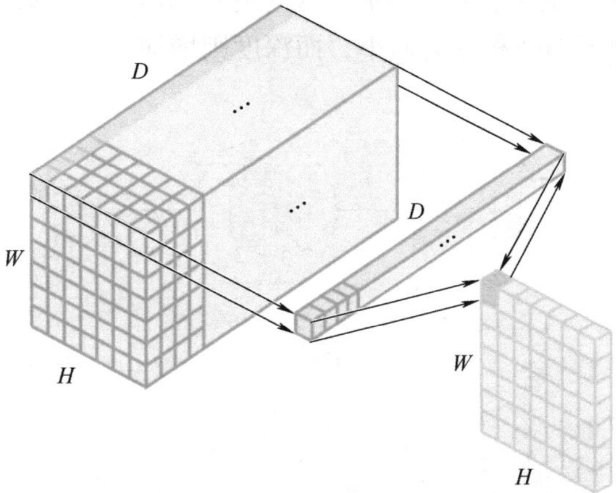

图 3-13　1×1 卷积示意图

3.4.4　空间可分离卷积

在可分离卷积的处理中，可以将内核操作分解成多个步骤。表达式 $y=\text{conv}(x,k)$ 用于表示卷积过程，其中 y 代表输出图像，x 是输入图像，而 k 则表示内核。这个步骤看似简单，然后进一步假设内核 k 可以通过以下等式计算得出：$k=k1.\text{dot}(k2)$。这样的处理使得卷积变成了可分离卷积，因为可以通过对 $k1$ 和 $k2$ 进行两个一维卷积操作，从而得到与原始的二维卷积相同的结果。

−1	0	+1
−2	0	+2
−1	0	+1

x卷积核

+1	+2	+1
0	0	0
−1	−2	−1

y卷积核

$$\begin{bmatrix}-1 & 0 & 1\\ -2 & 0 & 2\\ -1 & 0 & 1\end{bmatrix} = \begin{bmatrix}1\\ 2\\ 1\end{bmatrix} \times [-1\ \ 0\ \ 1]$$

图 3-14　空间可分离卷积运算示意图

举例来说（图 3-14），可以考虑用于图像处理的 Sobel 内核。通过与向量[1,0,−1]和[1,2,1]的转置进行乘积运算，同样可以得到等效的内核。这样，执行相同的操作时，只需要 6 个参数，而不是 9 个参数。

3.4.5　深度可分离卷积

在深度学习领域，深度可分离卷积将空间卷积和深度卷积分开处理（图 3-15），同时保持通道的独立性。假设有一个 3×3 的卷积层，其输入通道为 16，输出通道为 32。在传统的卷积中，会遍历 16 个通道中的每一个，使用 32 个 3×3 的内核，产生 512 个(16×32)特征映射。然后，将每个输入通道的特征映射相加以形成一个大的特征映射，通过此过程，得到了期望的 32 个输出通道。而对于深度可分离卷积，情况有所不同。先遍历 16 个通道，为每个通道使用 3×3 的内核，得到 16 个特征映射。在进行合并之前，遍历这 16 个特征映射，每个都经过 32 个 1×1 的卷积，然后再合并这些结果。这样的处理方式导致参数数量相较之前的 4608 个(16×32×3×3)减少为 656 个(16×3×3+16×32×1×1)。

简要回顾一下标准的 2D 卷积过程。假设输入层的大小为 7×7×3(高×宽×通道)，过滤器大小为 3×3×3。经过一个过滤器的 2D 卷积后，输出层的大小为 5×5×1(仅有 1 个通道)。

一般情况下，会在神经网络中应用多个过滤器，假设过滤器的个数为 128。128 次 2D 卷积得到了 128 个 5×5×1 的输出映射。然后，这些映射会堆叠在一起，形成一个大小为 5×5×128 的单个层。这样空间维度如高和宽会缩小，而深度则增加。

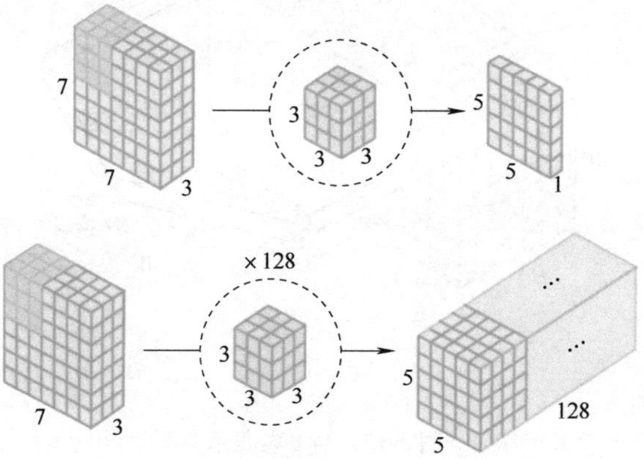

图 3-15　深度可分离卷积示意图

下面使用深度可分离卷积实现相同的转换。首先，在输入层上应用深度卷积。使用 3 个大小为 3×3×1 的卷积核(每个过滤器只对输入层的 1 个通道做卷积)，而不是使用一个大小为 3×3×3 的过滤器。这样每个卷积核会得到大小为 5×5×1 的映射，然后将这些映射堆叠在一起，形成一个大小为 5×5×3 的图像。最终，得到一个大小为 5×5×3 的输出图像，保持了原始图像的深度。

3.4.6 分组卷积

分组卷积是一种在人工智能领域应用广泛的技术，最早在 AlexNet 模型中得到应用。由于当时硬件资源有限，无法将所有卷积操作都集中在同一块 GPU 上进行处理，因此采用了分组卷积的方法，将特征图分成多个部分，分别在多个 GPU 上进行处理，最后将各个 GPU 的处理结果合并起来。

下面简要介绍分组卷积的实现原理。首先，回顾传统的 2D 卷积步骤，如图 3-16 所示。通过使用 128 个过滤器(每个过滤器的大小为 3×3×3)，将一个大小为 7×7×3 的输入层转换为大小为 5×5×128 的输出层。对于一般情况，可以概括为：通过应用 D_{out} 个卷积核(每个卷积核的大小为 $H_{in}\times W_{in}\times D_{in}$)，可以将一个大小为 $H_{in}\times W_{in}\times D_{in}$ 的输入层转换为大小为 $H_{out}\times W_{out}\times D_{out}$ 的输出层。

在分组卷积中，将过滤器分成不同的组，每个组负责执行一定深度的传统 2D 卷积操作。图 3-16 提供了一个更清晰的案例描述。

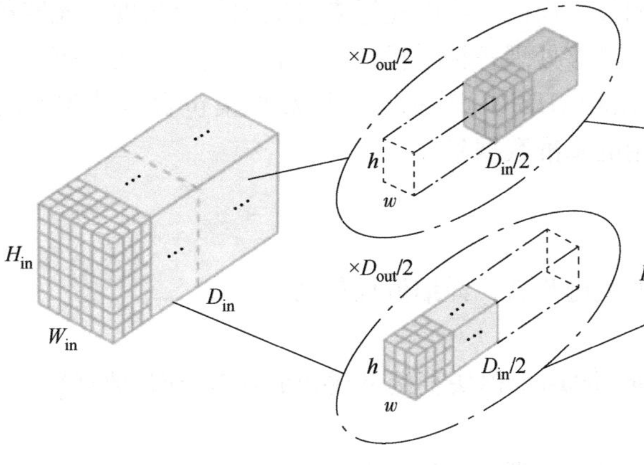

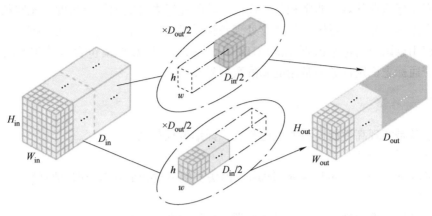

图 3-16　分组卷积示意图

3.4.7　扩张卷积

引入扩张卷积的概念是为了扩展卷积操作的参数。扩张卷积决定了卷积核中间值之间的间隔距离。例如，使用扩张卷积为 2 的 3×3 内核将拥有与 5×5 内核相同的视野，但只需使用 9 个参数。这种想法类似于使用 5×5 内核并删除每个间隔的行和列，从而在保持计算成本不变的情况下提供更大的感受野。扩张卷积因其在实时分割领域的应用而备受青睐。当需要更大的感受野，但又无法承受多个卷积或更大的内核时，扩张卷积是一种不错的选择。

直观来说，空洞卷积通过在卷积核的部分之间插入空间来实现“膨胀”的效果。参数 l(空洞率)表示希望将卷积核扩展多大。图 3-17 展示了当 $l=1$，2，4 时，卷积核的大小。(当 $l=1$ 时，空洞卷积就等同于标准卷积操作。)

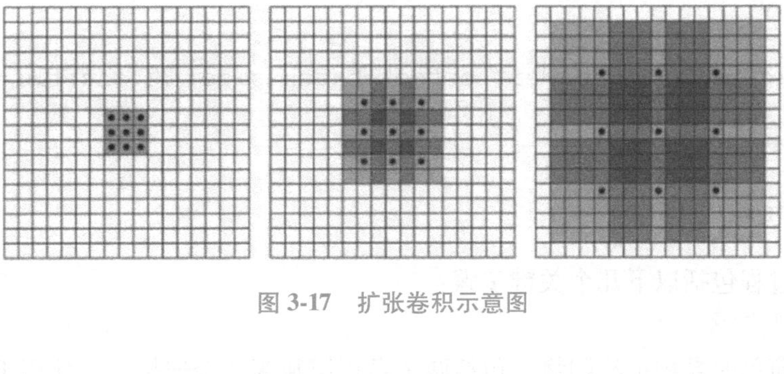

图 3-17　扩张卷积示意图

3.5　卷积神经网络实例

码 3-1　卷积神经网络实例

3.5.1　实例背景

交通标志识别是智能驾驶和自动驾驶汽车的重要任务之一。该任务涉及从图像中检测和分类不同类型的交通标志，如限速标志、停车标志、禁止通行标志等。交通标志的自动识别能够极大提高驾驶安全性和自动化程度。

交通标志识别的技术挑战包括不同标志之间的高内类变异性和低间类差异性。例如，不同类型的限速标志在外观上非常相似，而同一种限速标志可能因拍摄角度、光照条件等因素显示出较大差异。此外，系统必须能够处理各种干扰，如阴影、遮挡和模糊等。

本书使用德国交通标志识别基准(GTSRB)数据集，该数据集包含多种类型的交通标志图片，是交通标志识别任务中常用的基准数据集。

3.5.2 数据准备

数据准备是实现高性能模型的关键步骤，详细流程包括：

1. 数据收集与加载

使用 Pytorch 内置的 torchvision. datasets 模块直接下载和加载 GTSRB 数据集。

2. 数据预处理

对图像进行标准化处理，以确保模型训练的稳定性和提高收敛速度。

3. 数据增强(可选步骤)

为了使模型能够更好地泛化到新的、未见过的数据，可以引入如旋转、缩放等数据增强技术。

4. 数据集划分

将数据划分为训练集和测试集，使用训练集来训练模型，而测试集则用来评估模型的泛化能力。


```
1. # 下载并加载 GTSRB 数据集(使用 Kaggle 数据集链接)
2. trainset = torchvision.datasets.ImageFolder(root = './GTSRB/Train', transform=transform)
3. trainloader = DataLoader(trainset,batch_size = 32,shuffle = True, num_workers=2)
4. testset = torchvision.datasets.ImageFolder(root = './GTSRB/Test', transform=transform)
5. testloader=DataLoader(testset,batch_size=32,shuffle=False,num_workers=2)
```

3.5.3 模型构建与训练

模型训练过程包括以下几个关键步骤：

1. 定义模型结构

构建一个简单的卷积神经网络，包括两个卷积层和两个全连接层。使用 ReLU 激活函数和最大池化来提取图像特征。

2. 模型优化器和损失函数

使用 Adam 优化器和交叉熵损失函数来进行模型训练。

3. 训练循环

在多个训练周期内遍历训练数据，使用批处理方式进行梯度下降和参数更新。监控每个周期的损失值，以评估训练进度。

4. 性能监控

定期在测试集上评估模型，记录准确率等性能指标，以确保模型没有过拟合。

```
1.  # 定义卷积神经网络
2.  class Net(nn.Module):
3.      def __init__(self):
4.          super(Net,self).__init__()
5.          self.conv1=nn.Conv2d(3,32,3,padding=1)
6.          self.pool=nn.MaxPool2d(2,2)
7.          self.conv2=nn.Conv2d(32,64,3,padding=1)
8.          self.fc1=nn.Linear(64*8*8,512)
9.          self.fc2=nn.Linear(512,len(classes))
10.         self.relu=nn.ReLU()
11.     def forward(self,x):
12.         x=self.pool(self.relu(self.conv1(x)))
13.         x=self.pool(self.relu(self.conv2(x)))
14.         x=x.view(-1,64*8*8)
15.         x=self.relu(self.fc1(x))
16.         x=self.fc2(x)
17.         return x
```

3.5.4　模型评估与调整

在模型训练后，进行详细的性能评估。使用测试集来评测模型的准确率、精确率和召回率等指标。根据测试结果调整模型参数或结构，以进一步优化性能。相关代码和模型细节已提供，可供参考和实施。通过这些步骤，能够建立一个健壮的交通标志识别系统，适用于多种实际应用场景。

```
# 模型评估与调整
1.  correct=0
2.  total=0
3.  with torch.no_grad():
4.      for data in testloader:
5.          images,labels=data
6.          outputs=net(images)
7.          _,predicted=torch.max(outputs,1)
8.          total+=labels.size(0)
9.          correct+=(predicted==labels).sum().item()
10. print(f'Accuracy of the network on the test images:{100*correct/
total}%')
```

61

本章小结

本章系统介绍了卷积神经网络的基本概念、发展历程、基本结构与部件以及代表性模型。卷积神经网络发源于人们对于视觉系统工作原理的研究，以类比的思想用卷积核对图像进行处理，模拟人类感受野读取、理解图片。卷积神经网络的出现大大推动了计算机视觉领域的进步，特别是近些年来，以卷积神经网络为基本架构的模型在完成部分任务上达到了和人类持平甚至超过人类的表现。

思考题与习题

3-1 卷积层在 CNN 中起到什么作用？

3-2 什么是池化层，它的主要功能是什么？

3-3 激活函数在 CNN 中的作用是什么？常见的激活函数有哪些？

3-4 什么是全连接层，它在 CNN 中起到什么作用？

3-5 什么是端到端学习，它相比传统机器学习方法的优势是什么？

3-6 AlexNet 在设计和训练上有哪些特点？

3-7 VGGNet 的主要创新点是什么？

3-8 什么是深度可分离卷积，它的主要优势是什么？

3-9 什么是感受野，为什么在卷积神经网络中重要？

3-10 什么是 YOLO 网络，它的主要特点是什么？

参考文献

[1] FUKUSHIMA K. Neocognitron：a self-organizing neural network model for a mechanism of pattern recognition unaffected by shift in position[J]. Biological cybernetics，1980，36(4)：193-202.

[2] LIN M，CHEN Q，YAN S. Network in network[Z/OL]. 2014. https://arxiv.org/abs/1312.4400.

[3] LECUN Y，BOTTOU L，BENGIO Y，et al. Gradient-based learning applied to document recognition[J]. Proceedings of the IEEE，1998，86(11)：2278-2324.

[4] SZEGEDY C，WEI L，YANGQING J，et al. Going deeper with convolutions[C]// IEEE Conference on Computer Vision and Pattern Recognition. Boston：IEEE，2015：1-9.

[5] KRIZHEVSKY A，SUTSKEVER I，HINTON G E. ImageNet classification with deep convolutional neural networks[J]. Communications of the ACM，2017，60(6)：84-90.

[6] HE K，ZHANG X，REN S，et al. Delving deep into rectifiers：surpassing human-level performance on imageNet classification[C]// IEEE International Conference on Computer Vision. Santiago：IEEE，2015：1026-1034.

[7] GLOROT X，BORDES A，BENGIO Y. Deep sparse rectifier neural networks[J]. Journal of Machine Learning Research，2011，36(6)：315-323.

[8] KRIZHEVSKY A，SUTSKEVER I，HINTON G E. ImageNet classification with deep convolutional neural networks[J]. Communications of the ACM，2017，60(6)：84-90.

[9] SIMONYAN K, ZISSERMAN A. Very deep convolutional networks for large-scale image recognition[Z/OL]. 2015. https://arxiv. org/abs/1409. 1556.

[10] HE K, ZHANG X, REN S, et al. Deep residual learning for image recognition[C]// IEEE Conference on Computer Vision and Pattern Recognition. Las Vegas: IEEE, 2016: 770-778.

[11] GIRSHICK R, DONAHUE J, DARRELL T, et al. Rich feature hierarchies for accurate object detection and semantic segmentation[C]// IEEE Conference on Computer Vision and Pattern Recognition. Columbus: IEEE, 2014: 580-587.

[12] REDMON J, DIVVALA S, GIRSHICK R, et al. You only look once: unified, real-time object detection [C]// IEEE Conference on Computer Vision and Pattern Recognition. Las Vegas: IEEE, 2016: 779-788.

[13] HOWARD A G, ZHU M, CHEN B, et al. MobileNets: efficient convolutional neural networks for mobile vision applications[Z/OL]. 2017. https://arxiv. org/abs/1704. 04861.

[14] ZHILIANG P, WEI H, SHANZHI G, et al. Conformer: local features coupling global representations for visual recognition[C]// IEEE International Conference on Computer Vision, Montreal: IEEE, 2021: 367-376.

第 4 章　循环神经网络

循环神经网络(Recurrent Neural Networks，RNN)是深度学习中的一个重要分支，它处理历史数据和对记忆进行建模，并随时间动态调整自身的状态，通常适用于处理时间、空间序列上有强关联的信息。从生物神经学角度，循环神经网络可以认为是对生物神经系统环式链接(Recurrent Connection)的简单模拟，而这种环式链接在新大脑皮质中是普遍存在的。循环神经网络求解损失函数的参数梯度有很多种算法，其中常用的是时间反向传播算法(Back Propagation Through Time，BPTT)。梯度传递过程会引起梯度消失(Gradient Vanish)或者梯度爆炸(gradient explosion)的问题。

针对循环神经网络模型基本结构对长序列数据的记忆能力不强，并且当序列信号在网络中多次传递后，有可能引起梯度问题。学者们提出了长短期记忆(Long Short-Term Memory，LSTM)网络、门控循环单元(Gated Recurrent Unit，GRU)等更加复杂的循环神经网络和记忆单元，使得循环神经网络模型可以更加有效地处理更长的序列信号。此外，本章还将对循环神经网络的一种扩展——递归神经网络(Recursive Neural Network)进行介绍。最后，本章还将介绍循环神经网络的具体应用实例。

4.1　循环神经网络的结构

循环神经网络的基本结构，如图 4-1 所示，图左侧是单个循环神经网络：包括输入向量 $\boldsymbol{x}$、隐含层状态 $\boldsymbol{s}$、输出向量 $\boldsymbol{h}$。其中隐含层的输出有两个：一个输出反馈给自己，一个输出到下一时刻的神经元；图 4-1 右侧是循环神经网络的基本结构。

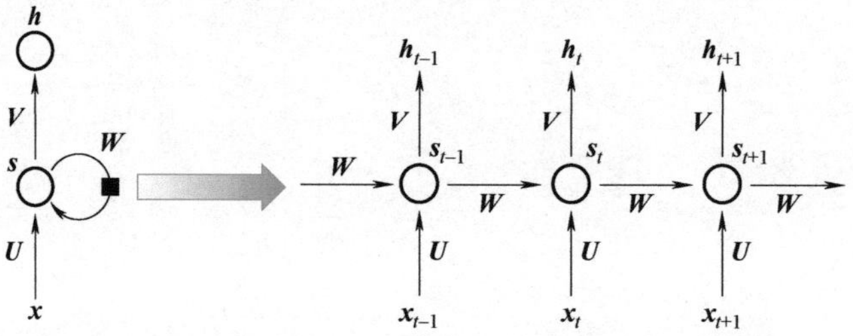

图 4-1　循环神经网络的基本结构

$\boldsymbol{x}_t$ 是 t 时刻的输入，$\boldsymbol{X}=[\boldsymbol{x}_1,\cdots,\boldsymbol{x}_{t-1},\boldsymbol{x}_t,\boldsymbol{x}_{t+1},\cdots,\boldsymbol{x}_T]$，为输入序列；$\boldsymbol{s}_t$ 是 t 时刻的隐含层状态，也称为网络的记忆单元(Memory Unit)，$\boldsymbol{S}=[\boldsymbol{s}_1,\cdots,\boldsymbol{s}_{t-1},\boldsymbol{s}_t,\boldsymbol{s}_{t+1},\cdots,\boldsymbol{s}_T]$；$\boldsymbol{h}_t$ 是 t 时刻的

输出，$\boldsymbol{H}=[\boldsymbol{h}_1,\cdots,\boldsymbol{h}_{t-1},\boldsymbol{h}_t,\boldsymbol{h}_{t+1},\cdots,\boldsymbol{h}_T]$ 为输出序列；$\boldsymbol{U}$ 是输入序列信息 $\boldsymbol{X}$ 的权重参数矩阵；$\boldsymbol{W}$ 是隐含层状态 $\boldsymbol{S}$ 的权重参数矩阵；$\boldsymbol{V}$ 是输出序列信息 $\boldsymbol{H}$ 的权重参数矩阵。

循环神经网络模型如下：

$$\boldsymbol{s}_t=\boldsymbol{f}(\boldsymbol{W}\boldsymbol{s}_{t-1},\boldsymbol{U}\boldsymbol{x}_t)$$
$$\boldsymbol{h}_t=\boldsymbol{g}(\boldsymbol{V}\boldsymbol{s}_t) \tag{4-1}$$

式中，$\boldsymbol{f}$ 为隐含层状态的激活函数；$\boldsymbol{g}$ 为输出的激活函数。

循环神经网络模型的基本结构中每一个时刻 t 都会对应一个输出 $\boldsymbol{h}$，但在实际情况中，每一个时刻是否会有相对应的输出，需要根据具体任务需求而变化。循环神经网络模型的主要特性在于隐含层状态 s_t 能够对序列数据具有记忆功能，通过隐含层状态能够捕捉到序列信息之间的关系。

循环神经网络结构除了图 4-1 的基本结构外，还有很多其他结构。图 4-2 所示为单层循环神经网络的其他结构，图 4-1 中矩形框代表隐含层状态，箭头则表示数据的流动方向。

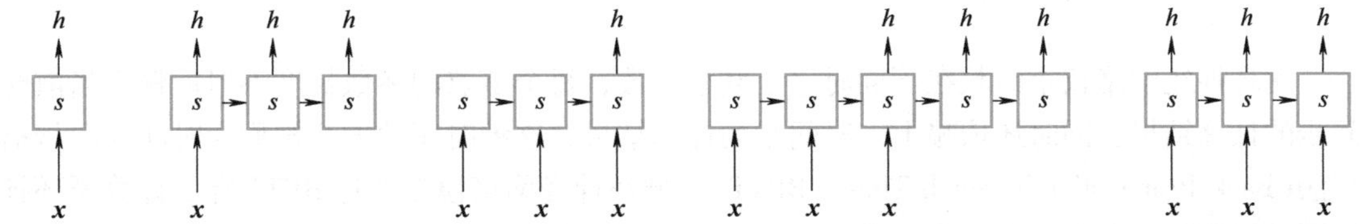

图 4-2　单层循环神经网络的其他结构

单输入单输出的循环神经网络模型是一种一对一(One to One)方式，适用于词性分类、时序回归或者图像分类问题，例如输出该单词的词性。

单输入序列输出的循环神经网络模型是一种一对多(One to Many)方式，适用于图像标题预测等问题，如输入一张图像后输出一段文字序列；也可以作为解码器，如先训练好网络中的权重参数，给出一个单词解码一个句子。

序列输入单输出的循环神经网络模型是一种多对一(Many to One)方式，适用于文字情感分析等问题，如输入一段文字，然后将其分为积极或者消极情绪，也可以作为句子的编码过程。

序列输入序列输出的循环神经网络模型是一种多对多(Many to Many)方式，适用于机器翻译等问题，如读入英文语句，然后将其以法语形式输出。

同步序列输入序列输出的循环神经网络模型是一种多对多(Many to Many)方式，适用于机器翻译模型、视频字幕翻译工具、自动问答系统等场合。

4.2　循环神经网络的训练

4.2.1　损失函数

循环神经网络模型常用的损失函数为交叉熵函数或均方误差函数。这里只介绍交叉熵函数：

$$L(y,\hat{y})=-\sum_{x}y(x)\log\hat{y}(x) \tag{4-2}$$

式中，y 是真实输出值；$\hat{y}$ 是神经网络预测的输出值。

该函数的目标是对循环神经网络中的权重参数矩阵 U、W、V 进行优化，从而让从循环神经网络中得到的输出值更加接近真实值。换言之，即在训练数据给定的情况下，找到使得损失函数最小的一组参数。Y 与 $\hat{y}$ 之间的差距越小，其损失函数越小，参数的效果也就最好。

假设在循环神经网络中时间步 t 的损失函数为 L_t，则有：

$$L_t=L_t(y,\hat{y})=-y_t\log\hat{y}_t \tag{4-3}$$

如果输出的时间序列数为 T，那么循环神经网络模型的总损失函数为：

$$L=\sum_{t}^{T}L_t=\sum_{t}^{T}(-y_t\log\hat{y}_t) \tag{4-4}$$

4.2.2 时间反向传播算法

循环神经网络权重参数在不同时序上共享参数，每个节点的参数梯度不但依赖于当前时间步的计算结果，同时还依赖上一时间步的计算结果，这种时序的方法被称为时间反向传播算法(Back Propagation Through Time，BPTT)。循环神经网络模型通过 BPTT 算法计算循环神经网络模型损失函数关于多个权重参数的梯度。

在循环神经网络模型的训练过程中，使用了随机梯度下降(Stochastic Gradient Descent，SGD)算法，迭代地调用 BPTT 算法求得网络参数梯度。在迭代过程中，通过学习率推动网络参数朝着误差减少的方向去改变，从而更新循环神经网络模型中的权重参数矩阵 U、W、V。

BPTT 算法与 BP 算法相比，不同的只是多了在时间上反向传递的梯度，目标是求得导数$\frac{\partial L}{\partial V}$、$\frac{\partial L}{\partial W}$、$\frac{\partial L}{\partial U}$。根据网络中 3 个权重参数的变化率来优化网络参数 U、W、V。

$$\frac{\partial L}{\partial U}=\sum_{t}\frac{\partial L_t}{\partial U},\ \frac{\partial L}{\partial W}=\sum_{t}\frac{\partial L_t}{\partial W},\ \frac{\partial L}{\partial V}=\sum_{t}\frac{\partial L_t}{\partial V} \tag{4-5}$$

循环神经网络模型对每个时刻的损失函数求偏导，得到该时刻损失函数关于权重参数的导数，再进行相加即可得到总的导数。为了计算循环神经网络模型中权重参数 U、W、V 的导数，使用 BP 算法中的导数链式法则，从损失函数的误差反向传播开始。

1. 权重 V 的梯度

复合矩阵函数 $G=G(X)$ 求导法则：

$$G=G(X)\rightarrow\frac{\partial g(G)}{\partial X}=tr\left(\left(\frac{\partial g(G)}{\partial G}\right)^{\mathrm{T}}\frac{\partial G}{\partial X}\right) \tag{4-6}$$

其中，tr 是矩阵的迹。在线性代数中，$n\times n$ 的对角矩阵 A 的主对角线上各个元素的总和被称为矩阵 A 的迹。根据式(4-6)，在时刻 t 损失函数对 V 进行求导：

$$\frac{\partial L_t}{\partial V}=tr\left(\left(\frac{\partial L_t}{\partial\hat{y}_t}\right)^{\mathrm{T}}\frac{\partial\hat{y}_t}{\partial V}\right)=tr((\hat{y}_t-y_t)^{\mathrm{T}}s_t) \tag{4-7}$$

下面对 V 矩阵的每一个位置进行求导计算，其中$(\hat{y}_t-y_t)^{(i)}$表示向量中的第 i 个元素，

$s_t^{(j)}$ 表示隐含层 s_t 第 j 个元素，求向量的迹就变成求向量外积：

$$\frac{\partial \boldsymbol{L}_t}{\partial \boldsymbol{V}_{ij}}=tr[(\hat{\boldsymbol{y}}_t-\boldsymbol{y}_t)^{(i)}\boldsymbol{s}_t^{(j)}]=(\hat{\boldsymbol{y}}_t-\boldsymbol{y}_t)\otimes\boldsymbol{s}_t \tag{4-8}$$

从式(4-8)中可以看出，$\frac{\partial \boldsymbol{L}_t}{\partial \boldsymbol{V}_{ij}}$的值只依赖于当前时间步 t，有了与当前时间步相关值 $\hat{\boldsymbol{y}}_t$、$\boldsymbol{y}_t$、$\boldsymbol{s}_t$，就可以使用简单的矩阵操作计算出网络权重向量 $\boldsymbol{V}$ 的梯度。

2. 权重 *W* 的梯度

权重 $\boldsymbol{W}$ 在隐含层状态所有时间步上进行共享，在时间步 t 之前每一个时刻 $\boldsymbol{W}$ 的变化都对损失值 $\boldsymbol{L}_t$ 产生影响，因此在反向求导时，也需要考虑之前每一个时刻 t 上 $\boldsymbol{W}$ 对 $\boldsymbol{L}$ 的影响，著名的时间反向传播算法就是由此而来的。

根据复合矩阵函数 $\boldsymbol{G}=\boldsymbol{G}(\boldsymbol{X})$ 求导法则求导：

$$\frac{\partial \boldsymbol{L}_t}{\partial \boldsymbol{W}}=\sum_{k=0}^{t}\frac{\partial \boldsymbol{L}_t}{\partial \boldsymbol{s}_k}\frac{\partial \boldsymbol{s}_k}{\partial \boldsymbol{W}}=\sum_{k=0}^{t}tr\left[\left(\frac{\partial \boldsymbol{L}_t}{\partial \boldsymbol{s}_k}\right)^{\mathrm{T}}\frac{\partial \boldsymbol{s}_k}{\partial \boldsymbol{W}}\right]=\sum_{k=0}^{t}tr\left[(\boldsymbol{\delta}_k)^{T}\frac{\partial \boldsymbol{s}_k}{\partial \boldsymbol{W}}\right] \tag{4-9}$$

式中，$\boldsymbol{\delta}_t$ 和 $\boldsymbol{\delta}_k$ 应用链式法则为：

$$\boldsymbol{\delta}_t=\frac{\partial \boldsymbol{L}_t}{\partial \boldsymbol{s}_t}=\frac{\partial \boldsymbol{L}_t}{\partial \hat{\boldsymbol{y}}_t}\frac{\partial \hat{\boldsymbol{y}}_t}{\partial \boldsymbol{s}_t}=[\boldsymbol{V}^{\mathrm{T}}(\hat{\boldsymbol{y}}_t-\boldsymbol{y}_t)]\odot(\boldsymbol{1}-\boldsymbol{s}_t^2) \tag{4-10}$$

$$\boldsymbol{\delta}_k=\frac{\partial \boldsymbol{L}_t}{\partial \boldsymbol{s}_k}=\frac{\partial \boldsymbol{L}_t}{\partial \boldsymbol{s}_{k+1}}\frac{\partial \boldsymbol{s}_{k+1}}{\partial \boldsymbol{s}_k}=(\boldsymbol{W}^{\mathrm{T}}\boldsymbol{\delta}_{k+1})\odot(\boldsymbol{1}-\boldsymbol{s}_t^2) \tag{4-11}$$

与求 $\boldsymbol{V}$ 的梯度一样使用矩阵形式表达，可以得到：

$$\frac{\partial \boldsymbol{L}_t}{\partial \boldsymbol{W}}=\sum_{k=1}^{t}\boldsymbol{\delta}_k\otimes\boldsymbol{s}_{k-1} \tag{4-12}$$

参数 $\boldsymbol{U}$ 的梯度求解与权重 $\boldsymbol{W}$ 的梯度求解类似。

标准的循环神经网络模型很难训练。序列越长，反向传播越久，其计算量越大，而且容易引起梯度消失或者梯度爆炸问题。因此在实践中，常把时间反向传播算法的时间序列计算控制在向后多个时间步内。BP 算法只考虑了上下层之间梯度的纵向传播，BPTT 算法同时考虑了层级间的纵向传播和时间上的横向传播，并同时在时间序列和当前层神经元传递两个方向上进行参数优化。

4.2.3　梯度消失与梯度爆炸

循环神经网络模型最初是用来处理序列数据，但是该模型在处理长期依赖的序列数据方面，难以学习到有效的数据。

时间步 $\boldsymbol{t}$ 对隐含层的权重求导：

$$\frac{\partial \boldsymbol{L}_t}{\partial \boldsymbol{W}}=\sum_{k=0}^{t}\frac{\partial \boldsymbol{L}_t}{\partial \boldsymbol{s}_k}\frac{\partial \boldsymbol{s}_k}{\partial \boldsymbol{W}} \tag{4-13}$$

$\frac{\partial \boldsymbol{L}_t}{\partial \boldsymbol{s}_k}$的求解使用链式法则展开，则：

$$\frac{\partial \boldsymbol{L}_t}{\partial \boldsymbol{W}}=\sum_{k=0}^{t}\frac{\partial \boldsymbol{L}_t}{\partial \boldsymbol{s}_k}\frac{\partial \boldsymbol{s}_k}{\partial \boldsymbol{W}}=\sum_{k=0}^{t}\frac{\partial \boldsymbol{L}_t}{\partial \boldsymbol{s}_k}\left(\prod_{j=k+1}^{t}\frac{\partial \boldsymbol{s}_j}{\partial \boldsymbol{s}_{j-1}}\right)\frac{\partial \boldsymbol{s}_k}{\partial \boldsymbol{W}} \tag{4-14}$$

式中，$s_k=f(Ux_k+Ws_{k-1})$。

根据链式法则，网络序列越长，导数相乘越多。因此，当多个小于 1 的项连乘结果很快会逼近于零，从而引起梯度消失问题；当多个大于 1 的项连乘结果可能会导致求导的结果很大，从而引起梯度爆炸问题。

使用 BPTT 训练循环神经网络，即使是最简单的模型，在遇到梯度消失和梯度爆炸的问题时，都难以解决时序上长距离依赖问题。以下 5 种方法常用来解决这些问题。

1. 截断梯度

在循环神经网络更新参数时，只利用较近时刻的序列信息，而忽略历史久远的信息。

2. 设置梯度阈值

程序可以检测梯度数值，所以，可以设置梯度阈值，在梯度爆炸时，直接截断超过阈值的部分

3. 合理初始化权重值

尽可能避开可能导致梯度消失的区域，让每个神经元尽量不要取极值。例如，可以对利用高斯概率分布得到的权重进行修正，使其更加集中在分布中心，或者使用预训练的网络。

4. 使用 ReLU 作为激活函数

使用 ReLU 代替 Sigmoid 和 tanh 作为激活函数。ReLU 的导数限制为 0 和 1，从而更能应对梯度扩散或者梯度消失问题

5. 使用 LSTM 或者 GRU 作为记忆单元

解决梯度扩散和长期依赖的问题可以将原循环神经网络模型中的记忆单元进行替换，LSTM 和 GRU 结构是目前普遍采用的替换结构。

4.3 双向循环神经网络与深度循环神经网络

1. 双向循环神经网络

双向循环神经网络(Bi-directional Recurrent Neural Network，Bi-RNN)不仅利用序列前面的信息，还会利用将要输入的信息，网络结构如图 4-3 所示。

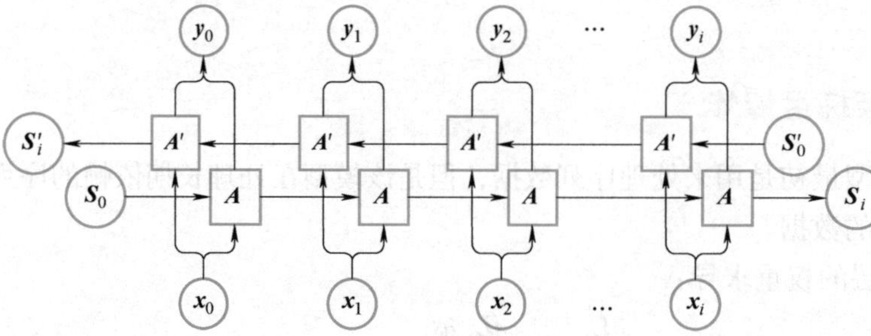

图 4-3 彩图

图 4-3 双向循环神经网络

2. 深度循环神经网络

深度循环神经网络(Deep Recurrent Neural Networks，DRNN)在基本循环神经网络结构的基础上进行改进，每一个时刻 t 对应多个隐含层状态。该模型结构能够带来更好的学习能力，缺点在于难以对网络进行控制，并且随着网络层数的增多而引入更多的数学问题(例如

梯度消失或者梯度爆炸等问题）。

深度循环神经网络如图 4-4 所示。

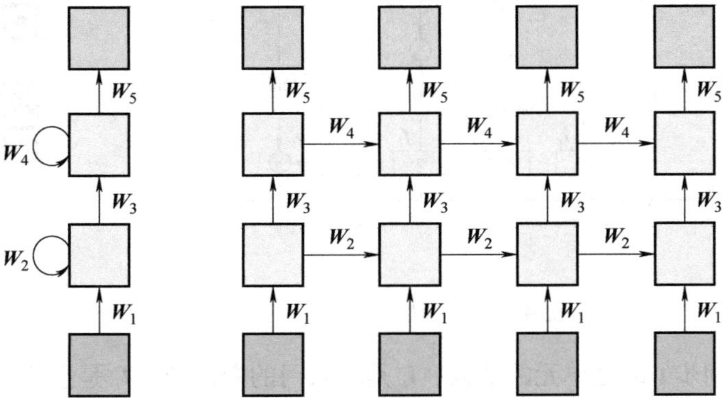

图 4-4 彩图

图 4-4 深度循环神经网络

4.4 长短期记忆网络

循环神经网络模型根据时间序列信息来训练网络参数，使得循环神经网络模型学习到序列数据之间的关联信息，进而预测未来的序列信息，但它存在梯度消失和梯度爆炸问题。普通循环神经网络模型很难学习和保存长期序列信息。

在序列信息短、预测单词间的间隔短的语境中，该类型数据称为短期序列，循环神经网络模型处理短期序列的过程称为“短期记忆”。循环神经网络模型可以很好地学习短期序列信息，并且能够轻易地达到 70%以上的预测精度。可当序列数据信息很长、预测间隔大时，涉及循环神经网络模型的长期记忆问题。

随着预测序列间隔增大，循环神经网络模型就会引起时间反向传播算法（BPTT）中的梯度消失和梯度爆炸问题，所以循环神经网络模型难以处理长期记忆的任务。

传统的循环神经网络难以解决长期依赖的问题，因此，众多的循环神经网络的变体被提出来。其中，长短期记忆网络在 1997 年由 Sepp Hochreiter 等人提出，主要用途是给循环神经网络增加记忆功能，减弱信息的衰减，从而记住长期的信息。LSTM 也被证明在处理长期依赖问题上比传统方法更加有效。LSTM 在 2012 年时被改进，使得 LSTM 网络得到了广泛的应用。

LSTM 在循环神经网络模型的基础上，增加了记忆功能，两者在时序上的传播方式没有本质区别，只是计算隐含层神经元状态的方式不同。LSTM 中“Cells”有着记忆功能，可以决定信息的记忆，并且可以将之前的状态、现在的记忆和当前输入的信息结合在一起，对长期信息进行记录。

4.4.1 LSTM 记忆单元

LSTM 采用门控机制，它包括三个门：输入门、遗忘门和输出门。LSTM 记忆单元如图 4-5所示。

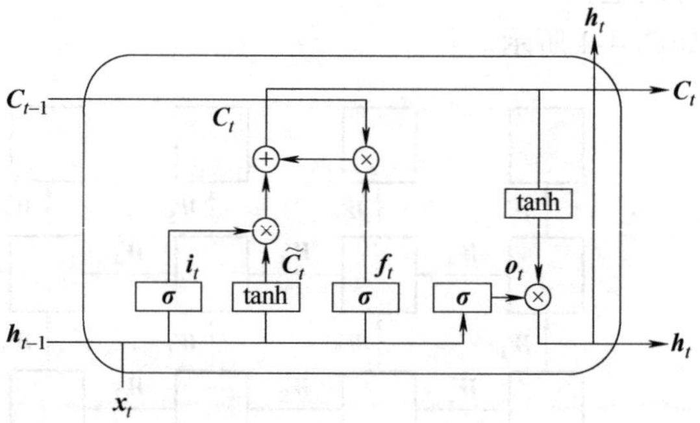

图 4-5 LSTM 记忆单元

图 4-5 彩图

图 4-5 中，$\boldsymbol{x}_t$ 是时间步 t 记忆单元的输入；$\boldsymbol{i}_t$ 是输入门的激活值；$\boldsymbol{f}_t$ 是遗忘门的激活值；$\boldsymbol{o}_t$ 是输出门的激活值；$\boldsymbol{h}_t$、$\boldsymbol{h}_{t-1}$是在时间步 t 和时间步 $t-1$ 记忆单元的输出；$\boldsymbol{C}_t$、$\boldsymbol{C}_{t-1}$是时间步 t 和时间步 $t-1$ 记忆单元的状态；$\widetilde{\boldsymbol{C}}_t$ 是记忆单元的候选状态；$\boldsymbol{W}_i$，$\boldsymbol{U}_i$，$\boldsymbol{W}_c$，$\boldsymbol{U}_c$，$\boldsymbol{W}_f$，$\boldsymbol{U}_f$，$\boldsymbol{W}_o$，$\boldsymbol{U}_o$ 分别为记忆单元对应门的权重向量(图中并没有标出)；$\boldsymbol{b}_i$、$\boldsymbol{b}_c$、$\boldsymbol{b}_f$、$\boldsymbol{b}_o$ 分别为记忆单元中对应门的偏置。

1. 输入门

输入门决定哪些新输入的信息允许被更新，或者被保存到记忆单元中，如图 4-6 中粗线部分所示。

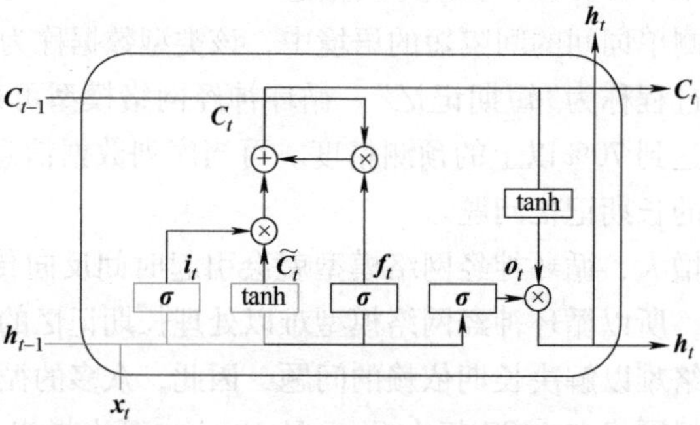

图 4-6 彩图

图 4-6 输入门和状态侯选值的计算过程

输入门需要计算输入门的激活值 $\boldsymbol{i}_t$ 和时间步 t 记忆单元的状态侯选值 $\widetilde{\boldsymbol{C}}_t$：

$$\boldsymbol{i}_t=\boldsymbol{\sigma}(\boldsymbol{W}_i\boldsymbol{x}_t+\boldsymbol{U}_i\boldsymbol{h}_{t-1}+\boldsymbol{b}_i) \tag{4-15}$$

其中，$\boldsymbol{\sigma}$ 为激活函数，$\boldsymbol{W}_i$ 为在输入门输入控制时间步 t 的输入序列数据的权重向量，$\boldsymbol{U}_i$ 是输入门输入控制时间步 $t-1$ 的输入状态值，$\boldsymbol{b}_i$ 是输入门输入控制的偏置。

$$\widetilde{\boldsymbol{C}}_t=\tanh(\boldsymbol{W}_c\boldsymbol{x}_t+\boldsymbol{U}_c\boldsymbol{h}_{t-1}+\boldsymbol{b}_c) \tag{4-16}$$

其中，$\boldsymbol{W}_c$ 为输入门状态侯选在时间步 t 的输入序列数据的权重向量，$\boldsymbol{U}_c$ 为输入门状态侯选时间步 t 输入状态值的权重向量，$\boldsymbol{b}_c$ 是输入门状态侯选的偏置。

2. 遗忘门

遗忘门用于控制记忆单元是否记住或者丢弃之前的状态。它的作用是决定从记忆单元中丢弃哪些信息，计算时读取当前时间步 t 的输入数据信息 $\boldsymbol{x}_t$，和上一时间步 $t-1$ 的状态输出 $\boldsymbol{h}_{t-1}$，输出 0~1 之间的数值作为上一次记忆单元的状态，具体如图 4-7 粗线部分所示。

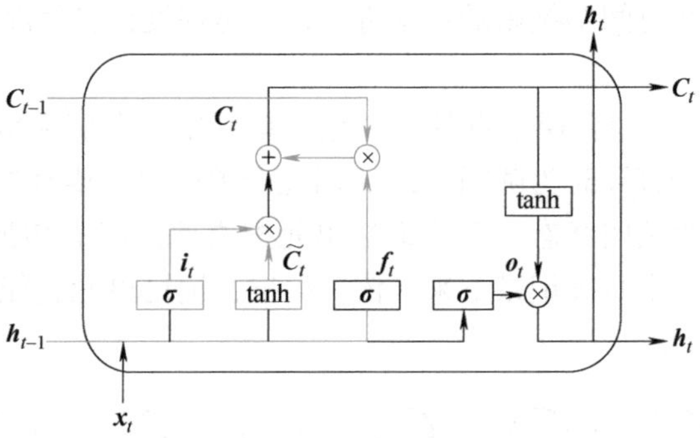

图 4-7　彩图

图 4-7　遗忘门和新状态值的计算过程

输入门得到了输入激活值 $\boldsymbol{i}_t$，和记忆单元的状态候选值 $\widetilde{\boldsymbol{C}}_t$。计算遗忘门的激活值 $\boldsymbol{f}_t$ 和当前时间步 t 的新状态值 $\boldsymbol{C}_t$：

$$\boldsymbol{f}_t=\boldsymbol{\sigma}(\boldsymbol{W}_f\boldsymbol{x}_t+\boldsymbol{U}_f\boldsymbol{h}_{t-1}+\boldsymbol{b}_f) \tag{4-17}$$

$$\boldsymbol{C}_t=\boldsymbol{i}_t\widetilde{\boldsymbol{C}}_t+\boldsymbol{f}_t\boldsymbol{C}_{t-1} \tag{4-18}$$

当前时间步的新状态值 $\boldsymbol{C}_t$ 为上一时间步的状态值 $\boldsymbol{C}_{t-1}$ 与输出门的激活值 $\boldsymbol{f}_t$ 相乘，作用为决定丢弃旧状态中的信息量；输入门输出控制值 $\boldsymbol{i}_i$ 与候选状态值 $\widetilde{\boldsymbol{C}}_t$ 相乘，用于控制新状态的变化；最后把两者相加作为新的状态值。

3. 输出门

输出门决定记忆单元中哪些信息允许被输出。输出门的作用与输入门对称。如图 4-8 中粗线部分所示。

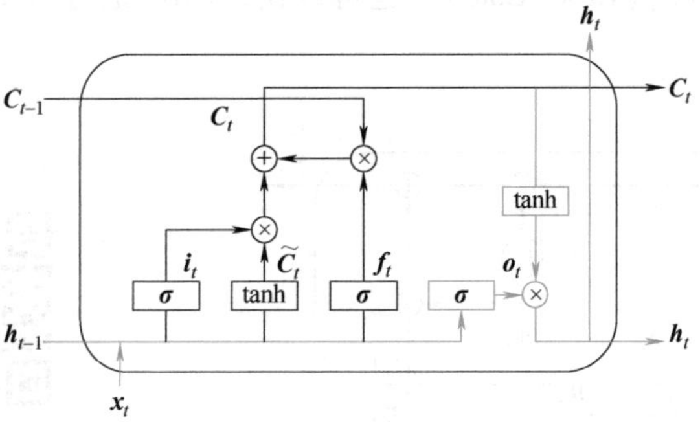

图 4-8　彩图

图 4-8　输出门和记忆单元输出值的计算过程

计算时间步 t 记忆单元中输出门的输出激活值 $\boldsymbol{o}_t$ 和记忆单元的输出值 $\boldsymbol{h}_t$：

$$\boldsymbol{o}_t=\boldsymbol{\sigma}(\boldsymbol{W}_o\boldsymbol{x}_t+\boldsymbol{U}_o\boldsymbol{h}_{t-1}+\boldsymbol{b}_o) \tag{4-19}$$

$$\boldsymbol{h}_t=\boldsymbol{o}_t\times\tanh(\boldsymbol{C}_t) \tag{4-20}$$

输出门的输出激活值与当前时间步 t 新状态值的 tanh 函数相乘，最终得到输出状态 $\boldsymbol{h}_t$。

4.4.2　LSTM 记忆方式

门的作用是允许 LSTM 的记忆单元长时间存储和访问序列信息，从而减少梯度消失问题。例如，输入门保持关闭(即激活值接近 0)，则新的输入不会进入网络，网络中的记忆单元会一直保持开始激活的状态。通过对输入门的开关控制，可以控制循环神经网络模型什么时间接收新的数据，什么时间拒绝新的数据进入，于是梯度信息就随着时间的传递而被保留下来。

如图 4-9 所示，在中间隐含层节点的单个记忆单元中，左侧为输出门、下侧为输入门、上侧为输出门，当门完全打开时为圆圈“○”，门完全关闭时为横杠“=”。在第 2 个时间步 t 中，输入门和输出门都为关闭状态，于是记忆单元把之前的状态传递到第 3 个时间步 $t+1$，操作中记忆单元就把第 1 个状态记录下来。依次类推，记忆单元就能够对时间步 t 的状态进行存储，减少梯度消失问题。

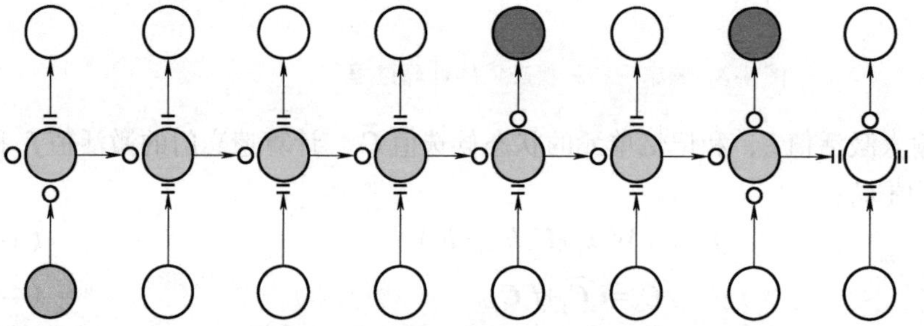

图 4-9　彩图

图 4-9　LSTM 保存梯度的示意图

4.5　门控循环单元

门控循环单元(Gated Recurrent Unit，GRU)将 LSTM 模型的门控信号减少到了 2 个，分别称为更新门(Update Gate)和复位门(Reset Gate)。也可以说，GRU 是对 LSTM 的精简，GRU 计算过程如图 4-10 所示。

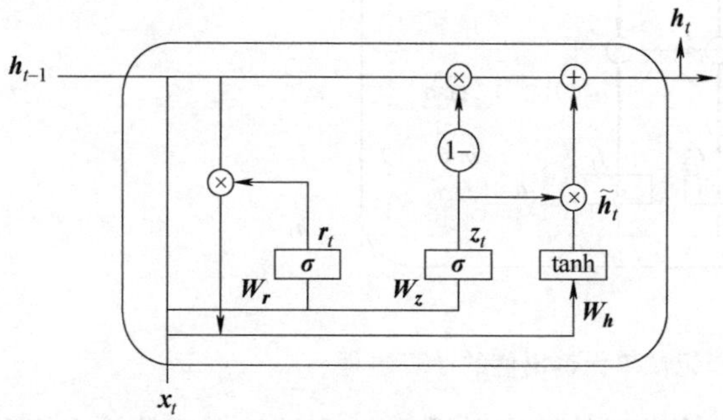

图 4-10　彩图

图 4-10　GRU 计算过程

以时间步 t 为例，说明 LSTM 中的记忆单元进行序列信息存储的过程。图 4-10 中，x_t 是时间步 t 记忆单元的输入；$\boldsymbol{r}_t$ 是复位门的激活值；z_t 是更新门的激活值；$\tilde{\boldsymbol{h}}_t$ 是记忆单元中的更新输出候选值；$\boldsymbol{h}_t$，$\boldsymbol{h}_{t-1}$是在时间步 t 和时间步 $t-1$ 记忆单元的输出；$\boldsymbol{W}_r$，$\boldsymbol{W}_z$，$\boldsymbol{W}_h$ 是记忆单元的候选状态。

GRU 只有两个门，分别是复位门和更新门，其中，复位门决定如何将新的输入数据和旧的记忆信息相结合，更新门则决定保留多少前面的记忆量。如果网络中复位门全为 1，更新门全为 0，那么 GRU 就相当于普通的 RNN 网络。

1. 复位门

复位门决定如何将新的输入数据信息与旧的记忆信息相结合。需要计算在时间步 t 记忆单元中的重置激活值 $\boldsymbol{r}_t$：

$$\boldsymbol{r}_t=\boldsymbol{\sigma}(\boldsymbol{W}_r\boldsymbol{x}_t+\boldsymbol{U}_r\boldsymbol{h}_{t-1}) \tag{4-21}$$

$\boldsymbol{r}_t$ 用于控制前一时间步隐含层单元 $\boldsymbol{h}_{t-1}$ 对当前输入数据 $\boldsymbol{x}_t$ 的影响。如果 $\boldsymbol{h}_{t-1}$ 对 $\boldsymbol{x}_t$ 不重要，即从当前输入数据 $\boldsymbol{x}_t$ 开始表述了新的意思，并且与上文无关，那么 $\boldsymbol{r}_t$ 开关可以保持打开状态，使得 $\boldsymbol{h}_{t-1}$ 对 $\boldsymbol{x}_t$ 不产生影响。

2. 更新门

更新门用于决定是否使用当前时间步 t 的输入信息 $\boldsymbol{x}_t$ 对网络产生影响。其更新激活值 z_t 为：

$$z_t=\boldsymbol{\sigma}(\boldsymbol{W}_z\boldsymbol{x}_t+\boldsymbol{U}_z\boldsymbol{h}_{t-1}) \tag{4-22}$$

权重参数 $\boldsymbol{W}$ 针对时间步 t 的输入数据，权重参数 $\boldsymbol{U}$ 针对循环记忆单元上一时间步的记忆信息 $\boldsymbol{h}_{t-1}$，z_t 用于决定是否忽略当前时间步的输入数据 $\boldsymbol{x}_t$。类似 LSTM 中的输入门 $\boldsymbol{i}_t$，z_t 可以判断当前输入数据 $\boldsymbol{x}_t$ 对整体序列信息的表达是否重要。当 z_t 开关打开时，会忽略当前输入数据 $\boldsymbol{x}_t$，同时让 $\boldsymbol{h}_{t-1}$ 与 $\boldsymbol{h}_t$ 相连通，使得梯度能够得到有效的反向传播。与 LSTM 相同，这种短路机制有效地缓解了梯度消失现象。

最后需要计算在时间步 t 记忆单元中的更新输出候选值 $\widetilde{\boldsymbol{h}}_t$ 和记忆单元信息输出值 $\boldsymbol{h}_t$：

$$\widetilde{\boldsymbol{h}}_t=\tanh(\boldsymbol{W}_h\boldsymbol{x}_t+\boldsymbol{U}_h\boldsymbol{r}_t\cdot\boldsymbol{h}_{t-1}) \tag{4-23}$$

$$\boldsymbol{h}_t=(\boldsymbol{1}-z_t)\boldsymbol{h}_{t-1}+z_t\widetilde{\boldsymbol{h}}_t \tag{4-24}$$

4.6 递归神经网络

递归神经网络是循环神经网络的一个扩展，其不同于循环神经网络的链状结构，采用了树状结构，如图 4-11 所示。其优势在于，对于具有长度 τ 的序列，深度(通过非线性操作的组合数量来衡量)可以急剧地从 τ 减小为 $O(\log\tau)$，这可能有助于解决长期依赖。

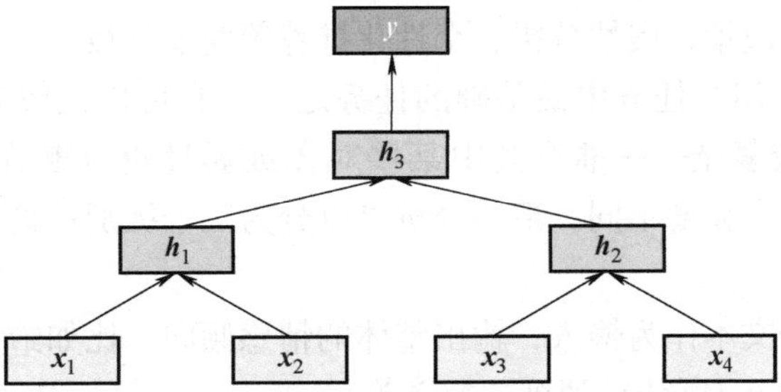

图 4-11　递归神经网络结构图

4.7 双向长短期记忆网络与双向门控循环单元

双向长短期记忆网络(Bi-directional Long Short-Term Memory，BiLSTM)与双向门控循环单元(Bi-directional Gated Recurrent Unit，BiGRU)是双向循环神经网络的变种。与传统的单向 LSTM 以及单向 GRU 不同，BiLSTM 和 BiGRU 同时考虑了前向和后向的信息，能够更好地捕捉双向的序列依赖，从而更全面地理解和建模序列数据。

图 4-12 彩图

BiLSTM/BiGRU 网络结构如图 4-12 所示，由两个 LSTM/GRU 组成，分别从正向和反向处理输入序列。处理完成后，将两个部分的输出进行拼接，作为 LSTM/GRU 整体的输出。

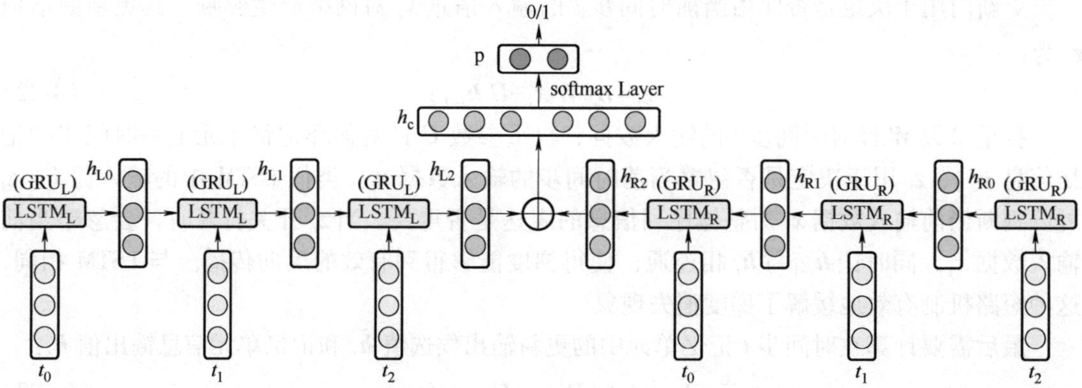

图 4-12 BiLSTM/BiGRU 网络结构图

4.8 应用实例

本节将介绍循环神经网络在真实场景的应用实例，针对 NLP 中的文本情感分类任务，利用 LSTM 对文本数据进行分类。

码 4-1 LSTM 应用实例

4.8.1 实例背景

情感分析是根据输入的文本、语音或视频，自动识别其中的观点倾向、态度、情绪、评价等，广泛应用于消费决策、舆情分析、个性化推荐等商业领域。

文本情感分析也是 NLP 任务中最基础的任务之一，它可以比较简单——单纯的二分类或多分类，也可以比较复杂——抽取其中某些对象或属性再判断在该对象或属性上的情感。一般而言，依照文本粒度不同，情感分析可以分为三个级别：篇章级、句子级和对象或属性级。

(1) 篇章级　整个文本作为输入，输出整体的情感倾向。比如给定一段评论，判断整体是正向(积极、褒义等)还是负向(消极、贬义等)。

(2) 句子级　输入是一个句子，判断其情感是正向(积极、褒义等)还是负向(消极、贬义等)。

(3) 对象或属性级　判断给定文本中某对象或属性的情感倾向。具体又可以分成两种情况：

1) 给定文本+对象或属性，判断对象或属性的情感倾向。

2) 只给定文本，需要提取其中的对象或属性，然后再判断情感倾向。

从 NLP 的角度看，情感分析包括两种基础任务：文本分类和实体对象或属性抽取，而这也正好涵盖了 NLP 的两类基本任务：序列分类和 Token 分类。两者的区别是，前者输出一个标签，后者为每个 Token 输出一个标签。

4.8.2　基本流程

通常，NLP 任务的基本流程主要包括如下步骤：

① 文本预处理：文本清理、标准化、纠错、改写等。

② Tokenizing：分字、分子词、分词等。

③ 构造数据：将 Token 转为模型需要的输入。

④ 文本表征：将输入的数据转换为向量表征。

⑤ 结果输出：将向量表征转换为最终输出。

1. 文本预处理

文本预处理主要是对输入文本根据任务需要进行的一系列处理。

① 文本清理。去除文本中无效的字符，比如网址、图片地址、无效的字符、空白、乱码等。

② 标准化。主要是将不同的形式统一化。比如英文大小写标准化，数字标准化，英文缩写标准化，日期格式标准化，时间格式标准化，计量单位标准化，标点符号标准化等。

③ 纠错。识别文本中的错误，包括拼写错误、词法错误、句法错误、语义错误等。

④ 改写。包括转换和扩展。转换是将输入的文本或 Query 转换为同等语义的另一种形式，比如拼音(或简拼)转为对应的中文。扩展主要是将和输入文本相关的内容一并作为输入。常用在搜索领域。

上述处理过程并不一定按照上面的顺序从头到尾执行，可以根据需要灵活调整顺序或选择性执行上述某些步骤。

2. Tokenzing

主要目的是将输入的文本 Token 化，便于后续将文本转为向量。一般主要从三个粒度进行切分：

① 字级别。英文就是字母级别，操作起来比较简单。

② 词级别。通常针对中文文本。

③ 子词。包括 BPE(Byte Pair Encoding)、WordPieces、ULM(Unigram Language Model)等。在英文中较为常见，是介于字级别和词级别中间的一种粒度。主要目的是将一些高频的形式单独选取出来。子词一般是在大规模语料上通过统计频率自动学习到的。

3. 构造数据

文本经过上一步后会变成一个个 Token，接下来就是根据后续需要将 Token 转为一定形式的输入，可能就是 Token 序列本身，也可能是将 Token 转为数字，或者再加入新的信息(如特殊信息、Token 类型、位置等)。主要考虑后两种情况。

(1) Token 转数字　就是将每个文本的 Token 转为一个整数，一般就是它在词表中的位置。根据后续模型的不同，可能会有一些特殊的Token加入，主要用于分割输入。不过有两个常用的特殊Token需要稍加说明：<UNK>和<PAD>，前者表示未知Token(UNK=Unknown)，后者表示填充Token。因为在实际使用时往往会批量输入文本，而文本长度一般是不相等的，这就需要将它们都变成统一的长度，也就是把短文本用<PAD>补齐到长文本长度。

(2) 加入新的信息　又可以进一步分为在文本序列上加入新的信息和加入和文本序列平行的信息。

1) 序列上新增信息。输入的文本序列有时候不一定只是一句话，还可能会加入其他信息，比如：这部电影真精彩。<某种特殊分隔符>电影<可能又一个分隔符>精彩。所以，准确来说，应该叫输入序列。

2) 新增平行信息。有时候除了输入的文本序列，还需要其他信息，比如位置、Token类型。这时候就会有和序列中Token数一样的其他序列加入，比如绝对位置信息，如果输入的句子是电影真精彩，对应的位置编码是[0 1 2 3 4]。

4. 文本表征

常用的文本表征方式是将文本数据转化为向量表示，以便在机器学习和深度学习模型中使用。文本表征方法有很多，下面简单列举几种：

① 词袋模型(Bag-of-Words，BoW)。将文本表示为词的出现频率，特点是简单直观，但无法捕捉词的顺序和上下文信息。

76

② 词频-逆文档频率(TF-IDF)。结合词频(Term Frequency，TF)和逆文档频率(Inverse Document Frequency，IDF)来衡量词的重要性。能够减少常见词的影响，增加稀有词的权重，但仍然忽略了词的顺序和上下文。

③ Word2Vec。使用神经网络模型(Skip-gram或CBOW)将词嵌入到连续向量空间。能够捕捉词之间的语义相似性和上下文信息。

④ 深度学习框架中的Embedding Layer。在深度学习模型中使用嵌入层，将词索引转换为对应的词向量，能够与深度学习模型无缝结合，实现端到端的训练。

本实例将采用Pytorch框架中的torch.nn.Embedding对文本进行嵌入。

```
1. import torch.nn as nn
2. embedding=nn.Embedding(vocab_size,embedding_dim)
3. text_embedding=embedding(token_ids)
```

5. 结果输出

当用户的输入是一句话(或一段文档)时，往往需要拿到整体的向量表示。在Embedding之前虽然也可以通过频率统计得到，但难以进行后续的计算。Embedding出现之后，方法就多样了，其中最简单的是将每个词的向量求和然后平均，但通常会将Embedding后的向量传入各种模型进行计算。本实例中，将采用LSTM作为主干网络，对文本语义进行建模。

```
1. import torch.nn as nn
2. model = nn.LSTM(embedding_dim,hidden_dim,num_layers,dropout =
dropout)
```

在文本情感分类任务中，得到整个句子(或文档)的向量表示后，需要通过矩阵乘法，将向量转为一个类别维度大小的向量。本实例中，每条文本数据对应 6 种情感(love，sadness，fear，surprise，anger，joy)其中一个，就是将一个固定维度的句子或文档向量变为一个六维向量，然后将该六维向量通过一个非线性函数映射成概率分布。最终选取概率最高的类别，作为情感分类预测结果。

本章小结

本章主要介绍了循环神经网络的结构以及它的训练。循环神经网络模型常用的损失函数为交叉熵函数或均方误差函数。在循环神经网络模型的训练过程中，使用了随机梯度下降算法，迭代地调用 BPTT 算法求得网络参数梯度。然而标准的循环神经网络模型是很难训练的，序列越长，反向传播越久，其计算量越大，而且容易引起梯度消失或者梯度爆炸问题。为了解决这些问题，本章讨论了循环神经网络的变体：长短期记忆网络、门控循环单元等，使得循环神经网络模型可以更加有效地处理更长的序列信号。此外，本章还介绍了循环神经网络的一种扩展——递归神经网络。最后，通过对应用实例的介绍，希望能够加深读者对于本章的理解。

思考题与习题

4-1　CNN 和 RNN 有哪些区别？

4-2　RNN 中的“循环”指的是什么？

4-3　为什么 RNN 训练的时候 Loss 波动很大？

4-4　RNN 的训练过程包括哪些步骤？

4-5　RNN 在时间序列分析中的应用有哪些？

4-6　深度循环神经网络(DRNN)与基本 RNN 相比有哪些优势？

4-7　关于处理时序的方法有哪些非深度的方法？

4-8　解释 LSTM 的内部结构及各个门的功能。如何通过这些门来控制信息流动？

4-9　比较 LSTM 和 GRU 的结构和性能，讨论它们在处理长序列数据时的优缺点。

4-10　为什么循环神经网络可以用来实现自动问答，比如对一句自然语言问句给出自然语言回答？

4-11　在自然语言处理任务中，如何利用 RNN 处理长文本数据？请分析其性能和潜在问题，并提出改进方法。

参考文献

[1]　WERBOS P J. Backpropagation through time：what it does and how to do it[J]. Proceedings of the IEEE，1990，78(10)：1550-1560.

[2]　SEPP H，YOSHUA B，PAOLO F，et al. Gradient flow in recurrent nets：the difficulty of learning long-term dependencies[M]. In：A Field Guide to Dynamical Recurrent Neural Networks. Piscataway：IEEE Press，2001.

[3] SEPP H, JÜRGEN S. Long short-term memory[J]. Neural Computation, 1997, 9(8): 1735-1780.

[4] KYUNGHYUN C, BART V M, CAGLAR G, et al. Learning Phrase Representations using RNN Encoder-Decoder for Statistical Machine Translation[C]// Proceedings of the Conference on Empirical Methods in Natural Language Processing, Stroudsburg: ACL, 2014: 1724-1734.

[5] LÉON B. Stochastic gradient descent tricks[M]. Neural networks: Tricks of the Trade. Berlin: Springer, 2012.

[6] 陈仲铭，彭凌西. 深度学习原理与实践[M]. 北京：人民邮电出版社，2018.

[7] VU N T, GUPTA P, ADEL H, et al. Bi-directional recurrent neural network with ranking loss for spoken language understanding[C]// IEEE International Conference on Acoustics, Speech and Signal Processing (ICASSP), Shanghai: IEEE, 2016: 6060-6064.

[8] CHRISTOPHER O. Neural networks, types, and functional programming[EB/OL]. (2015-09-03)[2024-06-22]. http://colah.github.io/posts/2015-09-NN-Types-FP/.

[9] SAM A, DANIJAR H, ERIK E, et al. TensorFlow for machine intelligence: a hands-on introduction to learning algorithms[M]. Sebastopol: Bleeding Edge Press, 2016.

[10] ALEX G. Long short-term memory[M] In: Supervised Sequence Labelling with Recurrent Neural Networks. Berlin: Springer, 2012.

[11] LAN G, YOSHUA B, AARON C. Deep learning[M]. Cambridge: MIT press, 2016.

[12] PHILIP G. A new algorithm for data compression[J]. The C Users Journal, 1994, 12(2): 23-38.

[13] KAREN S J. Index term weighting[J]. Information storage and retrieval, 1973, 9(11): 619-633.

[14] TOMAS M, KAI C, GREG C, et al. Efficient estimation of word representations in vector space[Z/OL]. 2013 [2024-06-22]. https://arxiv.org/abs/1301.3781.

第5章　深度序列模型

序列模型是机器学习领域的一种建模技术，常用于分析和处理序列类型的数据。生活中常见的文本、音频和视频都属于序列数据。在自然语言处理领域，文本是主要的研究对象，因此序列模型在该领域扮演着重要角色。近年来随着深度学习的快速发展，以深度学习为理论基础的深度序列模型成为研究热点，并取得了许多令人瞩目的成果。

5.1　深度序列模型概述

5.1.1　深度序列模型结构

序列模型广泛应用于输入或输出为序列的任务，例如情感分析、文本摘要、机器翻译以及智能问答等任务。在介绍深度序列模型之前，约定序列的数学表示方法：对于一个包含 n 个单词的自然语言序列，将其表示为 $\{x_1,x_2,\cdots,x_n\}$ 的形式，其中 x_i 表示序列中的第 i 个单词，n 为序列的总长度。

深度序列模型通过神经网络处理自然语言序列，用于估计条件概率 $p_\theta(x_t|x_{1:(t-1)})$。如图5-1所示，从结构方面看，深度序列模型一般可以分为嵌入层、特征层和输出层三部分。

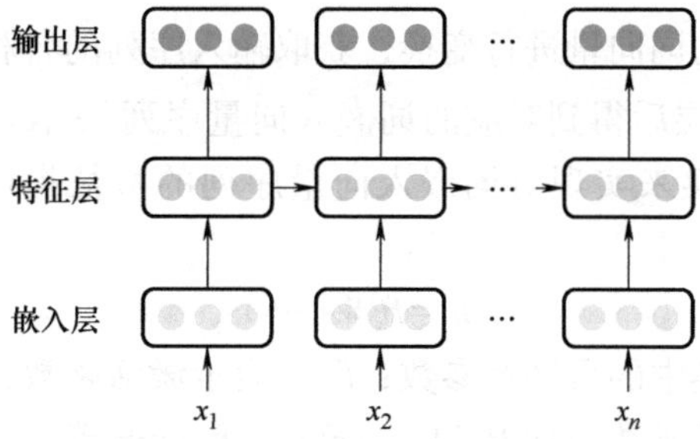

图5-1　深度序列模型结构图

1. 嵌入层

嵌入层能够将自然语言序列转化为计算机可以理解的词向量序列。将自然语言序列转化为词向量序列最简单的方式是独热编码（One-Hot Encoding），独热编码又称作一位有效编码，单词的One-Hot向量只有特征位的值为1，其余位数均由0填充。以句子"This is a song by American musician Kenny Loggins"为例，这句话各个单词的One-Hot向量表示见表5-1（为了减少词表大小，在单词转换成向量之前对所有单词进行了小写化处理）。

表 5-1 例句中各单词的 One-Hot 向量表示

单词	单词 ID	One-Hot 向量
this	1	0000000001
is	2	0000000010
a	3	0000000100
song	4	0000001000
by	5	0000010000
american	6	0000100000
musician	7	0001000000
kenny	8	0010000000
loggins	9	0100000000

独热编码虽然形式简单且易于实现，但是生成的 One-Hot 向量维度很大，维度特征也很稀疏，不能很好地体现单词的语义信息。为了弥补这一缺陷，Word2Vec、Glove 等静态词向量方法应运而生。Word2Vec 是谷歌团队于 2013 年提出的一种用于训练词向量的模型，该方法的出发点为两个含义相似的单词，应该具有相似的词向量，例如“猫”作为一种受欢迎的宠物，其对应的词向量应该和“狗”更相似，而不是和“苹果”或者“葡萄”等水果更相似。Word2Vec 在训练时采用的方式是以词语来预测词语，共包含两种模型：跳字模型(Skip-gram)和连续词袋模型(CBOW)，其中，Skip-gram 通过语料库中的某个词语预测周围的词语，CBOW 通过某个词周围的词语来预测当前词语。静态词向量曾经是一种主流的序列编码技术，后来随着大规模预训练模型的兴起，使用 BERT、GPT 等预训练模型对文本进行编码的动态词嵌入方法逐渐取代了 Word2Vec 等静态方法。动态词嵌入方法的做法是将自然语言序列输入到预训练模型中，取预训练模型对应的输出作为词语的词嵌入表示，这样动态地获取单词的词嵌入表示，可以更好地整合句子序列的语义信息，解决静态词向量无法辨别的一词多义问题，从而更好地提升各种自然语言处理任务的表现。

2. 特征层

特征层将嵌入层得到的词向量进行变换，获取输入序列的各种特征。以序列$\{x_1,x_2,\cdots,x_n\}$为例，该序列经过嵌入层后得到对应的词嵌入向量序列$\{e_1,e_2,\cdots,e_n\}$，特征层通过一系列的线性变换和非线性变换来实现对词嵌入向量序列的特征提取，该过程可以由式(5-1)表示：

$$h_i=f(We_i+b) \tag{5-1}$$

式中，W 和 b 表示线性变换中的可训练参数；$f(\cdot)$表示激活函数，激活函数实现了对于输入的非线性变换，常见的激活函数包括 ReLU、softmax 和 tanh 等。

上述过程只是一个简单的示例，该示例中特征层仅包含一个线性变换和一个非线性变换。实际上，在深度序列模型中为了更好地提取富含文本信息的语义特征，特征层一般采用循环神经网络(Recurrent Neural Network，RNN)作为特征提取器，常用的 RNN 包括 LSTM 和 GRU 等。LSTM 等网络是一类拥有记忆性的神经网络，这类网络每个时刻的输入除了当前时刻的词嵌入向量 e_t，还有上一时刻的隐藏状态 h_{t-1}，每一时刻神经网络一方面从词嵌入向量 e_t 中提取新的特征，另一方面从隐藏状态 h_{t-1} 中获取之前序列的语义信息。

然而在自然语言序列中，单词不仅与其左侧的单词有语义上的联系，而且也与其右侧的单词有关联，因此为了更好地提取序列中的语义信息，特征层往往会采用如图 5-2 所示的双向循环神经网络来处理词嵌入序列，以此来得到富含上下文信息的语义特征。

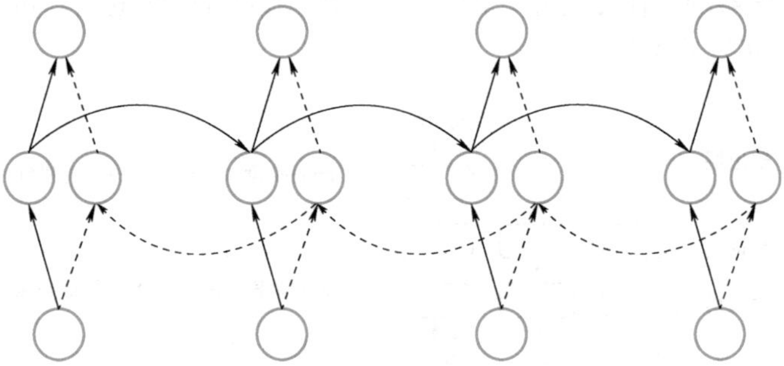

图 5-2　双向循环神经网络示意图

3. 输出层

输出层的作用是生成最终结果。不同的任务有不同的输出形式，在不同的输出形式任务中，输出层的结构也各不相同。例如情感分析任务的输出应当是积极、消极或中立等情感极性的标签，输出层应当把含有语义特征的隐藏状态映射为大小为情感极性个数的一维向量，进一步通过激活函数 softmax 得到最终的情感标签。而对于机器翻译等生成任务，输出层则需要把隐藏状态映射到大小为语料库词语总数的一维向量，从中选取概率最高的词作为某个时刻的生成词。

5.1.2　序列生成模型解决的问题

自然语言处理领域的众多子任务中，一些任务的输入形式各不相同，输出却均为一段自然语言序列，常使用序列生成模型来解决这一类任务。根据输入的不同形式，可以将序列生成模型解决的问题分为以下几种类型：

1）文本到文本生成任务。这类任务的输入同样是一段自然语言序列，常见的文本到文本生成任务有机器翻译、文本摘要生成、智能问答等。

2）数据到文本生成任务。这类任务的输入为结构化的数据，常见的结构化数据有表格、知识图谱等。

3）多媒体到文本生成任务。这类任务的输入来自于文本之外的模态，例如视频、音频等。

4）无条件文本生成任务。这类任务的输入为随机噪声，也可以把这类任务称作朴素的语言模型。

5.2　编码器-解码器架构

深度序列模型可以分为嵌入层、特征层和输出层三层。本小节首先以情感分析任务为例，进一步探讨深度序列模型的流程。图 5-3 展示了对于文本“这家餐厅很好”的情感分析过程。将输入文本进行分词后，嵌入层会将输入的分词序列转化为词向量表示，送往特征层进行特征提取，最后对整个句子的特征表示处理过后，得到了“positive”的情感极性标签。

如果对这一过程做进一步的抽象，可以将嵌入层和特征层两部分合并称作编码器，编码器的工作是对输入做特征提取，得到包含输入特征信息的向量表示；另一方面，可以将输出层称作解码器，解码器的工作是将输入的特征表示转化为对应的输出。可以将这样的架构称作广义上的编码器-解码器架构。

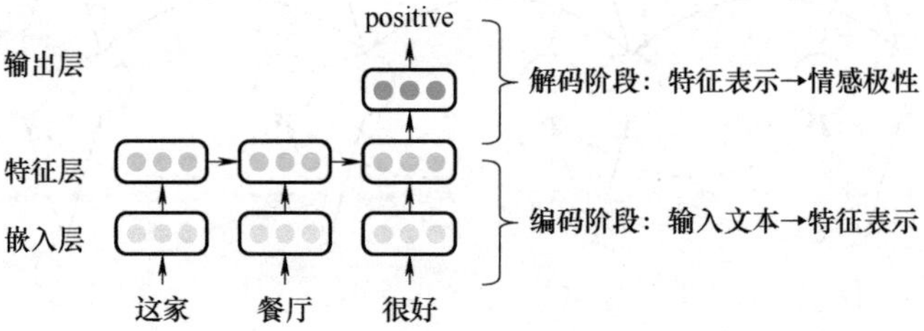

图 5-3　情感分析任务流程示例图

通过这样的抽象，能够将各种各样的神经网络模型拆分为编码器和解码器两部分。在自然语言处理领域，编码器-解码器架构如图 5-4 所示。这种架构由编码器和解码器两个模块构成，常用于机器翻译、文本摘要等输入和输出均为语言序列的任务。编码器-解码器架构中最为典型的模型是序列到序列(Seq2Seq)模型，在后续小节中，将对序列到序列模型做详细的介绍。

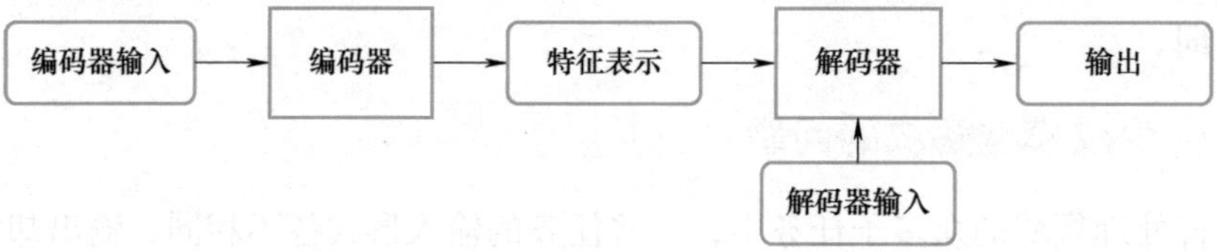

图 5-4　编码器-解码器架构

5.3　序列到序列模型

序列到序列模型通常简称做 Seq2Seq 模型，由 Sutskever 和 Cho 提出并完善，是一种适用于输入和输出均为自然语言序列类型任务的模型框架。如图 5-5 所示，Seq2Seq 模型由编码器模块和解码器模块两部分构成。Seq2Seq 模型中，编码器模块的作用是对输入序列进行编码，得到蕴含输入序列语义信息的表示向量 $\boldsymbol{C}$，解码器模块以表示向量 $\boldsymbol{C}$ 做初始化，解码出作为输出的目标序列。

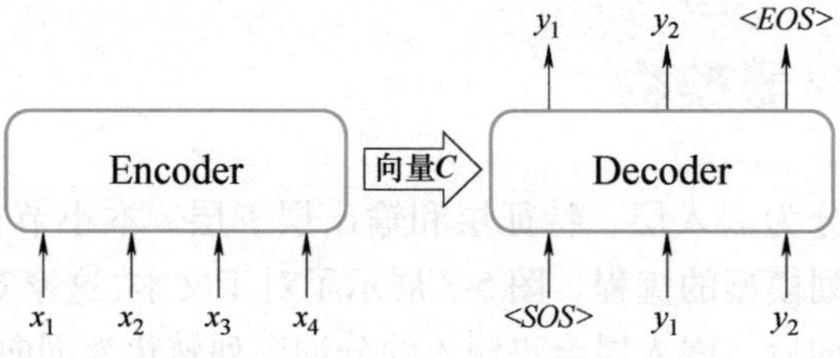

图 5-5　序列到序列模型结构图

Seq2Seq 模型一般采用 RNN 作为编码器和解码器，采用 RNN 后，Seq2Seq 模型能够逐词进行编码和解码。每个时间步长 t 向编码器输入序列中的单词或符号，编码器生成一个表示隐藏状态的向量，循环输入至最后一个单词或符号后得到的隐藏状态即为语义向量 $\boldsymbol{C}$；解码器以开始符号(即图 5-5 中的<SOS>)作为初始输入，以语义向量 $\boldsymbol{C}$ 为初始隐藏状态，随后每一个时间步长 t 以前一步的输出为当前的输入循环解码，直至出现结束符号<EOS>，或者句子达到预设的最大长度。解码过程可以用式(5-2)表示。

$$p(y|x)=\prod_{t=1}^{ny}p(y_t|y_{0:t-1},x) \tag{5-2}$$

式中，$y_{0:t-1}$表示当前解码所得的序列；x 表示输入序列；y_t 代表当前预测的输出单词或符号。

5.4　融入注意力机制的序列到序列模型

Seq2Seq 模型的编码器能够将输入序列编码为含有语义信息的表示向量 $\boldsymbol{C}$，随着生成网络模型的不断革新，将 LSTM 或者 GRU 等循环神经网络应用于 Seq2Seq 模型的编码器后，可以有效解决序列的长程依赖问题。然而，当输入序列的长度很长时，由于编码器产生的表示向量 $\boldsymbol{C}$ 大小有限，难以存储输入序列的全部信息。因此，解码器仅仅使用编码器产生的最后一个隐藏状态解码产生目标输出序列存在一定的局限性。另一方面，以人工翻译和机器翻译为例，人工进行翻译工作时，在不同阶段会将关注重点放在不同的部分，例如选取目标语言的动词时会将关注重点放在源语言的动词部分，而基于 Seq2Seq 的机器翻译模型仅仅依据编码器提供的表示向量 $\boldsymbol{C}$ 进行解码，在解码的过程中并没有重心的转移。

为了能够更为有效地利用输入序列的局部信息，Bahdanau 和 Cho 等人受人工翻译启发，将注意力机制整合到了 Seq2Seq 模型中，并取得了极大成功。

如图 5-6 所示，向编码器依次输入序列$\{x_1,x_2,\cdots,x_n\}$中的单词或符号，每一个时刻 t 输入 x_t 后编码器会输出对应的隐藏状态 h_t，编码过程结束后能够得到一个隐藏状态序列$\{h_1,h_2,\cdots,h_n\}$。在解码过程中，注意力机制使得解码器能够将当前解码时刻产生的隐藏状态 s_t 和编码器得到的隐藏状态序列$\{h_1,h_2,\cdots,h_n\}$做运算，计算出权重向量 $\boldsymbol{\alpha}_t$，之后使用 $\boldsymbol{\alpha}_t$ 与编码器产生的隐藏状态序列$\{h_1,h_2,\cdots,h_n\}$加权求和，从而计算出当前解码时刻的语义向量 $\boldsymbol{C}_t$，解码器最终根据当前时刻的隐藏状态 s_t 和语义向量 $\boldsymbol{C}_t$ 决定 y_{t+1}，上述计算过程可以由式(5-3)~式(5-5)表示。

$$e_{tk}=\text{match}(s_t,h_k) \tag{5-3}$$

$$\alpha_{tk}=\frac{\exp(e_{tk})}{\sum_{i=1}^{n}\exp(e_{ti})} \tag{5-4}$$

$$\boldsymbol{C}_t=\sum_{k=1}^{n}\alpha_{tk}h_k \tag{5-5}$$

式中，e_{tk}为对齐模型，含义为输入序列 k 处的单词与输出序列 t 处的单词的相关程度大小，常用的 match 函数包括点乘、多层感知机以及双线性函数等。

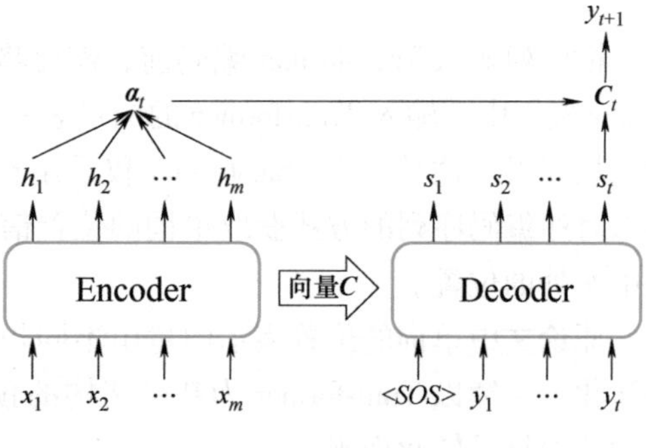

图 5-6　带注意力机制的 Seq2Seq 模型

5.5 Transformer 架构

5.3 小节介绍了传统的 Seq2Seq 模型，这种模型以 LSTM、GRU 等循环神经网络作为编码器和解码器，以时序的方式进行序列的编码和解码。5.4 小节将传统 Seq2Seq 模型与注意力机制整合，实现了让模型在解码过程中能够在不同时刻把关注重点放到输入序列的不同部分。这种基于 RNN 和注意力机制的 Seq2Seq 框架虽然在各种生成类任务上取得了不错的表现，但是仍然存在两方面不足：一是时序的方式对序列编码不利于并行计算，不能充分利用 GPU 等训练资源；二是该框架在捕捉较长距离的语义关联方面的表现仍存在较大的提升空间。

2017 年，Google 在 Attention is All You Need 提出的 Transformer 模型解决了传统 Seq2Seq 模型这两方面的缺陷。Transformer 摒弃了传统的循环和卷积操作，是一种完全基于自注意力机制的 Seq2Seq 模型。在结构方面，Transformer 没有应用循环神经网络，而是采用了自注意力机制并行地处理输入序列，大大减少了训练模型的时间成本；在性能方面，大量的实验证明了 Transformer 具有更加优秀的长距离编码能力，在很多任务上的表现都超过了传统的基于 RNN 的 Seq2Seq 模型。

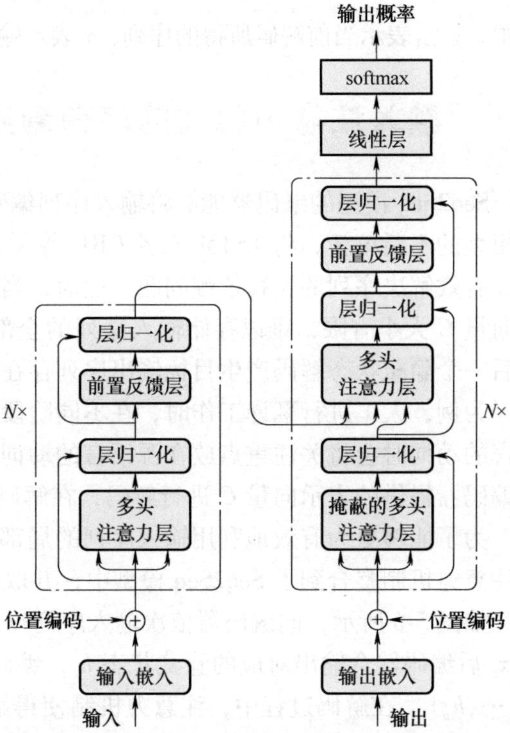

图 5-7 Transformer 的架构图

Transformer 的架构如图 5-7 所示，其由编码器和解码器两部分构成，进一步来看，Transformer 的编码器和解码器又分别由若干个结构相同的自注意力模块堆叠而成，下面对 Transformer 的基本流程进行介绍。

5.5.1 Transformer 的输入

把序列输入 Transformer 编码前，需要将单词序列转化为对应的向量表示序列。在 Transformer 架构中，输入 Transformer 的向量表示由这个词的向量表示和它在序列中位置的向量表示相加获得。这是因为 Transformer 仅采用自注意力机制对序列进行编码，它不能像 RNN 一样以时序编码序列的方式获取单词的位置信息，因而需要引入位置表示向量提示模型词在序列中所处的位置。

原论文中单词的位置表示向量由不同频率正弦函数和余弦函数计算得到，后来随着模型的演化，后续以 Transformer 为基础架构的预训练模型的位置表示向量则直接由单词在序列中的位置标号转化而来。

5.5.2　Transformer 编码器

Transformer 编码器由若干个结构相同的模块构成，每个模块又由多头注意力(Multi-Head Attention)和前馈网络两个顺序相连的子层构成。

多头注意力子层用于计算编码器输入序列的自注意力得分，如图 5-8a 所示，编码器每一层的多头注意力子层在计算自注意力得分时，需要将上一层的输出转化为 $\boldsymbol{Q}$、$\boldsymbol{K}$、$\boldsymbol{V}$ 三个矩阵($\boldsymbol{Q}$ 矩阵又称查询矩阵，$\boldsymbol{K}$ 矩阵又称键矩阵，$\boldsymbol{V}$ 矩阵又称值矩阵)，计算注意力得分的方式由式(5-6)表示。如图 5-8b 所示，为了让自注意力机制从不同特征空间捕捉多种信息，Transformer 的自注意力计算采用了多头并行的方式，使用不同的线性映射将原本的 $\boldsymbol{Q}$、$\boldsymbol{K}$、$\boldsymbol{V}$ 矩阵映射为多个维度较小的 $\boldsymbol{Q}$、$\boldsymbol{K}$、$\boldsymbol{V}$ 矩阵分别计算自注意力得分，最后通过拼接运算和线性映射加以整合，该过程可由式(5-7)~式(5-8)表示。多头注意力子层的输出随后会通过前馈网络子层处理，该模块使用一个两层的多层感知机处理输入，先将输入映射到更高的维度，然后再将高维度向量映射回和输入相同的维度。

$$\text{Attention}(\boldsymbol{Q},\boldsymbol{K},\boldsymbol{V})=\text{softmax}\left(\frac{\boldsymbol{Q}\boldsymbol{K}^{\mathrm{T}}}{\sqrt{d_k}}\right)\boldsymbol{V} \tag{5-6}$$

$$head_i=\text{Attention}(\boldsymbol{Q}\boldsymbol{W}_i^{\boldsymbol{Q}},\boldsymbol{K}\boldsymbol{W}_i^{\boldsymbol{K}},\boldsymbol{V}\boldsymbol{W}_i^{\boldsymbol{V}}) \tag{5-7}$$

$$\text{MultiHead}(\boldsymbol{Q},\boldsymbol{K},\boldsymbol{V})=\text{Concat}(head_1,\cdots,head_h)\boldsymbol{W}^{O} \tag{5-8}$$

式中，$\boldsymbol{W}_i^Q$、$\boldsymbol{W}_i^K$、$\boldsymbol{W}_i^V$ 与 $\boldsymbol{W}^O$ 表示可训练的参数矩阵。

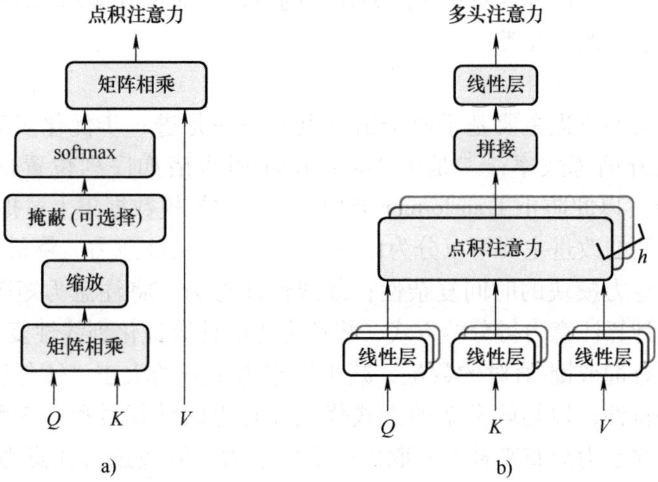

图 5-8　Transformer 多头注意力机制原理图

进一步仔细观察图 5-7 会注意到，Transformer 每一个子层输出运算结果前，都会经过“Add&Norm”模块做进一步处理——“Add&Norm”模块中的“Add”操作表示残差连接，在 Transformer 架构这样的深层网络中能够起到防止梯度消失的作用；“Norm”操作表示层归一化(Layer Normalization)，可以帮助网络更好地学习数据特征，提高模型的准确性和泛化能力。

5.5.3　Transformer 解码器

Transformer 解码器每层由掩码多头自注意力、多头注意力和前馈网络三个子层构成，每个子层的计算结果经过残差连接和层归一化处理后输出。

解码器的第一个子层为带掩码的多头注意力子层，掩码机制使得在计算解码器端输入序列的自注意力得分时，序列中每个单词都看不到它之后的信息。这样做的原因是因为解码器在解码某个单词的过程中，该单词后面的序列还处于未生成状态，所以其依赖的信息应当限定在它之前的单词序列。解码器的第二个子层是计算编码器-解码器间注意力的子层，在编码器-解码器注意力子层中，$\boldsymbol{Q}$ 向量来自上一层解码器的输出，$\boldsymbol{K}$ 矩阵和 $\boldsymbol{V}$ 矩阵则由编码器整体的输出端映射得到。解码器的第三个子层为前馈网络层，与编码器的前馈网络层结构相同，在此不做赘述。

5.6 Transformer 变体

Transformer 出众的表现引发了自然语言处理领域的巨大变革，基于 Transformer 架构的研究也成为了人工智能领域新的研究热点。如今，Transformer 架构已经应用到了计算机视觉、多模态等诸多领域，诞生了众多变体，本小节将对 Transformer 的变体做基本介绍。基于参考文献[7]中对于 Transformer 的分类标准，本小节将从 Transformer 的模块变体和应用变体两方面进行介绍。

5.6.1 Transformer 的模块变体

Transformer 的模块变体是指对 Transformer 内部模块做调整得到的一类模型。按照模块类型做分类，这类变体可以分为对自注意力模块的改进、对位置编码的改进、对层归一化的改进，以及对前馈层的改进几类。

1. 自注意力模块的改进

对自注意力模块的改进主要基于两个出发点——一是进一步优化多头注意力机制的时间复杂度，以此提升训练效率；二是为 Transformer 引入诸如序列位置信息等结构先验知识(Structural prior)，以此防止 Transformer 架构在小到中规模数据集上过拟合。

多头注意力模块的改进主要可以分为以下几类：①稀疏注意力。将稀疏性偏置引入注意力机制，降低了注意力模块的时间复杂性；②线性注意力。将注意力矩阵与内核特征图解耦，然后通过反向计算注意力得分的方式，将注意力的计算优化到线性复杂度。③原型和内存压缩。通过削减查询或键-值对的数量，减少注意力矩阵的大小。④低秩自注意力。利用注意力矩阵的低秩特性，以矩阵分解的方式优化注意力的计算过程。⑤引入注意力先验知识。研究用先验的注意力分布来补充或取代标准注意力。⑥改进自注意力模块的多头机制。研究替代多头机制方法。

2. 位置编码的改进

在原本的 Transformer 架构中，位置编码采用绝对位置编码(Absolute Position Representations)的方式。具体地，对于每个位置索引 t 的位置编码 PE(t)由式(5-9)表示：

$$\mathrm{PE}(t)_i=\begin{cases}\sin(\omega_i t), i\text{ 是奇数}\\ \cos(\omega_i t), i\text{ 是偶数}\end{cases}\tag{5-9}$$

式中，ω_i 是每个维度的人为设置的频率。然后，序列中每个位置的位置编码会与对应单词的词嵌入编码相加后输入到 Transformer 中。

对于 Transformer 位置编码的改进主要有以下几个方向：①绝对位置表示。自主学习每个位置的一组位置嵌入，与人为设置频率的位置表示相比，自主学习的嵌入更灵活；②相对位置表示。该类改进专注于表示单词之间的位置关系，而不是单个单词的位置；③其他类型的位置表示。该类改进探索使用包含绝对和相对位置信息的混合位置表示。

3. 层归一化的改进

层归一化和残差连接被认为是稳定深度网络训练的一种机制，能够有效防止深度模型出现退化现象。以下类型的研究致力于分析和改进层归一化模块：①层归一化模块位置的改进。研究改变层归一化模块的位置带来的影响。②层归一化模块的替代模块。该类研究用新的归一化方法替代层归一化模块。③无归一化 Transformer。探究没有归一化模块的 Transformer 架构。

4. 前馈层的改进

在 Transformer 架构中，前馈层结构简单，却有着很好的效果。对于前馈层的改进主要有以下几个方面：①改进激活函数；②提高前馈层中间层的维度；③研究没有前馈层的 Transformer 架构。

5.6.2　Transformer 的应用变体

Transformer 最初是针对机器翻译任务提出的模型，得益于其灵活的架构和优越的性能，如今 Transformer 已经广泛地应用在了自然语言处理、计算机视觉以及多模态等领域。本部分从领域应用的视角介绍 Transformer 的经典变体。

1. Transformer 在自然语言处理领域的变体

研究表明，在大型语料库上预先训练的 Transformer 模型能够学习到有利于下游任务的通用语言表示。随着 BERT 和 GPT 等大规模预训练模型的提出，基于 Transformer 架构的预训练模型成为了自然语言处理的研究热点。

基于 Transformer 架构的预训练模型主要可以分成以下三类：①基于 Transformer 编码器的预训练模型。这类变体使用 Transformer 编码器作为骨干架构，适用于各种自然语言理解任务，代表模型为 Google 提出的 BERT。②基于 Transformer 解码器的预训练模型。这类变体使用 Transformer 解码器作为骨干架构，适用于续写等的生成任务，代表模型为 OpenAI 提出的 GPT 系列模型。③基于 Transformer 整体架构的预训练模型。这类变体保留了 Transformer 的完整架构，由编码器和解码器两部分构成，代表模型为 Facebook 提出的 BART。

本部分只介绍预训练语言模型的基本分类，后续章节将对该类模型做详细介绍。

2. Transformer 在计算机视觉领域的变体

Transformer 在自然语言处理领域取得成功后，计算机视觉领域也出现了 Transformer 的相关变体，其中具有代表性的是 Google 团队提出的 ViT(Vision Transformer)模型，其结构如图 5-9 所示。

ViT 是一种基于 Transformer 的图像分类模型。传统的计算机视觉任务通常使用卷积神经网络(CNN)进行特征提取，与 CNN 不同的是，ViT 将 Transformer 用于提取和处理图像的特征。ViT 的输入是一组图像，其首先将图片分割成一个个小的图像块(Patch)。每个图像块都通过一个可学习的线性变换(Linear Projection)映射到一个向量空间，这些向量作为输入序列提供给 Transformer 模型。由于 Transformer 是自注意力机制(Self-Attention)的组合，能够更好地捕捉全局信息，因此它可以通过自注意力机制有效地捕捉图像中的局部和全局特征，并

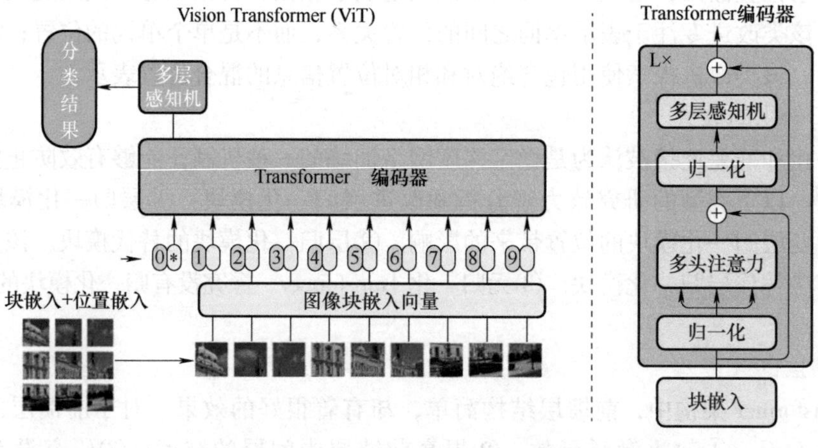

图 5-9 ViT（Vision Transformer）结构图

为图像提取更准确的特征。ViT 模型在训练时，使用了大量的图像数据和对应的标签，通过最大化对数似然函数来学习参数，以使模型能够更准确地预测图像的标签。在测试时，ViT 将新的图像分割成块，并将每个块映射到向量空间，然后通过 Transformer 模型进行分类预测。

ViT 相对于传统 CNN 的优点在于其可以处理不同大小的图像，具有更好的可扩展性，同时 ViT 可以利用预训练的权重进行微调，从而在小样本数据集上实现更好的性能。总体而言，ViT 在图像分类任务中有着出色的表现，同时还可以适用于其他计算机视觉任务，例如目标检测和图像分割等任务。

3. Transformer 在多模态领域的变体

得益于灵活的架构，Transformer 还被应用于多模态领域的各种场景中，代表模型为 MulT。Transformer 在多模态领域的研究现状可以分为以下几个方面：①作为通用的多模态编码器，将不同模态的数据映射到一个共享的语义空间，从而实现跨模态检索、对齐和匹配；②作为多模态生成器，根据一个或多个模态的输入，生成另一个或多个模态的输出，从而实现图像描述、文本到图像、视频问答等任务；③作为多模态推理器，利用不同模态之间的关系和逻辑，进行多模态推理和决策，从而实现视觉问答、视觉对话、视觉推理等任务；④作为统一的多模态多任务学习器，同时学习不同领域和不同层次的多个任务，从而提高模型的泛化能力和效率。

5.7 深度序列模型实例

本节将介绍一个具有代表性的深度序列模型实例，即基于 Seq2Seq 架构的表格到文本生成任务实例。

码 5-1 深度序列模型实例

5.7.1 实例背景

表格到文本生成任务旨在将形式为表格的数据转化为对应的文本描述，这类任务适用于现实世界中涉及处理大量表格数据的场景，例如批量生成新闻报道、天气预报和健康报告等。本节以餐厅领域的 E2E 数据集为实验数据集，搭建基于 Seq2Seq 架构的深度序列模型来适配数据到文本生成任务。

E2E 数据集收录了数量繁多、种类丰富的餐馆信息，数据集的数据项由结构化数据和参考描述两部分组成，其中结构化数据以表格的形式组织，每张表格包含 3~8 个属性及对应的属性值，平均关联了 8.65 个参考文本描述。在 E2E 数据集中，共定义了 8 种属性类型，包括 name(名称)、eatType(餐饮类型)、familyFriendly(是否适合家庭)、priceRange(价格范围)、food(食物类型)、near(附近地点)、area(区域)和 customerRating(顾客评分)。数据集分为训练集、验证集和测试集，其规模分别为 42061、4672 和 4693。数据集的数据项示例如下所示：

```
table,reference
name:Eagle.priceRange:cheap.area:riverside.,Eagle is a caf by the riverside with cheap prices.
name:Eagle.priceRange:cheap.area:riverside.,at the riverside area there is a low priced place called Eagle.
name:Eagle.priceRange:high.area:riverside.,Eagle has a high price range and is by the riverside.
name:Eagle.priceRange:high.area:riverside.,Eagle is at the riverside it has a high price range.
name:Eagle.priceRange:high.area:riverside.,Eagle has a high price range and is located at the riverside.
name:Eagle.priceRange:less than £20.area:city centre.,Eagle is a restaurant in the city centre with a price range less than l20.
name:Eagle.priceRange:less than £20.area:city centre.,Eagle in the city centre and has as price range under 20.
name:Eagle.priceRange:less than £20.area:city centre.,in the centre of the city is a restaurant called Eagle with a price range less than l20.
name:Eagle.priceRange:less than £20.area:riverside.,Eagle by riverside is less than 20.
name:Eagle.priceRange:less than £20.area:riverside.,if you want to spend less than 20 there is Eagle in the riverside area.
```


5.7.2　数据准备

在数据准备阶段使用 Pytorch 提供的方法读取并处理数据，需要继承并改写 torch.utils.data 的 Dataset 类的__init__，__len__和__getitem__三个函数，为后续训练模型等步骤读取数据做准备。

```
1. import pandas as pd
2. from torch.utils.data import Dataset
```

```
3. from nltk.tokenize import word_tokenize
4. import nltk
5. nltk.download('punkt')

6. class RestaurantDataset(Dataset):
7.     def __init__(self,data_path='./data/',mode='train'):
8.         assert mode in['train','valid','test']
9.         self.mode=mode
10.         self.data_path=os.path.join(data_path,f'{self.mode}set.csv')

11.         # 读取数据集
12.         df_data=pd.read_csv(self.data_path)
13.         self.table=df_data['table']

14.         self.length=len(self.table)

15.         if self.mode=='test':
16.             self.reference=['.'for_ in range(self.length)]
17.         else:
18.             self.reference=df_data['reference']

19.         assert len(self.reference)==len(self.table)

20.     def __len__(self):
21.         return self.length

22.     def __getitem__(self,item):
23.         return self.table[item],self.reference[item]
```

5.7.3 模型构建

本节构建序列模型为传统的基于 Seq2Seq 架构的模型，模型的编码器和解码器为 GRU，并且在 Seq2Seq 架构的基础上添加了注意力机制。实例的模型由 Pytorch 实现。

步骤一：引入需要使用的库。

```
1. import random
2. import torch
3. import torch.nn as nn
4. import torch.nn.functional as F
```

```
5. from torch.nn.utils.rnn import pack_padded_sequence,pad_packed_
sequence
```

步骤二：构建 Seq2Seq 模型的编码器部分。

```
1. class Encoder(nn.Module):
2.     def__init__(self,input_dim,emb_dim,enc_hid_dim,dec_hid_dim,
dropout):
3.         super().__init__()
4.         self.embedding=nn.Embedding(input_dim,emb_dim)
5.         self.rnn=nn.GRU(emb_dim,enc_hid_dim,bidirectional=True)
6.         self.fc=nn.Linear(enc_hid_dim*2,dec_hid_dim)
7.         self.dropout=nn.Dropout(dropout)
8.     def forward(self,src,src_len):
9.         # src=[src_len,bsz]
10.        # src_len=[bsz]
11.        # embedded=[src_len,bsz,emb_dim]
12.        embedded=self.embedding(src)
13.        packed_embedded=pack_padded_sequence(embedded,src_len.to
('cpu'))
14.        packed_outputs,hidden=self.rnn(packed_embedded)
15.        outputs,_=pad_packed_sequence(packed_outputs)

16.        hidden = torch.tanh(self.fc(torch.cat((hidden[-2,:,:],
hidden[-1,:,:]),dim=1)))

17.        # outputs=[src_len,bsz,enc_hid_dim*2]
18.        # hidden=[bsz,dec_hid_dim]
19.        return outputs,hidden
```

步骤三：构建 Seq2Seq 模型计算注意力计算部分。

```
1. class Attention(nn.Module):
2.     def__init__(self,enc_hid_dim,dec_hid_dim):
3.         super().__init__()
4.         self.attn=nn.Linear((enc_hid_dim*2)+dec_hid_dim,dec_
hid_dim)
5.         self.v=nn.Linear(dec_hid_dim,1,bias=False)

6.     def forward(self,hidden,encoder_outputs,mask):
```

```
7.          # hidden=[bsz,dec_hid_dim]
8.          # encoder_outputs=[src_len,bsz,enc_hid_dim*2]
9.          batch_size=encoder_outputs.shape[1]
10.         src_len=encoder_outputs.shape[0]

11.         # hidden=[bsz,dec_hid_dim]->[bsz,src_len,dec_hid_dim]
12.         hidden=hidden.unsqueeze(1).repeat(1,src_len,1)

13.         # encoder_outputs=[src_len,bsz,enc_hid_dim*2]->[bsz,
src_len,enc_hid_dim*2]
14.         encoder_outputs=encoder_outputs.permute(1,0,2)

15.         energy=torch.tanh(self.attn(torch.cat((hidden,encoder_
outputs),dim=2)))
16.         attention=self.v(energy).squeeze(2)

17.         attention=attention.masked_fill(mask==0,-1e10)
18.         return F.softmax(attention,dim=1)
```

步骤四：构建 Seq2Seq 模型的解码器部分。

```
1. class Decoder(nn.Module):
2.      def __init__(self,output_dim,emb_dim,enc_hid_dim,dec_hid_
dim,dropout,attention):
3.          super().__init__()
4.          self.output_dim=output_dim
5.          self.attention=attention
6.          self.embedding=nn.Embedding(output_dim,emb_dim)
7.          self.rnn=nn.GRU((enc_hid_dim*2)+emb_dim,dec_hid_dim)
8.          self.fc_out=nn.Linear((enc_hid_dim*2)+dec_hid_dim+emb_
dim,output_dim)
9.          self.dropout=nn.Dropout(dropout)
10.     def forward(self,input,hidden,encoder_outputs,mask):
11.         # input=[bsz]
12.         # hidden=[bsz,dec_hid_dim]
13.         # encoder_outputs=[src_len,bsz,enc_hid_dim*2]
14.         # mask=[bsz,src_len]
```

```
        # input=[1,bsz]
        input=input.unsqueeze(0)
        # embedded=[1,bsz,emb_dim]
        embedded=self.dropout(self.embedding(input))

        # a=[bsz,src_len],第二维每一行加起来和为 1
        a=self.attention(hidden,encoder_outputs,mask)
        # a=[bsz,src_len]->[bsz,1,src_len]
        a=a.unsqueeze(1)

        # encoder_outputs=[src_len,bsz,enc_hid_dim*2]->[bsz,src_len,enc_hid_dim*2]
        encoder_outputs=encoder_outputs.permute(1,0,2)
        # weighted=[bsz,1,enc_hid_dim*2]
        weighted=torch.bmm(a,encoder_outputs)
        # weighted=[bsz,1,enc_hid_dim*2]->[1,bsz,enc_hid_dim*2]
        weighted=weighted.permute(1,0,2)

        # rnn_input=[1,bsz,emb_dim+(enc_hid_dim*2)]
        rnn_input=torch.cat((embedded,weighted),dim=2)

        # output=[seq_len,bsz,dec_hid_dim*n_directions],这里seq_len 是 1
        # hidden=[n_layers*n_directions,bsz,dec_hid_dim],这里n_layers*n_directions 是 1*1=1
        output,hidden=self.rnn(rnn_input,hidden.unsqueeze(0))
        assert (output==hidden).all()

        # embedded=[1,bsz,emb_dim]->[bsz,emb_dim]
        embedded=embedded.squeeze(0)
        # output=[1,bsz,dec_hid_dim]->[bsz,dec_hid_dim]
        output=output.squeeze(0)
        # weighted=[1,bsz,enc_hid_dim*2]->[bsz,enc_hid_dim*2]
        weighted=weighted.squeeze(0)
        # prediction=[bsz,output_dim]
        prediction=self.fc_out(torch.cat((output,weighted,embedded),dim=1))
```

```
43.         # hidden.squeeze(0)=[bsz,dec_hid_dim]
44.         # a.squeeze(1)=[bsz,src_len]
45.         return prediction,hidden.squeeze(0),a.squeeze(1)
```

步骤五: 将实现的编码器部分、注意力计算部分和解码器部分组合为完整的 Seq2Seq 模型。

```
1.  class Seq2Seq(nn.Module):
2.      def __init__(self,encoder,decoder,src_pad_idx,device):
3.          super().__init__()
4.          self.encoder=encoder
5.          self.decoder=decoder
6.          self.src_pad_idx=src_pad_idx
7.          self.device=device

8.      def create_mask(self,src):
9.          mask=(src!=self.src_pad_idx).permute(1,0)
10.         return mask

11.     def forward(self,src,src_len,trg,teacher_forcing_ratio=0.5):
12.         # src=[src_len,bsz]
13.         # src_len=[bsz]
14.         # trg=[trg_len,bsz]

15.         batch_size=src.shape[1]
16.         trg_len=trg.shape[0]
17.         trg_vocab_size=self.decoder.output_dim

18.         outputs=torch.zeros(trg_len-1,batch_size,trg_vocab_size).
to(self.device)
19.         # encoder_outputs=[src_len,bsz,enc_hid_dim*2]
20.         # hidden=[bsz,dec_hid_dim]
21.         encoder_outputs,hidden=self.encoder(src,src_len)

22.         #第一个输入 decoder 的 token 是<sos>
23.         input=trg[0,:]

24.         # mask=[bsz,src_len],mask 矩阵如下所示
25.         # tensor([[ True, True, True, ..., True, True, True],
```

```
        #       [ True,  True,  True,  ...,False,False,False],
        #       [ True,  True,  True,  ...,False,False,False],
        #       ...,
        #       [ True,  True,  True,  ...,False,False,False],
        #       [ True,  True,  True,  ...,False,False,False],
        #       [ True,  True,  True,  ...,False,False,False]], device='cuda:0')
        mask=self.create_mask(src)

        for t in range(trg_len-1):
            output,hidden,_=self.decoder(input,hidden,encoder_outputs,mask)

            # outputs=[trg_len,batch_size,trg_vocab_size]
            outputs[t]=output

            teacher_force=random.random()<teacher_forcing_ratio
            top1=output.argmax(1)

            input=trg[t+1]if teacher_force else top1

        return outputs
```

5.7.4　模型训练与应用

构建好模型后开始对模型进行训练。在训练过程中，使用 Dataloader 类以 batch 为单位读取 Dataset 类中的数据训练并优化模型。

步骤一：引入相关库并初始化参数。

```
import os
import torch
import torch.nn as nn
import torch.optim as optim
import math
import time
import argparse
from torch.utils.data import DataLoader
from dataloader import RestaurantDataset
from config import Config
```

```
from nltk.tokenize import word_tokenize
from torch.nn.utils.rnn import pad_sequence
from model import Encoder,Decoder,Attention,Seq2Seq

os.environ["CUDA_VISIBLE_DEVICES"]="0"

class Config():
    def __init__(
            self,
            device=None,
            batch_size=64,
            epochs=10,
            learning_rate=1e-4,
            max_source_len=40,
            max_target_len=80,
            pad_token_id=0,
            unk_token_id=1,
            sos_token_id=2,
            eos_token_id=3,
            input_dim=0,
            output_dim=0,
            enc_emb_dim=256,
            dec_emb_dim=256,
            enc_hid_dim=512,
            dec_hid_dim=512,
            enc_dropout=0.1,
            dec_dropout=0.1
    ):
        self.device=device
        self.batch_size=batch_size
        self.epochs=epochs
        self.learning_rate=learning_rate
        self.max_source_len=max_source_len
        self.max_target_len=max_target_len

        self.pad_token_id=pad_token_id
        self.unk_token_id=unk_token_id
        self.sos_token_id=sos_token_id
```

```
        self.eos_token_id=eos_token_id

        self.input_dim=input_dim
        self.output_dim=output_dim
        self.enc_emb_dim=enc_emb_dim
        self.dec_emb_dim=dec_emb_dim
        self.enc_hid_dim=enc_hid_dim
        self.dec_hid_dim=dec_hid_dim
        self.enc_dropout=enc_dropout
        self.dec_dropout=dec_dropout
        for t in range(trg_len-1):
            output,hidden,_=self.decoder(input,hidden,encoder_outputs,mask)

            # outputs=[trg_len,batch_size,trg_vocab_size]
            outputs[t]=output

            teacher_force=random.random()<teacher_forcing_ratio
            top1=output.argmax(1)

            input=trg[t+1]if teacher_force else top1

        return outputs
```

步骤二：定义代码执行入口

```
if __name__=="__main__":
    parser=argparse.ArgumentParser()
    parser.add_argument('--mode',type=str,default='train')
    args=parser.parse_args()

    global src_vocab
    global trg_vocab
    global trg_vocab_reverse

    src_vocab=dict()
    with open('vocab/source_vocab.tsv','r',encoding='utf-8') as f1:
        for line in f1:
            index,token=line.split('\t')
```

```
            token=token.strip('\n')
            src_vocab[token]=int(index)

    trg_vocab=dict()
    trg_vocab_reverse=dict()
    with open('vocab/target_vocab.tsv','r',encoding='utf-8') as f2:
        for line in f2:
            index,token=line.split('\t')
            token=token.strip('\n')
            trg_vocab[token]=int(index)
            trg_vocab_reverse[int(index)]=token

    global cfg
    device=torch.device('cuda'if torch.cuda.is_available() else 'cpu')
    cfg=Config(
        device=device,
        batch_size=128,
        epochs=5,
        learning_rate=1e-5,
        max_source_len=40,
        max_target_len=80,
        input_dim=len(src_vocab),
        output_dim=len(trg_vocab),
        enc_emb_dim=32,
        dec_emb_dim=256,
        enc_hid_dim=64,
        dec_hid_dim=512,
        enc_dropout=0.0,
        dec_dropout=0.2
    )
if args.mode=='train':
        main()
    else:
        predict()
```


步骤三：实现模型训练的主逻辑

```
def main():
    # 获取训练数据
    train_set=RestaurantDataset(mode='train')
    train_loader=DataLoader(
        train_set,
        batch_size=cfg.batch_size,
        shuffle=True,
        collate_fn=convert_to_features
    )
    valid_set=RestaurantDataset(mode='valid')
    valid_loader=DataLoader(
        valid_set,
        batch_size=cfg.batch_size,
        collate_fn=convert_to_features
    )

    # 模型初始化
    attention=Attention(
        enc_hid_dim=cfg.enc_hid_dim,
        dec_hid_dim=cfg.dec_hid_dim
    )
    encoder=Encoder(
        input_dim=cfg.input_dim,
        emb_dim=cfg.enc_emb_dim,
        enc_hid_dim=cfg.enc_hid_dim,
        dec_hid_dim=cfg.dec_hid_dim,
        dropout=cfg.enc_dropout
    )
    decoder=Decoder(
        output_dim=cfg.output_dim,
        emb_dim=cfg.dec_emb_dim,
        enc_hid_dim=cfg.enc_hid_dim,
        dec_hid_dim=cfg.dec_hid_dim,
        dropout=cfg.dec_dropout,
        attention=attention
    )
    model=Seq2Seq(
        encoder=encoder,
```

```
38.          decoder=decoder,
39.          src_pad_idx=cfg.pad_token_id,
40.          device=cfg.device
41.      ).to(device)
42.      #定义优化器和损失
43.      optimizer=optim.Adam(model.parameters(),lr=cfg.learning_rate)
44.      criterion=nn.CrossEntropyLoss(ignore_index=cfg.pad_token_id)

45.      #训练过程
46.      best_valid_loss=float('inf')
47.      best_train_loss=float('inf')
48.      for epoch in range(cfg.epochs):
49.          #1.训练
50.          start_time=time.time()
51.          train_loss=train(model,train_loader,optimizer,criterion)

52.          #2.验证
53.          valid_loss=evaluate(model,valid_loader,criterion)
54.          end_time=time.time()

55.          #3.计算训练时间
56.          epoch_mins,epoch_secs=epoch_time(start_time,end_time)

57.          #4.保存损失最小的参数
58.          if valid_loss<best_valid_loss:
59.              best_valid_loss=valid_loss
60.              torch.save(model.state_dict(),f'./checkpoint/best_
valid_checkpoint.pt')

61.          if train_loss<best_train_loss:
62.              best_train_loss=train_loss
63.              torch.save(model.state_dict(),f'./checkpoint/best_
train_checkpoint.pt')

64.          print(f'Epoch:{epoch+1:02}|Time:{epoch_mins}m {epoch_
secs}s')
65.          print(f'\tTrain Loss:{train_loss:.3f}|Train PPL:{math.exp
(train_loss):7.3f}')
```

```
        print(f'\t Val. Loss:{valid_loss:.3f}| Val. PPL:{math.exp(valid_loss):7.3f}')

    print('-----------------------------------')
    print(f'Best valid loss:{best_valid_loss:.3f}')
    print(f'Best train loss:{best_train_loss:.3f}')
    print('-----------------------------------')
```

步骤四：实现模型训练代码

```
def transfer_to_ids(t,mode,default_value):
    if mode==0:
        ids=[src_vocab.get(token,default_value) for token in t]
    else:
        ids=[trg_vocab.get(token,default_value) for token in t]

    ids=torch.tensor(ids)
    return ids

def convert_to_features(batch):
    # 1. 获取一个 batch 的数据
    table_batch=[s[0]for s in batch]
    reference_batch=[s[1]for s in batch]

    # 2. 分词
    table_tokens=[['<sos>']+word_tokenize(t)+['<eos>']for t in table_batch]
    reference_tokens=[['<sos>']+word_tokenize(t)+['<eos>']for t in reference_batch]

    # 3. 根据分词列表长度排序
    sorted_idx=sorted(range(len(table_tokens)),key=lambda x:len(table_tokens[x]),reverse=True)
    ordered_table_tokens=[table_tokens[i]for i in sorted_idx]
    ordered_reference_tokens=[reference_tokens[i] for i in sorted_idx]

    # 4. 记录数据长度
    table_length=torch.tensor([len(t) for t in ordered_table_tokens])
```

```
    reference_length=torch.tensor([len(t) for t in ordered_reference_tokens])

    # 5. 转化 token 序列为 id 序列
    table_ids=[transfer_to_ids(t,0,cfg.unk_token_id) for t in ordered_table_tokens]
    reference_ids=[transfer_to_ids(t,1,cfg.unk_token_id) for t in ordered_reference_tokens]

    # 6. 对输入序列做 padding 处理
    table_tensor=pad_sequence(table_ids,
                              batch_first=True,padding_value=cfg.pad_token_id)
    reference_tensor=pad_sequence(reference_ids,
                              batch_first=True,padding_value=cfg.pad_token_id)
    # 7. 返回处理好的训练数据
    encodings={
        'input_ids':table_tensor.transpose(1,0).contiguous(),
        'input_len':table_length,
        'decoder_input_ids':reference_tensor.transpose(1,0).contiguous(),
        'decoder_input_len':reference_length
    }

    return encodings


ef epoch_time(start_time,end_time):
    elapsed_time=end_time-start_time
    elapsed_mins=int(elapsed_time / 60)
    elapsed_secs=int(elapsed_time-(elapsed_mins * 60))
    return elapsed_mins,elapsed_secs


def train(model,dataloader,optimizer,criterion):
    model.train()
    epoch_loss=0
```

```
    for i,batch in enumerate(dataloader):
        optimizer.zero_grad()
        # 1. 获取输出
        # src=[src_seq_len,bsz],src_len=[bsz],trg=[trg_seq_len,bsz]
        src=batch['input_ids'].to(cfg.device)
        src_len=batch['input_len'].to(cfg.device)
        trg=batch['decoder_input_ids'].to(cfg.device)

        # output=[trg_seq_len-1,bsz,output_dim]
        output=model(
            src=src,
            src_len=src_len,
            trg=trg,
            teacher_forcing_ratio=0.0
        )

        # 2. 计算损失
        output_dim=output.shape[-1]

        output=output.view(-1,output_dim)
        trg=trg[1:].view(-1)
        # trg=[(trg_seq_len-1)*bsz]
        # output=[(trg_seq_len-1)*bsz,output_dim]
        loss=criterion(output,trg)

        # 3. 更新模型参数
        loss.backward()
        optimizer.step()

        # 4. 累计损失
        epoch_loss+=loss.item()

    return epoch_loss/len(dataloader)
```

步骤五：实现模型评估代码

```
def evaluate(model,dataloader,criterion):
    model.eval()
    epoch_loss=0
```

```
    with torch.no_grad():
        for i,batch in enumerate(dataloader):
            # src=[src_seq_len,bsz],src_len=[bsz],trg=[trg_seq_len,bsz]
            src=batch['input_ids'].to(cfg.device)
            src_len=batch['input_len'].to(cfg.device)
            trg=batch['decoder_input_ids'].to(cfg.device)
            # output=[trg_seq_len-1,bsz,output_dim]
            output=model(
                src=src,
                src_len=src_len,
                trg=trg,
                teacher_forcing_ratio=0  # disable teacher forcing
            )
            output_dim=output.shape[-1]
            output=output.view(-1,output_dim)
            trg=trg[1:].view(-1)
            # trg=[(trg_seq_len-1)*bsz]
            # output=[(trg_seq_len-1)*bsz,output_dim]
            loss=criterion(output,trg)
            epoch_loss+=loss.item()
    return epoch_loss / len(dataloader)
```

步骤六：使用训练过程中在验证集收敛效果最好的模型在测试集测试。

```
def predict():
    # access to data
    test_set=RestaurantDataset(mode='test')
    test_loader=DataLoader(
        test_set,
        batch_size=cfg.batch_size,
        collate_fn=convert_to_features
    )
    # 模型初始化
    attention=Attention(cfg.enc_hid_dim,cfg.dec_hid_dim)
    encoder=Encoder(cfg.input_dim,cfg.enc_emb_dim,
                cfg.enc_hid_dim,cfg.dec_hid_dim,cfg.enc_dropout)
    decoder=Decoder(cfg.output_dim,
        cfg.dec_emb_dim,cfg.enc_hid_dim,cfg.dec_hid_dim,cfg.dec_dropout,attention)
```

```
    model=Seq2Seq(encoder,decoder,cfg.pad_token_id,cfg.device).to(device)
    # 获取表现最好的检查点并预测
    model.load_state_dict(torch.load('checkpoint/best_train_checkpoint.pt'))
    model.eval()
    predict_reference=[]
    with torch.no_grad():
        for i,batch in enumerate(test_loader):
            # src=[src_seq_len,bsz],src_len=[bsz]
            src=batch['input_ids'].to(cfg.device)
            src_len=batch['input_len'].to(cfg.device)
            # encoder_outputs=[src_len,bsz,enc_hid_dim*2]
            # hidden=[bsz,dec_hid_dim]
            encoder_outputs,hidden=model.encoder(src,src_len)
            # mask=[bsz,src_len]
            mask=model.create_mask(src)
            bsz=src.shape[1]
            input=torch.zeros(bsz).int().to(cfg.device)
            input[:]=cfg.sos_token_id
            predictions=torch.zeros(cfg.max_target_len,bsz).to(cfg.device)
            for t in range(cfg.max_target_len):
                output,hidden,_=model.decoder(input,hidden,
                                              encoder_outputs,mask)
                top1=output.argmax(1)
                predictions[t]=top1
                input=top1
            predictions=predictions.transpose(1,0).contiguous()
            pred_batch=[transfer_to_sentence(t.tolist()) for t in predictions]
            predict_reference.extend(pred_batch)
    with open('predictions.txt','w',encoding='utf-8') as f:
        for reference in predict_reference:
            f.write(reference+'\n')
```

本章小结

本章对以序列到序列为代表的深度序列模型进行了基本介绍。序列到序列模型是解决机器翻译、文本摘要等文本生成任务的基本框架，它的发展经历了以下几个阶段：

1）基本的序列到序列模型以 RNN 作为编码器和解码器，分别以时序的方式从左向右处理输入端的源序列和输出端的目标序列。

2）带注意力机制的序列到序列模型在基本架构上引入了注意力机制，使得解码器在解码的不同时刻可以侧重关注输入端源序列的不同部分。

3）自注意力序列到序列模型 Transformer 摒弃了循环和卷积等操作，完全基于自注意力机制对模型进行编码和解码，提高了训练的并行性。

4）预训练序列到序列模型以完整的 Transformer 为基础架构，在此基础上使用大规模无监督语料进行预训练，预训练后的模型可以通过迁移学习、提示学习等方式应用于各种下游任务，对于预训练模型的介绍将在后续章节详细展开。

思考题与习题

5-1 请举例说明序列生成模型都能够解决哪些问题？

5-2 编码和解码架构在序列生成模型中有什么作用？

5-3 请简要介绍一种常见的序列生成模型。

5-4 注意力机制在序列生成模型中有什么作用？

5-5 什么是 Transformer 架构？

5-6 Transformer 架构中有哪些关键组件？

5-7 Transformer 架构如何解决长距离依赖问题？

5-8 为什么 Transformer 架构在处理序列任务时比传统 RNN 和 LSTM 更有效？

参考文献

[1] MIKOLOV T, CHEN K, CORRADO G, et al. Efficient estimation of word representations in vector space [Z/OL]. 2013. [2024-08-01]. https://arxiv.org/abs/1301.3781.

[2] PENNINGTON J, SOCHER R, MANNING C D. Glove: global vectors for word representation[C]//Proceedings of the 2014 conference on empirical methods in natural language processing (EMNLP), Stroudsburg: ACL, 2014: 1532-1543.

[3] SUTSKEVER I, VINYALS O, LE Q V. Sequence to sequence learning with neural networks[J]. Advances in neural information processing systems, 2014, 27: 3104-3112.

[4] CHO K, VAN MERRIËNBOER B, GÜLÇEHRE Ç, et al. Learning phrase representations using RNN encoder-decoder for statistical machine translation[C]//Proceedings of the 2014 Conference on Empirical Methods in Natural Language Processing (EMNLP), Stroudsburg: ACL, 2014: 1724-1734.

[5] BAHDANAU D, CHO K, BENGIO Y. Neural machine translation by jointly learning to align and translate [Z/OL]. 2014. [2024-08-01]. https://arxiv.org/abs/1409.0473.

[6] VASWANI A, SHAZEER N, PARMAR N, et al. Attention is all you need[J]. Advances in Neural Information Processing Systems, 2017, 30.

[7] LIN T, WANG Y, LIU X, et al. A survey of transformers[J]. AI Open, 2022, 3: 111-132.

[8] QIU X, SUN T, XU Y, et al. 2020. Pre-trained models for natural language processing: a survey[J]. SCIENCE CHINA Technological Sciences 2020, 63(10): 1872-1897.

[9] JACOB D, CHANG M, LEE K, et al. BERT: pre-training of deep bidirectional transformers for language understanding[C]//Proceedings of NAACL-HLT, Stroudsburg: ACL, 2019: 4171-4186.

[10] RADFORD A, NARASIMHAN K, SALIMANS T, et al. Improving language understanding by generative pre-training[EB/OL]. (2018-06-11) [2024-08-01]. https://cdn.openai.com/research-covers/language-unsupervised/language_understanding_paper.pdf

[11] LEWIS M, LIU Y, GOYAL N, et al. BART: Denoising sequence-to-sequence pre-training for natural language generation, translation, and comprehension[C]//Proceedings of the 58th Annual Meeting of the Association for Computational Linguistics, Stroudsburg: ACL, 2020: 7871-7880.

[12] DOSOVITSKIY A, BEYER L, KOLESNIKOV A, et al. An image is worth 16×16 words: transformers for image recognition at scale[C]//International Conference on Learning Representations, Washington DC: ICLR, 2020: 1-22.

[13] BHATTACHARJEE D, ZHANG T, SÜSSTRUNK S, et al. Mult: an end-to-end multitask learning transformer[C]. //Proceedings of the IEEE/CVF Conference on Computer Vision and Pattern Recognition, New York: IEEE Computer Society, 2022: 12031-12041.

[14] MA D, LI S, ZHANG X, et al. Interactive attention networks for aspect-level aentiment classification[C].// Proceedings of the Twenty-Sixth International Joint Conference on Artificial Intelligence, Freiburg: IJCAI, 2017: 4068-4074.

[15] DUŠEK O, JURCICEK F. Sequence-to-sequence generation for spoken dialogue via deep syntax trees and strings[C]. Proceedings of the 54th Annual Meeting of the Association for Computational Linguistics, Stroudsburg: ACL, 2016: 45-51.

第 6 章 深度生成网络

6.1 深度生成模型简介

深度生成模型是一类利用深度学习方法生成新样本的模型。它们的主要目的是生成与训练数据集相似的新数据，如图像、文本或音频，从而提供全新、类似的数据样本。

本章将深入探讨深度生成模型，该模型不仅超越了传统的预测模型，而且将监督学习和非监督学习有机结合，从生成的角度感知周围世界。该方法假设每个现象都是由一个潜在的生成过程驱动的，这个生成过程定义了随机变量及其随机相互作用的联合分布，即事件发生的方式和顺序。“深度”的描述源于一个事实，即该分布是通过深度神经网络进行参数化的，这是一种高度抽象的概念。

深度生成模型具有两大显著特征。首先，深度神经网络的应用允许丰富而灵活的参量化分布；其次，使用概率论建立随机依赖关系的原则性方式确保了严格的公式化，并防止了推理中的潜在缺陷；此外，概率论提供了一个统一的框架，其中似然函数在量化不确定性和定义目标函数中起着关键作用。

目前较为成熟的深度生成模型的技术方案大致可以分为六类，分别是：基于玻尔兹曼机(Boltzmann Machine，BM)的方法、基于变分自动编码器(Variational Auto-Encoder，VAE)的方法、基于对抗生成网络(Generative Adversarial Net，GAN)的方法、基于流模型(Flow-based Model，FM)的方法、基于扩散模型(Diffusion Model，DM)的方法，以及基于自回归网络(Autoregressive Network，AR)的方法。

6.2 基于玻尔兹曼机的方法

G. E. Hinton 等人于 1983—1986 年提出了一种称为玻尔兹曼机(Boltzmann Machines，BM)的随机神经网络。这类网络具有对称连接，在图论上可理解为完全图，图中任何一个单元彼此相连，类似神经元的单元将就开还是关作出随机决定。状态的值是由概率统计法则确定的，因为概率统计法则的表现形式和著名统计力学家玻尔兹曼(Boltzmann)所提出的玻尔兹曼分布相似，所以把该网络命名为玻尔兹曼机。

由于 BM 算法精确率不高、推理速度较慢，人们提出了很多基于 BM 的变体模型。目前，BM 变体模型的流行程度早已超过了该模型本身，其中最主要的衍生模型是受限玻尔兹曼机(Restricted Boltzmann Machines，RBM)、深度置信网络(Deep Belief Network，DBN)和深度玻尔兹曼机(Deep Boltzmann Machines，DBM)等。这类模型能够学习高维特征及高阶概率依赖关系，被成功地运用在降维、特征提取等方面，是深度学习中的典型代表。

6.2.1　受限玻尔兹曼机

1. 基本结构

受限玻尔兹曼机的模型结构如图 6-1 所示，只包含两层，上层是不可观测的隐藏层，下层是可观测的输入层，层内的神经元之间没有连接，两层所有的神经元只取 1 或 0，分别对应该神经元激活或未激活的两种状态。

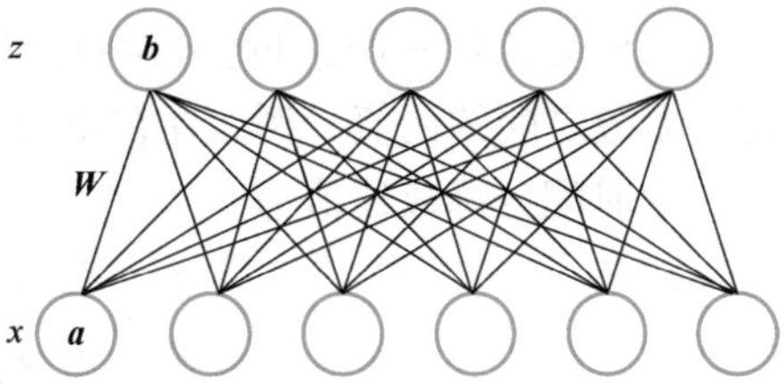

图 6-1　受限玻尔兹曼机

图 6-1 中 x 表示可见层神经元；z 表示隐藏层神经元；$\boldsymbol{a}$，$\boldsymbol{b}$，$\boldsymbol{W}$ 分别表示可见层偏置向量、隐藏层偏置向量和权重矩阵。RBM 的能量函数如下：

$$E(x_i, z_j) = -\sum a_i x_i - \sum b_j z_j - \sum\sum x_i W_{ij} z_j \tag{6-1}$$

式中，$E(x_i, z_j)$ 表示能量函数。

这种形式使得模型中任意变量的概率可以无限趋于 0，但无法达到 0。RBM 的联合概率分布由能量函数指定：

$$P(x_i, z_j) = \frac{1}{Z}\exp[-E(x_i, z_j)] \tag{6-2}$$

其中，Z 是被称为配分函数的归一化常数：

$$Z = \sum\sum \exp[-E(x_i, z_j)] \tag{6-3}$$

二分图结构使 RBM 的条件分布 $P(z_j|\boldsymbol{x})$ 和 $P(x_i|\boldsymbol{z})$ 可因式分解，因此其计算和采样要比 BM 简单。从联合分布中可以推导出条件分布为：

$$P(z_j = 1|\boldsymbol{x}) = \frac{1}{Z'}\prod \exp(b_j z_j + z_j W_{ji} x_i) \tag{6-4}$$

基于条件分布因式相乘原理，把可见变量联合概率表示为单个神经元分布的乘积：

$$P(z_j = 1|\boldsymbol{x}) = \frac{P(z_j = 1|\boldsymbol{x})}{P(z_j = 0|\boldsymbol{x}) + P(z_j = 1|\boldsymbol{x})} = \sum\left(b_j + \sum_i x_i W_{ij}\right) \tag{6-5}$$

使用极大似然训练 RBM 模型，对数似然函数定义为：

$$\ln L(\theta|\boldsymbol{x}) = \ln\sum_{z} \mathrm{e}^{-E(x_i, z_j)} - \ln\sum_{x,z} \mathrm{e}^{-E(x_i, z_j)} \tag{6-6}$$

2. 配分函数及其估计方法

在 RBM 的训练过程中，需要对边缘概率分布进行计算，无向图模型中没有归一化的概率，必须除以配分函数进行归一化才能得到有效的概率分布 $P(\boldsymbol{x})$：

$$P(\boldsymbol{x}) = \frac{1}{Z}\widetilde{P}(\boldsymbol{x}) \tag{6-7}$$

式中，$\widetilde{P}(x)$ 即未归一化的概率；Z 代表配分函数。

配分函数是对 $\widetilde{P}(x)$ 全部状态的积分，它的计算取决于模型参数，有关模型参数的对数似然梯度可分解为：

$$\nabla_\theta \log P(\boldsymbol{x};\theta)=\nabla_\theta \log \widetilde{P}(\boldsymbol{x};\theta)-\nabla_\theta \log Z(\theta) \tag{6-8}$$

式中，前后两项分别对应训练的正相和负相。

对负相的分析可以推导出：

$$\nabla_\theta \log Z=E_{\boldsymbol{x}\sim P(\boldsymbol{x})}\nabla_\theta \log \widetilde{P}(\boldsymbol{x}) \tag{6-9}$$

式(6-9)是使用各类蒙特卡洛方法近似最大化似然的基础。RBM 学习需要交替执行正相、负相的计算，以完成参数更新。但由于配分函数计算难度高、计算量较大，所以目前计算配分函数主要以近似估计方法为主，具体可以分为三类：

第一类算法是通过引入中间分布直接估计配分函数的值，中间分布的计算需要使用蒙特卡洛马尔科夫链或重要性采样，如退火重要性抽样算法(Annealed Importance Sampling, AIS)。AIS 先定义一个已知配分函数的简单模型，然后估计给定的简单模型和需要估计模型的配分函数之间的比值，例如在权重为 0 的 RBM 和学习到的权重之间插值一组权重不同的 RBM，此时配分函数比值为：

$$\frac{Z_1}{Z_0}=\frac{Z_{\eta1}}{Z_0}\frac{Z_{\eta2}}{Z_{\eta1}}\cdots\frac{Z_{\eta_{n-1}}}{Z_{\eta_{n-2}}}\frac{Z_1}{Z_{\eta_{n-1}}}=\prod_{j=0}^{n-1}\frac{Z_{\eta_{j+1}}}{Z_{\eta_j}} \tag{6-10}$$

如果对于任意的 $0\leqslant j\leqslant n-1$ 都能使分布 P_{η_j} 和 $P_{\eta_{j+1}}$ 足够接近，则可以用重要性抽样估计每个因子的值，然后使用这些值计算配分函数比值的估计值。中间分布一般用目标分布的加权几何平均：$P_{\eta_j}\propto P_1^{\eta_j}P_0^{1-\eta_j}$，考虑到重要性权重，最终的配分函数比值为：

110

$$\frac{Z_1}{Z_0}\approx\frac{1}{K}\sum_{k=1}^{K}W^k \tag{6-11}$$

式中，W^k 表示第 k 次抽样时的重要性权重，W^k 的值可从转移算子乘积得到。

第二类计算配分函数的算法是构造新目标函数替代配分函数，避免直接求解配分函数的过程，包括得分匹配(Score Matching, SM)和噪声对比估计(Noise Contrastive Estimation, NCE)。

SM 算法用模型分布和数据分布的对数对输入求导后的差的二次方代替边缘概率分布作为 RBM 的新目标函数：

$$L(\boldsymbol{x})=\frac{1}{2}\|\nabla_{\boldsymbol{x}}\log P_g(\boldsymbol{x})-\nabla_{\boldsymbol{x}}\log P_r(\boldsymbol{x})\|_2^2 \tag{6-12}$$

SM 算法以计算量为代价得到更精确的数据概率分布估计。过高的计算量使 SM 算法通常只用于单层网络或者深层网络的最下层。

NCE 将类标签 y 引入到每一个样例中，指定训练数据中的样例为一类，再引入噪声分布，由噪声分布采样获得的样例为另一类，将训练样例、噪声样例以及类标签组合，一起作为新的训练样本，在训练过程中指定类先验概率为：

$$P(y=1)=\frac{1}{2} \tag{6-13}$$

其条件概率可以表示为：

$$\begin{aligned}P(x\mid y=1)&=P_g(x)\\P(x\mid y=0)&=P_r(x)\end{aligned} \tag{6-14}$$

然后用相同方法构造其他类的联合分布。

第三类算法是直接估计配分函数关于参数的近似梯度，包括对比散度(Contrastive Divergence，CD）、持续对比散度（Persistent Contrastive Divergen，PCD）和快速持续对比散度（Fast Persistent Contrastive Divergen，FPCD）三种。

CD 算法在每个步骤用数据分布中抽取的样本初始化马尔科夫链，有效减少抽样次数、提高计算效率。该算法用估计的模型概率分布与数据分布之间的距离作为度量函数，首先从训练样本抽样，利用 n 步 Gibbs 抽样达到平稳分布后再固定概率分布的参数，从该平稳分布中抽样，用这些样本计算权重 $W_{i,j}$ 的梯度为：

$$\frac{1}{l}\sum_{x\in S}\frac{\partial \ln L(\theta|\boldsymbol{x})}{\partial W_{i,j}}=(P_r-P_g) \tag{6-15}$$

式中，$S=\{x_1,\cdots,x_l\}$ 表示训练集；r 表示数据参数；g 表示模型参数。

PCD 算法是 CD 算法的一种改进算法，在每个步骤中用先前梯度步骤的状态值初始化马尔科夫链，有效提高算法精度。PCD 算法用持续马尔科夫链得到负相的近似梯度，令 t 步的持续马尔科夫链状态为 x_t，则参数的梯度可以近似为：

$$\frac{\partial \ln P(\boldsymbol{x})}{\partial \theta}\approx\lambda(E[\boldsymbol{x}\boldsymbol{z}^{\mathrm{T}}]-E[\boldsymbol{x}_{t+k}\boldsymbol{z}_{t+k}^{\mathrm{T}}]) \tag{6-16}$$

每个马尔科夫链在整个学习过程中都在不断更新，这种做法可以更容易找到模型的所有峰值。除计算量比较大外，PCD 算法的另一个缺点是超参数的取值高度依赖于具体问题，如果设置不合适，会使马尔科夫链的遍历性下降，产生误差。

FPCD 算法引入了单独的混合机制以改善 PCD 算法持续马尔科夫链的混合过程，使算法性能不会因为训练时间过长等的影响而恶化。FPCD 算法使用一组额外的权值 θ^- 提高样本的混合速率，原本的权值当作慢速权值 θ^+ 估计数据的期望值，然后使用混合参数 $\theta=\theta^++\theta^-$ 作为持续马尔科夫链的更新样本。

6.2.2 深度置信网络

1. DBN 模型结构

DBN 结构如图 6-2 所示，具有多个隐藏层，隐藏层神经元通常只取 0 和 1，可见层单元可取二值或实数，除顶部两层之间是无向连接外，其余层是有向边连接的置信网络，箭头指向可见层，因此 DBN 属于有向概率图模型。

以 DBN 的前两个隐藏层 h^1 和 h^2 为例，此时 DBN 的联合概率分布定义为：

$$(x,h^1,h^2;\theta)=P(x|h^1;W^1)P(h^1,h^2;W^2) \tag{6-17}$$

式中，$\theta=\{W^1,W^2\}$ 表示模型参数，$P(x|h^1;W^1)$ 表示有向的置信网络。$P(h^1,h^2;W^2)$ 可以用训练 RBM 的方法预训练，因为可见层和第一个隐藏层的联合分布与 RBM 的联合概率分布形式相同：

$$P(x,h^1;\theta)=\sum_{h^2}P(x,h^1,h^2;\theta) \tag{6-18}$$

因此 DBN 在训练过程中可以将任意相邻两层看作一个 RBM。

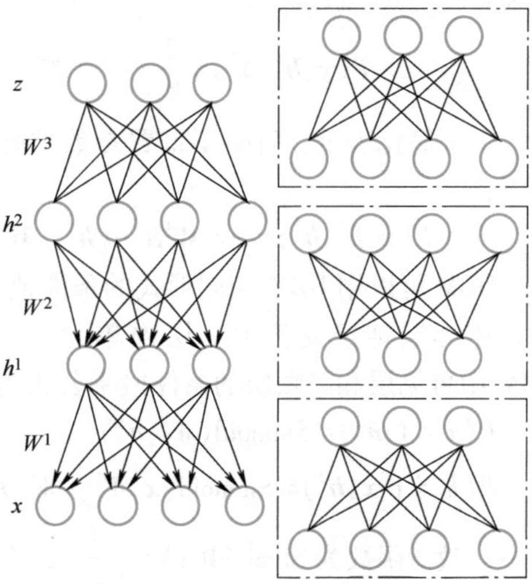

图 6-2 深度置信网络结构

2. DBN 的目标函数

隐藏层 h^1 到可见层是有向网络，无法直接得到隐藏层条件概率，因此假设条件概率的近似分布为 $Q(h^1|x)$。利用 Jensen 不等式可以得到 DBN 的似然函数：

$$\log P(x) \geqslant \sum_{h^1} Q(h^1|x)\log\frac{P(x,h^1)}{Q(h^1|x)} = \sum_{h^1} Q(h^1|x)\log P(\cdot) + H(Q(h^1|x)) \quad (6\text{-}19)$$

式中，$\log P(\cdot)=\log P(h^1)+\log P(x|h^1)$，$H(\cdot)$ 表示熵函数。该目标函数本质上是 RBM 目标函数的变分下界。

3. 贪婪逐层预训练算法

随机初始化参数下的 DBN 很难训练，需要使用贪婪学习算法调整模型参数使模型有容易训练的初始值。贪婪学习算法采用逐层预训练的方式，首先训练 DBN 的可见层和隐藏层 h^1 之间的参数，固定训练好的参数并使权重 W_2 等于 W_1 的转置。在训练权重 W_3 时，从条件概率中抽样获得 h^2，训练方法与 RBM 相同。

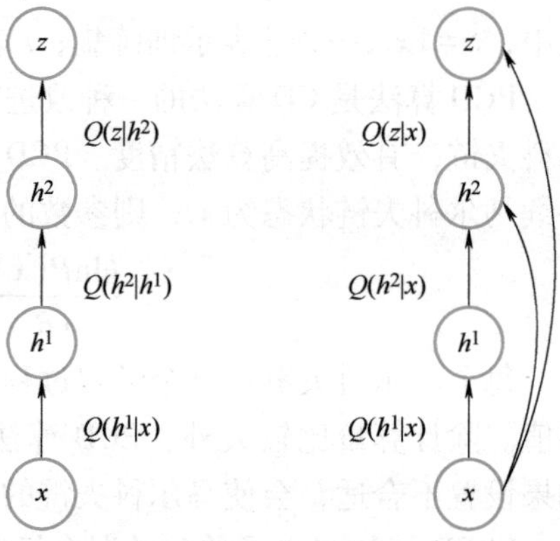

图 6-3　两种贪婪逐层学习算法

贪婪逐层预训练算法提供了两种获得 h^2 和 z 的方法，如图 6-3 所示。一种方法是从条件概率 $Q(h^2|h^1)$ 中抽样获得 h^2，另一种直接从条件概率 $Q(h^2|x)$ 中抽样。

6.2.3　深度玻尔兹曼机

1. 模型结构

二值 DBM 的神经元只取 0 和 1，层内每个神经元相互独立，条件于相邻层中的神经元。图 6-4 所示是一个包含三个隐藏层的 DBM，其联合概率分布由能量函数定义，前三层的联合概率分布可定义为：

$$P(\boldsymbol{x},\boldsymbol{h}^1,\boldsymbol{h}^2)=\frac{1}{Z_\theta}\mathrm{e}^{-E(\boldsymbol{x},\boldsymbol{h}^1,\boldsymbol{h}^2)} \quad (6\text{-}20)$$

为了简化表示，省略了偏置参数的能量函数形式如下：

$$E(\boldsymbol{x},\boldsymbol{h}^1,\boldsymbol{h}^2)=-\boldsymbol{x}^{\mathrm{T}}\boldsymbol{W}^1\boldsymbol{h}^1-(\boldsymbol{h}^1)^{\mathrm{T}}\boldsymbol{W}^2\boldsymbol{h}^2 \quad (6\text{-}21)$$

DBM 可以用 RBM 相同形式的条件独立分布假设，给定相邻层神经元值时，层内单元彼此条件独立。DBM 中可见层和隐藏层的条件概率公式为：

$$\begin{aligned} &P(x_i=1|\boldsymbol{h}^1)=\mathrm{Sigmoid}(W^1_{i,:}\boldsymbol{h}^1) \\ &P(h^1_i=1|\boldsymbol{x},\boldsymbol{h}^2)=\mathrm{Sigmoid}(\boldsymbol{x}^{\mathrm{T}}W^1_{:,i}+W^2_{i,:}\boldsymbol{h}^2) \end{aligned} \quad (6\text{-}22)$$

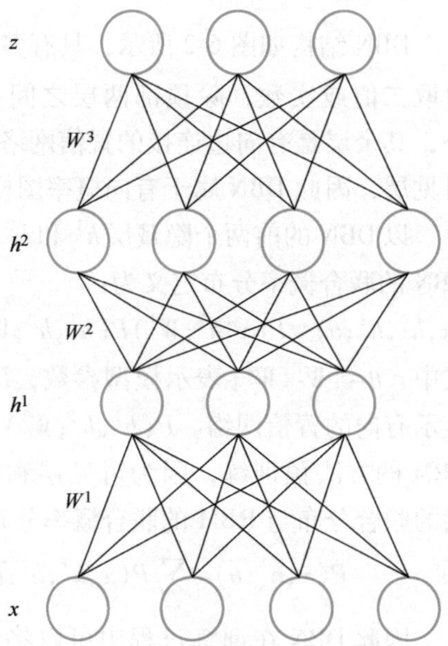

图 6-4　深度玻尔兹曼机

式中，激活函数为 $\mathrm{Sigmoid}(x)=\frac{1}{1+\mathrm{e}^{-x}}$，在早期的浅层生成模型中很常见。

2. DBM 的训练方法

DBM 的训练主要采用变分的方法之后用平均推断估计数据期望、用 MCMC 随机近似过程近似模型期望。

平均场近似是变分推断的一种简单形式，该方法假设 DBM 后验分布的近似分布限制为完全因子的，通过一些简单分布族的乘积近似特定的目标分布。令 $P(\boldsymbol{h}^1,\boldsymbol{h}^2|\boldsymbol{x})$ 的近似分布为 $Q(\boldsymbol{h}^1,\boldsymbol{h}^2|\boldsymbol{x})$，则条件概率的平均场分布为：

$$Q(\boldsymbol{h}^1,\boldsymbol{h}^2|\boldsymbol{x})=\prod_j Q(h_j^1|\boldsymbol{x})\prod_k Q(h_k^2|\boldsymbol{x}) \tag{6-23}$$

通过最小化 KL 散度促使近似分布和真实分布的尽量接近，求解参数和状态：

$$D_{KL}(Q\|P)=\sum_h Q(\boldsymbol{h}^1,\boldsymbol{h}^2|\boldsymbol{x})\log\left(\frac{Q(\boldsymbol{h}^1,\boldsymbol{h}^2|\boldsymbol{x})}{P(\boldsymbol{h}^1,\boldsymbol{h}^2|\boldsymbol{x})}\right) \tag{6-24}$$

MCMC 方法假设真实后验概率服从隐藏层组成的全因式分解的均匀分布：

$$Q(\boldsymbol{h}|\boldsymbol{x})=\prod\prod\prod Q_1(\cdot)Q_2(\cdot)Q_3(\cdot) \tag{6-25}$$

为了在精调过程中较好地抽取有效特征并减轻计算负担，需要对 DBM 进行预训练。但是作为一个包含多个隐藏层深度的网络，经常采用蒙特卡洛抽样带来了参数不确定以及计算负担等问题，所以在实践中最多使用三层网络。

6.3 基于变分自动编码器的方法

6.3.1 VAE 模型的基本原理

VAE 通过编码过程 $P(z|\boldsymbol{x})$ 将样本映射为隐藏变量 z 并假设隐藏变量服从于多元正态分布 $P(z)\sim N(\boldsymbol{0},\boldsymbol{I})$，从隐藏变量中抽取样本，这种方法可以将似然函数转化为隐藏变量分布下的数学期望：

$$P(\boldsymbol{x})=\int P(\boldsymbol{x}|z)P(z)\mathrm{d}z \tag{6-26}$$

由隐藏变量产生样本的解码过程就是所需要的生成模型。

VAE 整体结构如图 6-5 所示。为了使样本和重构样本一一对应，每一个样本 x 都必须有其单独对应的后验分布，以便生成器可以把来自这个后验分布采样的随机隐藏变量恢复为相应的重构样本 $\hat{x}$，每一批次的 n 组样本都会通过神经网络拟合出 n 组相应的参数，以方便用生成器进行样本重构。假设该分布是正态分布，因此 VAE 的两个编码器分别拟合样本在隐变量空间的均值 $\mu=g_1(x)$ 和方差 $\log\sigma^2=g_2(x)$。

1. VAE 的目标函数

VAE 的目标函数是数据分布 $P(x)$ 和重构的样本分布 $P(\hat{x})$ 之间距离的最小化，一般用 KL 散度来衡量这两个分布之间的距离：

$$D_{KL}(P(x)\|P(\hat{x}))=\int P(x)\frac{P(x)}{P(\hat{x})}\mathrm{d}x \tag{6-27}$$

KL 散度的值非负，且值越大表示两个分布差距越大，当且仅当值为 0 时两分布等价。但是由于数据分布是未知的，导致 KL 散度不能直接计算，所以 VAE 引入近似分布 $Q(x)$ 和近似后验分布 $Q(z|x)$，用极大似然法优化目标函数可得：

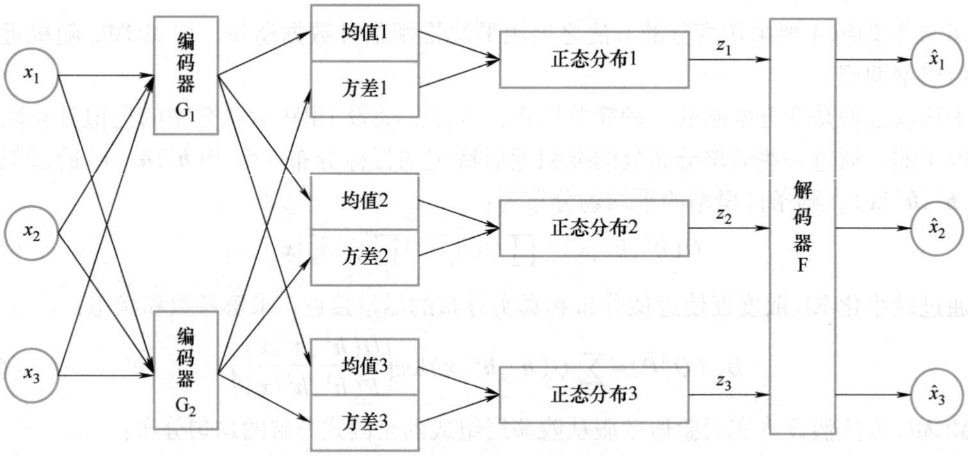

图 6-5 VAE 整体结构图

$$\log P(x)=D_{KL}(Q(z|x)\|P(z|x))+L(x) \tag{6-28}$$

根据 KL 散度非负的性质可得 $\log P(x)\geqslant L(x)$ 因而称 $L(x)$ 为似然函数的变分下界。变分下界可以由如下公式推导得到：

$$\begin{aligned}D_{KL}(Q(z|x)\|P(z|x))&=E_{Q(z|x)}(\log Q(z|x)-\log P(x|z))\\&=E_{Q(z|x)}(\log Q(z|x)-\log P(z,x))+\log P(x)\end{aligned} \tag{6-29}$$

将式(6-29)代入似然函数中可以得到变分下界的最终形式：

$$\begin{aligned}L(x)&=E_{Q(z|x)}(-\log Q(z|x)+\log P(x,z))\\&=E_{Q(z|x)}(-\log Q(z|x)+\log P(z)+\log P(x|z))\\&=-D_{KL}(Q(z|x)\|P(z))+E_{Q(z|x)}(\log P(x|z))\end{aligned} \tag{6-30}$$

似然函数的变分下界 $L(x)$ 可以分成两部，第一项 $D_{KL}(Q(z|x)\|P(z))$ 是近似后验分布 $Q(z|x)$ 和先验分布 $P(z)$ 的 KL 散度，二者都是高斯分布，所以：

$$D_{KL}(Q(z|x)\|P(z))=D_{KL}(N(\mu,\sigma^2)\|N(0,1))=\frac{1}{2}(-\log\sigma^2-1+\mu^2+\sigma^2) \tag{6-31}$$

式(6-31)中的均值和方差分别为 VAE 两个编码器的输出，因此该项可以计算出解析解。由于 $P(z)$ 是标准高斯分布，该项可以当作促使 $Q(z|x)$ 近似标准高斯分布的正则项，该正则项展示了 VAE 和一般自动编码器的本质差别：自动编码器不具备生成新样本的能力，要让 VAE 能够生成样本，需要对编码的结果添加高斯噪声，因此 VAE 假设后验分布为高斯分布，从而使生成器对噪声有鲁棒性；用该项做正则项，使 VAE 的第一个编码器得到的均值趋于 0，第二个编码器算出带有强度为 1 的噪声，两者的共同作用使得 VAE 的解码器拥有生成能力。

变分下界的第二项是生成模型 $P(\boldsymbol{x}|z)$，其中 z 服从 $Q(z|\boldsymbol{x})$，为了得到该部分的解析解，需要定义生成模型的分布，针对二值样本和实值样本，VAE 分别采用了最简单的伯努利分布和正态分布：

当生成模型服从伯努利分布，$P(x|z)$ 可以表示为 $\prod_{i=1}^{D} y_i^{x_i}(1-y_i)^{1-x_i}$，$\boldsymbol{y}=f(z)$ 表示生成模型

的输出，此时 $\log P(\boldsymbol{x}|z)$ 为：

$$\log P(x|z)=\sum_{i=1}^{D}x_i\log y_i+(1-x_i)\log(1-y_i) \tag{6-32}$$

当生成模型服从于正态分布时，$P(\boldsymbol{x}|z)$ 可以表示成 $N(\mu,\sigma^2\mathbf{I})$，当方差固定为常数 σ^2 时，$\log P(\boldsymbol{x}|z)$ 可以表示成：

$$\log P(\boldsymbol{x}|z)\approx-\frac{1}{2\sigma^2}\|\boldsymbol{x}-\boldsymbol{\mu}\|^2 \tag{6-33}$$

从式(6-32)和式(6-33)可以看出，当样本为二值数据时，用 Sigmoid 当作解码器最后一层的激活函数，则变分下界的第二项是交叉熵函数；当样本为实值数据时，变分下界的第二项是均方误差。

2. 重参数化技巧

计算变分下界的第二项时需要从 $Q(z|\boldsymbol{x})$ 中采样，尽管已知该分布的参数信息，但直接使用 MCMC 估计近似梯度会产生很大的方差，而抽样操作无法求导，不能用反向传播优化参数，因而提出了重参数化方法。

重参数化使在此分布上采样获得的不确定性样本变为确定性样本，由简单分布采样可减少采样计算复杂性：选择相同概率分布族的 $P(\varepsilon)$，对 $P(\varepsilon)$ 抽样得到的样本 ε 进行若干次线性变换就能获得与原始分布抽样等价的结果。

令 $P(\varepsilon)\sim N(0,1)$，在 $P(\varepsilon)$ 中抽取 L 个样本 ε^i 则 $z^i=\mu+\varepsilon^i\times\sigma$，这种只涉及线性运算的重参数化过程可以用蒙特卡洛方法估计，避免了直接抽样，此时变分下界第二项的估计式可以写成如下形式：

$$E_{Q(z|x)}(\log P(x|z))\simeq\frac{1}{L}\sum_{l=1}^{L}F(\mu+\varepsilon^i\times\sigma) \tag{6-34}$$

式中，通常取 $L=1$ 就足够精确，这是因为每个运行周期抽样出的隐变量都是随机生成的，当运行周期足够多时可以在一定程度上满足抽样的充分性。

6.3.2　几种重要的 VAE 结构

1. 重要性加权自动编码

由于 VAE 假设后验分布是高斯分布是为了方便计算，并没有考虑该假设的合理性，这势必会影响模型的生成能力。为缓解此问题，重要性加权自动编码(Importance Weighted Auto-Encoders，IWAE)方法被提出，属于 VAE 模型的重要改进之一。IWAE 从变分下界的角度出发，通过弱化变分下界中编码器的作用，在一定程度上缓解了后验分布的问题，提高了生成模型的性能。IWAE 将变分下界 $L(\boldsymbol{x})$ 改写成：

$$L(\boldsymbol{x})=E_{Q(z|x)}(-\log Q(z|\boldsymbol{x})+\log P(\boldsymbol{x},z))=E_{Q(z|x)}\left[\log\frac{P(\boldsymbol{x},z)}{Q(z|\boldsymbol{x})}\right] \tag{6-35}$$

此时需要在 $Q(z|\boldsymbol{x})$ 中抽样，当抽取 K 个点时，式(6-35)可以写成：

$$L(\boldsymbol{x})=E_{Q(z|x)}\left[\log\frac{1}{K}\sum_{i=1}^{K}\frac{Q(\boldsymbol{x}|z_i)P(z_i)}{Q(z_i|\boldsymbol{x})}\right] \tag{6-36}$$

IWAE 以降低编码器性能为代价提高生成模型的能力，生成能力明显提高，后来的 VAE 模型大多以 IWAE 为基准，但如果需要同时训练出好的编码器和生成器，IWAE 将不再适用。

2. 监督结构的变分自动编码器

VAE 是无监督模型，将标签信息融入到模型中，使 VAE 能够处理监督问题或半监督问题的方法有很多，包括用于监督学习的条件变分自动编码器和用于半监督学习的半监督变分自动编码器。

辅助深度生成模型(Auxiliary Deep Generative Models，ADGM)是效果好且有影响力的条件变分自动编码器，并同时兼顾监督和半监督学习。ADGM 对标签信息 y 的处理方法是分别构造有标签数据和无标签数据的似然函数然后求和。ADGM 在 VAE 的基本结构上使用了辅助变量 $\boldsymbol{a}$，用条件概率的形式增加近似后验分布的复杂度，即 $Q(z,\ \boldsymbol{a}|\boldsymbol{x})=Q(z|\boldsymbol{a},\boldsymbol{x})Q(\boldsymbol{a}|\boldsymbol{x})$，其结构如图 6-6 所示。

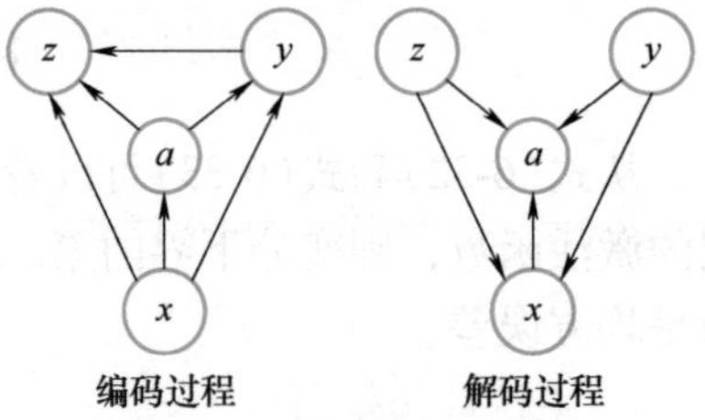

图 6-6 辅助深度生成模型

ADGM 的编码过程由三个神经网络构成，分别为：生成辅助变量 $\boldsymbol{a}$ 的模型 $Q(\boldsymbol{a}|\boldsymbol{x})=N[\mu(\boldsymbol{x}),\sigma^2(\boldsymbol{x})]$，生成标签信息 $\boldsymbol{y}$ 的模型 $Q(\boldsymbol{y}|\boldsymbol{x},\boldsymbol{a})=Cat(\boldsymbol{x},\boldsymbol{a})$，以及生成隐藏变量 z 的模型 $Q(z|\boldsymbol{C})=N[\mu(\boldsymbol{C}),\sigma^2(\boldsymbol{C})]$。其中 $Cat(\cdot)$表示多项分布，$\boldsymbol{C}=\boldsymbol{x}$，$\boldsymbol{a}$，$\boldsymbol{y}$ 表示模型输入。

ADGM 的解码过程有两个神经网络，分别为：重构样本 $\boldsymbol{x}$ 的模型 $P(\boldsymbol{x}|z,\boldsymbol{y})$，重构辅助变量 a 的模型 $P(\boldsymbol{a}|\boldsymbol{x},z,\boldsymbol{y})$。

在处理无标签样本时，ADGM 的变分下界为：

$$\log P(\boldsymbol{x})=\log\iiint P(\boldsymbol{x},\boldsymbol{y},\boldsymbol{a},z)\,\mathrm{d}z\mathrm{d}\boldsymbol{y}\mathrm{d}\boldsymbol{a}\geqslant E_{Q(a,z|x,y)}\left[\log\frac{P(\boldsymbol{x},\boldsymbol{y},\boldsymbol{a},z)}{Q(\boldsymbol{a},\boldsymbol{y},z|\boldsymbol{x})}\right] \\ =-L(\boldsymbol{x}) \tag{6-37}$$

式中，$Q(\boldsymbol{a},\boldsymbol{y},z|\boldsymbol{x})=Q(z|\boldsymbol{a},\boldsymbol{y},\boldsymbol{x})Q(\boldsymbol{y}|z,\boldsymbol{x})Q(\boldsymbol{a}|\boldsymbol{x})$。

而处理有标签样本时，变分下界为：

$$\log P(\boldsymbol{x},\boldsymbol{y})=\log\iint P(\boldsymbol{x},\boldsymbol{y},\boldsymbol{a},z)\,\mathrm{d}z\mathrm{d}\boldsymbol{a}\geqslant E_{Q(a,z|x,y)}\left[\log\frac{P(\boldsymbol{x},\boldsymbol{y},\boldsymbol{a},z)}{Q(\boldsymbol{a},z|\boldsymbol{x},\boldsymbol{y})}\right] \\ =-L(\boldsymbol{x},\boldsymbol{y}) \tag{6-38}$$

式中，$Q(\boldsymbol{a},z|\boldsymbol{x},\boldsymbol{y})=Q(z|\boldsymbol{a},\boldsymbol{y},\boldsymbol{x})Q(\boldsymbol{a}|\boldsymbol{x})$。

因此 ADGM 的目标函数是无标签和有标签样本变分下界之和：$L=L(\boldsymbol{x})+L(\boldsymbol{x},\boldsymbol{y})$。ADGM 可以用于监督学习或半监督学习，该模型和 IWAE 用不同的方法解决后验分布过于简单的问题，ADGM 的优势是没有削弱编码器，代价是需要 5 个神经网络，计算量更大。

3. 向量量化变分自动编码器

向量量化变分自动编码器(Vector Quantised Variational Auto-Encoders，VQ-VAE)是首个使用离散隐藏变量的 VAE 模型。离散表示经常是更高效的表示方式，例如自然语言处理中文字的隐表示通常是离散化形式，在图像编码过程中采用离散表示还能改善压缩效果，因此 VQ-VAE 旨在训练出表示能力更强大的离散变量的先验分布，使模型有能力生成有意义的样本，并扩展 VAE 的应用领域。

VQ-VAE 受到向量量化(Vector Quantization，VQ)方法的启发而提出了新的训练方法：后验概率分布和先验概率分布有明确分类，从这些分类明确的概率分布中提取样本，利用嵌入表示进行索引，得到的嵌入表示输入到解码器中。这种训练方法和有效的离散表达形式共同限制了解码器的学习过程，避免后验崩溃(Posterior Collapse)现象。后验崩溃是 VAE 模型中经常出现的训练问题，指当解码器的能力过强时，会迫使编码器学习到无用的隐表示。

6.4　基于生成对抗网络的方法

生成对抗网络(Generative Adversarial Nets，GANs)可以看成是一个训练框架，理论上可以训练任意的生成模型。GAN 通过生成器和判别器之间的对抗行为来优化模型参数，巧妙地避开求解似然函数的过程，这个优势使其具有很强的适用性和可塑性，可以根据不同的需求改变生成器和判别器。

6.4.1　生成对抗网络的基本原理

1. GAN 的基本原理

GAN 中的博弈双方包含一个生成器和一个判别器，生成器的目标是生成让判别器无法判别出真伪的伪样本，判别器的目标是正确区分出接收到的数据是真实样本还是生成器生成的伪样本，在博弈的过程中，两个竞争者需要不断优化自身的生成能力和判别能力，而博弈最终会收敛到两者的纳什均衡，当判别器的识别能力达到一定程度却无法正确判断数据来源时，就获得了一个学习到真实数据分布的生成器。GAN 的结构如图 6-7 所示。

GAN 中的生成器和判别器可以是任意可微函数，通常用多层的神经网络表示。生成器 $G(\boldsymbol{z};\boldsymbol{\theta})$ 是输入为随机噪声、输出伪样本、参数为 θ 的网络，判别器 $D(\boldsymbol{x};\boldsymbol{\varphi})$ 是输入为真实样本和伪样本、输出为 0 或 1(分别对应伪样本和真实样本)、参数为 φ 的二分类网络。GAN 根据生成器和判别器不同的损失函数分别优化生成器和判别器的参数，避免了计算似然函数的过程。

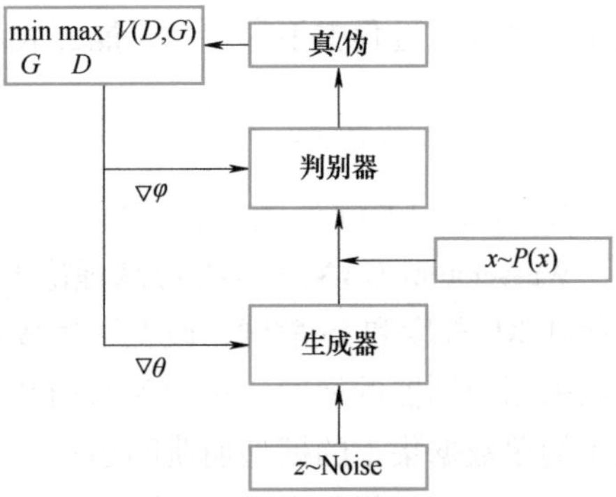

图 6-7　GAN 模型结构

GAN 的训练机制由生成器优化和判别器优化两部分构成。首先，固定生成器 $G(\boldsymbol{z};\boldsymbol{\theta})$ 后优化判别器 $D(\boldsymbol{x};\boldsymbol{\varphi})$，目标函数选用交叉熵函数：

$$\max_{D} V(D)=E_{\boldsymbol{x}\sim P_r}[\log D(\boldsymbol{x})]+E_{\boldsymbol{x}\sim P_g}[\log(1-D(\boldsymbol{x}))] \tag{6-39}$$

式中，P_r 是真实样本分布；P_g 表示由生成器产生的样本分布。

判别器的目标是正确分辨出所有样本的真伪，该目标函数由两部分组成：①对于所有的真实样本，判别器应该将其判定为真样本使输出 $D(x)$ 趋近 1，即最大化 $E_{x\sim P_r}[\log D(\boldsymbol{x})]$；②对于生成器伪造的所有假样本，判别器应该将其判定为假样本使输出尽量接近 0，即最大化 $E_{x\sim P_g}[\log(1-D(\boldsymbol{x}))]$。

之后，固定训练好的判别器参数，考虑优化生成器模型参数。生成器希望学习到真实样本分布，因此优化目的是生成的样本可以让判别器误判，即最大化 $E_{x\sim P_r}[\log D(\boldsymbol{x})]$，所有生成器的目标函数为：

$$\min_{G} V(G) E_{\boldsymbol{x}\sim P_g}[\log(1-D(\boldsymbol{x}))] \tag{6-40}$$

后来又提出了一个改进的函数为：

$$\min_{G} V(G) E\_(\boldsymbol{x} \sim P_g)[-\log D(\boldsymbol{x})] \tag{6-41}$$

由这一目标函数可看出，生成器梯度更新信息源于判别器而非数据样本结果，这等价于利用神经网络对数据分布与模型分布间距离进行拟合，从本质上避开似然函数这一难题，该思想在深度学习领域具有深远影响。

固定生成器参数，根据判别器目标函数可得到：

$$-P_r(\boldsymbol{x})\log D(\boldsymbol{x})-P_g(\boldsymbol{x})\log[1-D(\boldsymbol{x})] \tag{6-42}$$

令式中对 $D(x)$ 的导数为 0 可以得到判别器最优解的表达式：

$$D^*(\boldsymbol{x})=\frac{P_r(\boldsymbol{x})}{P_r(\boldsymbol{x})+P_g(\boldsymbol{x})} \tag{6-43}$$

然后固定最优判别器 D^* 的参数，训练好的生成器参数就是最优生成器。此时 $P_r(x)=P_g(x)$，判别器认为该样本是真样本还是假样本的概率均为 0.5，说明此时的生成器可以生成足够逼真的样本。

2. GAN 存在的问题

GAN 的缺点可概括为：①模型训练困难，往往出现梯度消失而使模型不能持续训练的情况；生成器的形式太自由，在训练中梯度波动很大导致训练的不稳定性；②模型崩溃（Model Collapse），表现为产生的样本单一，不能产生其他类别的样本；③目标函数形式造成了模型训练过程中不存在一个能够表示训练进度的目标。

6.4.2 生成对抗网络的稳定性研究

1. Wasserstein 生成对抗网络

Wasserstein GAN（W-GAN）从理论上分析了原始 GAN 存在的缺陷，提出用 Wasserstein 距离替代 KL 散度和 JS 散度，改变了生成器和判别器的目标函数，并对判别器施加 Lipschitz 约束以限制判别器的梯度。WGAN 只用几处微小的改动就解决了 GAN 不稳定的问题，基本消除了简单数据集上的模型崩溃问题。

Wasserstein 距离最初用于解决最优运输问题，可以解释为将分布 P_r 沿 P_g 某个规划路径转移到分布需要的最小消耗，该问题对应的最优化问题表示成如下形式：

$$D_w(P_r \| P_g)=\inf_{\gamma \sim \prod(P_r,P_g)} E_{(x,y)\sim\gamma}[c(\boldsymbol{x},\boldsymbol{y})] \tag{6-44}$$

式中，$\boldsymbol{x}$，$\boldsymbol{y}$ 分别表示付出分布 P_r 和 P_g 的样本，$c(\boldsymbol{x},\boldsymbol{y})$ 表示输运成本，$\prod(P_r,P_g)$ 表示两个分布的所有联合分布集合，该集合中的任意分布的边缘分布均为 P_r 和 P_g，即 $\sum_x \gamma(\boldsymbol{x},\boldsymbol{y})=P_r(\boldsymbol{y})$、$\sum_y \gamma(\boldsymbol{x},\boldsymbol{y})=P_g(\boldsymbol{x})$ 对于任意一个可能的联合分布 $\gamma(x,y)$ 从分布中抽样得到真实样本 x 和生成样本 y 这两个样本之间的距离在联合分布期望下的值为 $\mathbb{E}_{(x,y)\sim\gamma}[\|x-y\|]$，在所有联合分布中选取对该期望值能够取到下界的分布，该下界就定义为 Wasserstein 距离。

如果高维空间中的两个分布之间没有重叠，KL 散度和 JS 散度无法正确反映出分布的距离，也就不能为模型提供梯度，但 Wasserstein 距离可以准确地反映这两个分布的距离，从而提供更可靠的梯度信息，避免训练过程中出现梯度消失和不稳定等现象。

Wasserstein 距离很难直接优化，但可以将式（6-44）变换成对偶问题：

$$K \cdot D_w(P_r, P_g) = \max_{\omega: |F|_L \leqslant K} E_{x\sim P_r}[F(\boldsymbol{x})] - E_{x\sim P_g}[F(\boldsymbol{x})] \tag{6-45}$$

式(6-45)相当于在连续函数上施加 Lipschitz 常数为的约束，使得定义域内任意两个元素和满足：

$$|F(x_1) - F(x_2)| \leqslant K|x_1 - x_2| \tag{6-46}$$

这就将 Wasserstein 距离转化成求解满足 Lipschitz 约束的所有函数条件下两个分布期望之差的上界。WGAN 对判别器施加 Lipschitz 约束的具体方法是限制网络中的权重，控制所有权重的绝对值不超过固定常数，否则对参数进行截断，这种方法叫做权重裁剪(Weight Clipping)。判别器通过权重裁剪后得到：

$$L = E_{\boldsymbol{x}\sim P_g}[F(\boldsymbol{x})] - E_{\boldsymbol{x}\sim P_r}[F(\boldsymbol{x})] \tag{6-47}$$

该式可以指示模型的训练进度，真实分布与生成分布的 Wasserstein 距离越小，说明 GAN 中生成器的生成能力越好。根据式(6-47)可以得到 WGAN 中生成器和判别器的目标函数分别为：

$$V(G) = \min -E_{\boldsymbol{x}\sim P_g}[F(\boldsymbol{x})] \tag{6-48}$$

$$V(D) = \min E_{\boldsymbol{x}\sim P_g}[F(\boldsymbol{x})] - E_{\boldsymbol{x}\sim P_r}[F(\boldsymbol{x})]$$

但 WGAN 在训练过程中会出现收敛速度慢、梯度消失或梯度爆炸等现象，原因在于权重裁剪会使判别器所有参数趋于极端，全部集中在阈值的最大值和最小值这两个点上，这使得判别器退化成一个二值神经网络。

WGAN-GP 直接将判别器的梯度作为正则项加入到判别器的损失函数中，该正则项通过惩罚梯度使判别器梯度在充分训练后达到 Lipschitz 常数 K 附近，因此该正则项被称为梯度惩罚。加入梯度惩罚的判别器的目标函数为：

$$L = E_{\boldsymbol{x}\sim P_g}[F(\boldsymbol{x})] - E_{\boldsymbol{x}\sim P_r}[F(\boldsymbol{x})] + \lambda E_{\boldsymbol{x}\sim P_{\hat{x}}}[(\|\nabla_{\boldsymbol{x}} D(\boldsymbol{x})\|_2 - 1)^2] \tag{6-49}$$

式中，Lipschitz 常数 K 取 1，$P_{\hat{x}}$表示整个样本空间的概率分布。梯度惩罚要求梯度在整个样本空间内都满足$\|\nabla_x D(\boldsymbol{x})\|_2 \leqslant 1$，这种约束条件难以做到，所以采用真假样本以及两者之间的随机插值的方法，使该约束能近似地遍布真实样本和生成样本之间的所有空间，即：

$$L = E_{\boldsymbol{x}\sim P_g}[F(\boldsymbol{x})] - E_{\boldsymbol{x}\sim P_r}[F(\boldsymbol{x})] + \frac{\lambda}{N}\sum_{i=1}^{N}(\|\nabla_{\boldsymbol{x}} D(\boldsymbol{x})\|_{\boldsymbol{x}=\varepsilon_i \boldsymbol{x}_r + (1-\varepsilon_i)\boldsymbol{x}_g} - 1)^2 \tag{6-50}$$

式中，$\boldsymbol{\varepsilon}$ 是服从 $U[0,1]$的随机数；$\boldsymbol{x}_r$ 和 $\boldsymbol{x}_g$ 分别表示真实样本和生成样本。

梯度惩罚只对真假样本集中区域以及两者之间的区域生效，就能够很好地控制梯度，使 WGAN-GP 避免出现梯度消失或梯度爆炸，显著提高训练速度和收敛速度，可以训练多种不同种类的网络结构。

2. 谱归一化生成对抗网络

梯度惩罚的缺点是惩罚只能在局部生效，如果样本类别较多，随机插值方法会导致判别器的约束失效。谱归一化(Spectral Normalization)方法则将判别器中的所有参数都替换为 $W \rightarrow \dfrac{W}{\|W\|_2}$，如果激活函数导数的绝对值都小于等于某个常数，就能保证判别器满足 Lipschitz 约束。用这种更精确的方法实现 $|F|_L \leqslant K$ 约束的模型叫谱归一化生成对抗网络(Spectral Normalization for GAN，SNGAN)，该模型实现方法简单，只需把谱范数的二次方作为正则化项，填加到判别器的目标函数中，此时该目标函数可以表示为：

$$L=V(D)+\lambda\|\boldsymbol{W}\|_2^2 \tag{6-51}$$

SNGAN 的收敛速度比 WGAN-GP 更快，且效果更好。

6.4.3 生成对抗网络的结构发展

1. 基于卷积层的结构

深度卷积生成对抗网络(Deep Convolutional Generative Adversarial Networks，DCGAN)是 GAN 的一个重要改进，使 GAN 训练时的稳定性明显提高。DCGAN 的结构如图 6-8 所示。

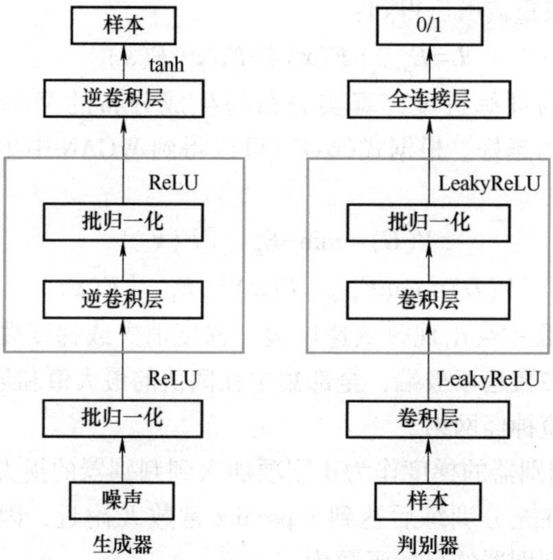

图 6-8 DCGAN 的结构

DCGAN 最主要的特点是判别器和生成器采用卷积网络和反卷积网络，各层均使用批归一化。DCGAN 训练速度很快，内存占用量小，是快速实验最常用的结构，缺点是生成器中的反卷积结构存在固有的棋盘效应(Checkerboard Artifacts)，具体表现为图片放大之后能看到如象棋棋盘一样的交错纹理，严重影响生成图片的质量，限制了 DCGAN 结构的重构能力。

2. 基于残差网络的结构

基于残差网络(ResNet)的 GAN 模型的主要特点为判别器使用了残差结构，生成器用上抽样替代反卷积层，判别器和生成器的深度都大幅度增加，其基本结构如图 6-9 所示。

基于残差结构框架的 BigGAN 是当前图像生成领域效果很好的模型，对图像细节处理得很好，能生成非常逼真的自然场景图像，实现了大规模和稳定性的较大提升与平衡。但 BigGAN 模型的缺陷是需要大量的标注数据才能训练。

3. 监督结构和半监督结构

为了将样本与标签信息结合，条件生成对抗网络(Condition GAN，CGAN)将标签信息作为附加信息输入到生成器中，再与生成样本一起输入到判别器中：生成器同时接收噪声和标签信息，目的是让生成的样本能尽量符合标签信息；判别器输入标签信息和真伪样本，同时进行两次判断，一是判断输入样本的真伪，二是该样本与标签信息是否匹配，最后输出样本真伪和标签信息预测值。

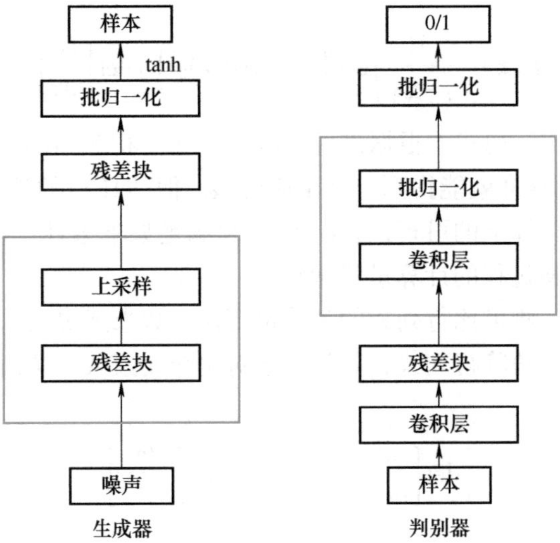

图 6-9　ResNet 的 GAN 结构

另一种常用结构是辅助分类器生成对抗网络(Auxiliary Classifier GAN，ACGAN)，其生成器同 CGAN 相同，但判别器只输入真、伪样本，输出样本真伪和标签信息预测值，因此判别器的额外输出需要设置关于标签信息的损失函数。从实验的结果来看，两种结构处理监督数据的性能相似，但 ACGAN 的结构更适合处理半监督数据。CGAN 和 ACGAN 结构如图 6-10所示。

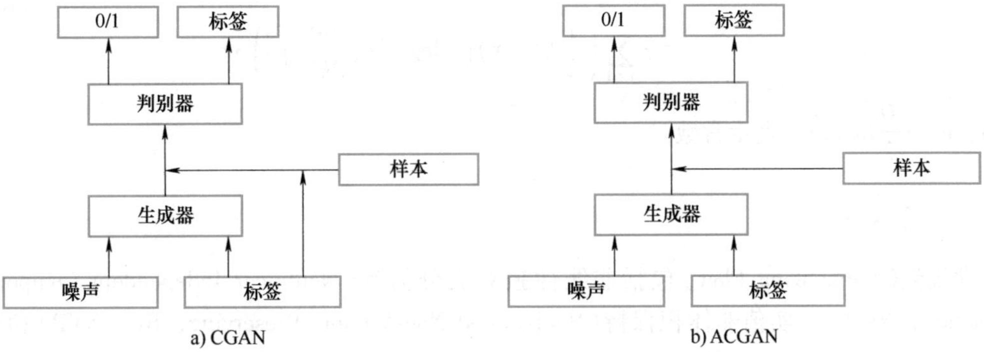

图 6-10　CGAN 和 ACGAN 结构

6.5　基于流模型的方法

6.5.1　流模型的基本原理

假设真实数据分布 $P(\boldsymbol{x})$ 可以由转换函数 $G(\boldsymbol{x})$ 映射到人为给定的简单分布，如果该转换函数是可逆的且可求出该转换函数的形式，则这个简单分布和转换函数的逆函数就能够构成一个深度生成模型。假设该分布是各分量独立的高斯分布，则 $P(\boldsymbol{x})$ 可以表示成带有转换函数和雅可比行列式的形式：

$$P(\boldsymbol{x})=\frac{1}{(2\pi)^{\frac{D}{2}}}\exp\left(-\frac{1}{2}\|G(\boldsymbol{x})\|^2\right)\left|\det\left[\frac{\partial G}{\partial \boldsymbol{x}}\right]\right| \tag{6-52}$$

式中，det(·)表示雅可比行列式。根据该目标函数优化能得到 $G(\boldsymbol{x})$ 中的参数，进而得知逆函数 $F(z)$ 的具体形式，这样就能得到一个生成模型。但 det(·)的计算量很大，$G(\boldsymbol{x})$ 的逆变换难以求解，为了保证计算上的可行性，$G(\boldsymbol{x})$ 必须满足如下条件：首先，det(·)容易计算；其次，函数可逆，且求逆过程的计算量尽量小。

对于高维数据而言，雅可比行列式的计算量要比函数求逆更大，流模型提出将雅可比行列式设计为容易计算的三角阵行列式，其值等于对角线元素乘积从而简化求解雅可比行列式的计算量：

$$\left|\det\left[\frac{\mathrm{d}h^i}{\mathrm{d}h^{i-1}}\right]\right|=\mathrm{sum}\left|\mathrm{diag}\left[\frac{\mathrm{d}h^i}{\mathrm{d}h^{i-1}}\right]\right| \tag{6-53}$$

根据链式法则有：

$$\frac{\partial z}{\partial \boldsymbol{x}}=\frac{\partial \boldsymbol{h}^1}{\partial \boldsymbol{x}}\cdot\frac{\partial \boldsymbol{h}^2}{\partial \boldsymbol{h}^1}\cdot\dots\cdot\frac{\partial \boldsymbol{h}^k}{\partial \boldsymbol{h}^{k-1}}\cdot\frac{\partial z}{\partial \boldsymbol{h}^k} \tag{6-54}$$

流模型的转换函数用神经网络表示，该神经网络相当于一系列转换函数作用效果的累积，这种简单变换的叠加过程如同流水一般积少成多，因此将这样的过程称为“流”，大部分流模型都以这种框架为基础。此时流模型的对数似然为：

$$\begin{aligned}\log P(\boldsymbol{x})&=-\log P(z)-\sum_{i=1}^{k}\log\left|\det\left(\frac{\mathrm{d}h^i}{\mathrm{d}h^{i-1}}\right)\right|\\&=-\sum_{i=1}^{k}\left(\frac{1}{2}\|G^i(\boldsymbol{x})\|^2-\log\left|\det\left(\frac{\mathrm{d}h^i}{\mathrm{d}h^{i-1}}\right)\right|\right)+c\end{aligned} \tag{6-55}$$

式中，$c=-\frac{D}{2}\log(2\pi)$ 表示常数。

6.5.2 常规流

常规流(Normalizing Flow)包括非线性独立成分估计(Nonlinear Independent Components Estimation，NICE)、实值非体积保持(Real-valued Non-Volume Preserving，Real NVP)和生成式流(Generative flow，GLOW)。

1. NICE

NICE 是第一个流模型，此后出现的流模型大部分都是以 NICE 的结构和理论为基础。除了流模型的基本框架外，NICE 提出了三个重要的模型结构：加性耦合层、维数混合和维数压缩层。

(1) 加性耦合层　将 D 维输入变量分割成两部分 $x_D=[x_{1:d},x_{d+1,D}]=[x_1,x_2]$，然后取如下变换：

$$\begin{aligned}h_1&=x_1\\h_2&=x_2+M(x_1)\end{aligned} \tag{6-56}$$

式中，M 表示定义在空间 $\mathbf{R}^d$ 上的任意函数，下一个隐藏层变量为 $h=[h_1,h_2]$，这种只含有加性算法的耦合层被称为加性耦合层，如图 6-11 所示。

加性耦合层的雅可比行列式是上三角行列式且对角线元素全部为 1，用分块矩阵表示为：

$$\frac{\partial \boldsymbol{h}}{\partial \boldsymbol{x}}=\begin{bmatrix}\frac{\partial h_1}{\partial x_1} & \frac{\partial h_1}{\partial x_2}\\ \frac{\partial h_2}{\partial x_1} & \frac{\partial h_2}{\partial x_2}\end{bmatrix}=\begin{bmatrix}I_d & 0\\ \frac{\partial h_2}{\partial x_1} & I_{D-d}\end{bmatrix} \tag{6-57}$$

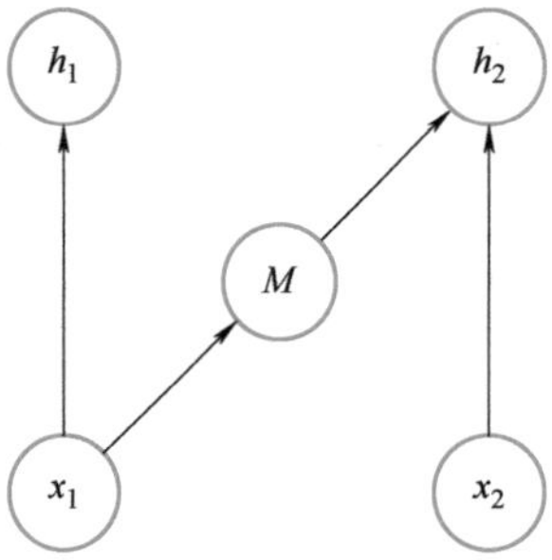

图 6-11　加性耦合层结构

该雅可比行列式的值为 1，根据链式法则可以得到：

$$\det\left[\frac{\partial z}{\partial \boldsymbol{x}}\right]=\det\left[\frac{\partial \boldsymbol{h}^1}{\partial \boldsymbol{x}}\right]\cdots\det\left[\frac{\partial z}{\partial \boldsymbol{h}^k}\right]=1 \tag{6-58}$$

这使得该项在目标函数中的值为 1，从而消除了雅可比行列式的计算量。该转换函数的逆函数也很容易得到，其逆变换的形式如下：

$$\begin{aligned}x_1&=h_1\\ x_2&=h_2-M(h_1)\end{aligned} \tag{6-59}$$

这种结构的转换函数满足可逆性，且逆函数和雅可比行列式都容易求解。

（2）维度混合　NICE 采用在每次耦合层后直接交换两部分元素的位置 $h_1^1=h_2^2$，$h_2^1=h_1^2$，从而增强非线性能力，其结构如图 6-12 所示。

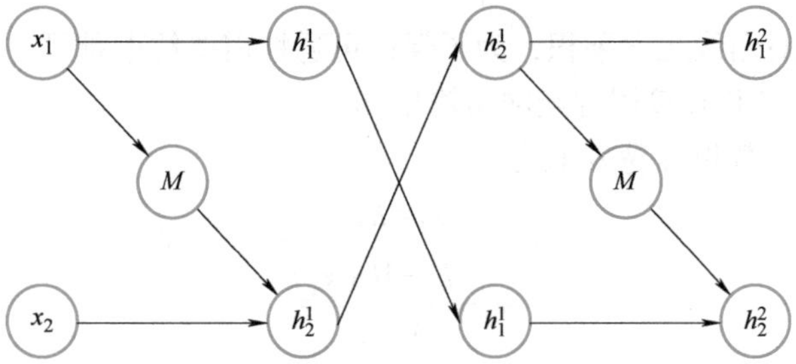

图 6-12　维度混合结构

（3）维数压缩层　变换可逆性要求模型中各层的维数都要和输入样本的维数相同，这使得流模型存在严重的维数冗余，因此 NICE 提出在最后一层和先验分布之间引入维数压缩层，此时模型的对数似然变为：

$$\log P(\boldsymbol{x})=-\frac{D}{2}\log(2\pi)-\sum_{i=1}^{k}\left(\frac{1}{2}\|G^i(\boldsymbol{x})\|^2\right)-\frac{1}{2}\|s\cdot G(\boldsymbol{x})\|^2+\sum_{i=1}^{D}\log s_i \tag{6-60}$$

式中，s 表示维数压缩层中待优化的参数。

在压缩层中引入 s 等价于将先验分布的方差也作为参数进行优化。如果某个方差接近 0，说明其对应的维数所表示的流形已经塌缩为点，从而起到维数压缩的作用。

2. Real NVP

Real NVP 在 NICE 的基本结构上，提出了仿射耦合层和维数的随机打乱机制增强非线性能力，并设计多尺度结构以降低 NICE 模型的计算量和存储空间。

（1）仿射耦合层　Real NVP 提出在原有的加性耦合层的基础上加入乘性耦合，两者组成的混合层称为仿射耦合层(Affine Coupling Layer)，其结构如图 6-13 所示。

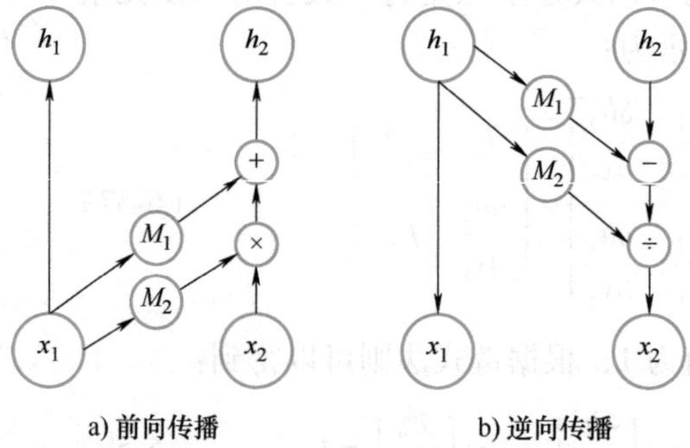

图 6-13　仿射耦合层结构

该耦合层可以表示成如下形式：

$$\begin{aligned} h_1 &= x_1 \\ h_2 &= x_2 \odot M_2(x_1) + M_1(x_1) \end{aligned} \tag{6-61}$$

其雅可比行列式是对角线不全为 1 的下三角阵，用分块矩阵表示为：

$$\frac{\partial \boldsymbol{h}}{\partial \boldsymbol{x}} = \begin{bmatrix} I_d & 0 \\ \dfrac{\partial h_2}{\partial x_1} & M_2(x_1) \end{bmatrix} \tag{6-62}$$

该行列式的值为对角线元素乘积，为了保证可逆性需要约束雅可比行列式对角线各元素均大于 0，因此 Real NVP 直接用神经网络输出 $\log s$。

该转换函数的逆函数很容易表示为：

$$\begin{aligned} x_1 &= h_1 \\ x_2 &= \frac{h_2 - M_1(x_1)}{M_2(x_1)} \end{aligned} \tag{6-63}$$

（2）随机混合机制　Real NVP 采用随机混合机制，对耦合层之间的分量随机打乱，再将打乱后的向量重新分割成两部分并输送到下个耦合层中，其结构如图 6-14 所示。

（3）掩码卷积层　Real NVP 在流模型中引入了卷积层。卷积方法可以捕捉样本在空间上的局部相关性，但是随机打乱机制会使样本原有的局部相关性消失，为此 Real NVP 提出先使用掩码增加样本通道数并降低空间维数，棋盘掩码是一种固定间隔的空间轴上的交错掩码，能够有效保留样本在空间的局部相关性：

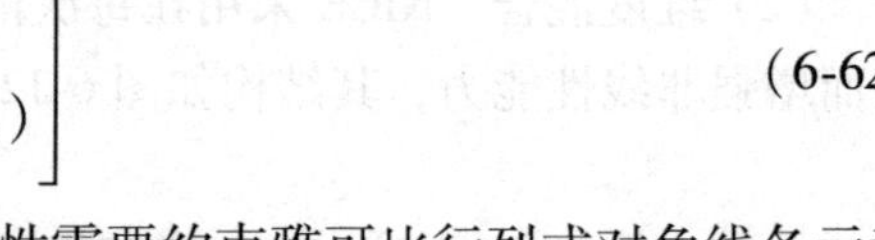

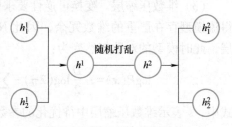

图 6-14　随机混合机制结构

$$h \times w \times c \rightarrow \frac{1}{n} h \times \frac{1}{n} w \times 2nc \tag{6-64}$$

用棋盘掩码增加样本通道数的操作称为挤压(Squeeze)，然后对样本的通道执行分割和打乱操作，这种方式保留了样本的局部相关性，以便直接使用卷积网络，大幅度提高模型的计算效率。

（4）多尺度结构　NICE 的加性耦合层和 Real NVP 的仿射耦合层在每次执行时都有部分维数的向量没有改变，因此 Real NVP 提出在仿射耦合层中使用如图 6-15 所示的多尺度结构，是仿射耦合层交替变换的一种组合结构。

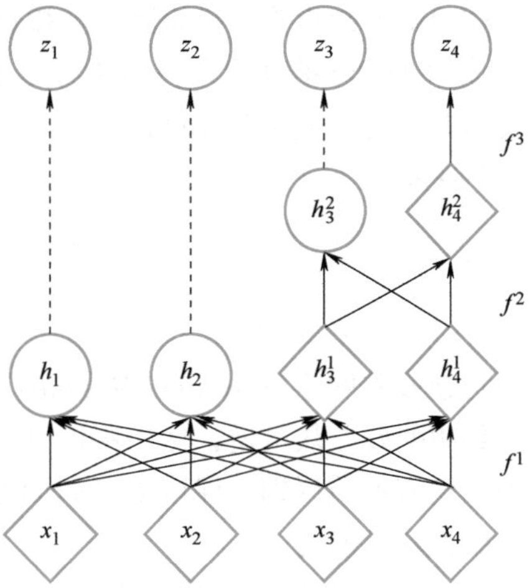

图 6-15　仿射耦合层的组合策略

将样本分成 4 部分 $x=[x_1,x_2,x_3,x_4]$ 并输入到耦合层中，第一次转换将 x_1 和 x_2 转换成 h_1 和 h_2 后当作多尺度结构的结果 z_1 和 z_2，然后将没有改变的 h_3^1 和 h_4^1 输入到耦合层中继续转换，得到转换后的结果 z_3 和没有改变的 h_4^2，最后在第三次转换过程中将 h_4^2 转换成 z_4。多尺度结构通过这种逐层转换的方式，使数据的全部元素都可以在一个复合耦合层内进行转换，保留了原有方法中雅可比行列式容易计算的特点，减少模型复杂度和计算量的同时增加模型的生成能力。

3. GLOW

GLOW 是以 NICE 和 real NVP 为基础结构的模型，主要有两个贡献：第一是修改流模型的结构，引入 Actnorm 层；第二是提出 1×1 卷积和 LU 矩阵分解方法并将置换矩阵当作优化项。

（1）Actnorm 层　由于内存限制，流模型在训练较大的图像时每个批次的样本数通常选 1，因此提出了类似于批归一化处理的 Actnorm 层，用批次样本的均值和方差初始化参数 b 和 s，是对先验分布的平移和缩放，有助于提高模型的生成能力。

（2）置换矩阵　GLOW 提出用 1×1 卷积运算改变置换通道的排列，用置换矩阵替代随机打乱并放到损失函数中一并优化以进一步提升模型效果。具体方法是通过一个随机旋转矩阵 $\boldsymbol{W}$ 置换输入轴通道的排列顺序使 $h=x\boldsymbol{W}$，为了保证转换函数的可逆性，方阵 $\boldsymbol{W}$ 初始化为随机正交矩阵，因此其雅可比行列式的值为 $\det\boldsymbol{W}$。

为了更容易计算雅可比行列式的值，GLOW 利用 LU 矩阵分解法分解正交矩阵 $\boldsymbol{W}$ 使 $\boldsymbol{W}=\boldsymbol{PLU}$，其中 $\boldsymbol{P}$ 是置换矩阵，$\boldsymbol{L}$ 是对角线全为 1 的下三角阵，$\boldsymbol{U}$ 是上三角阵，此时可以容易得到雅可比行列式的值为上三角阵 $\boldsymbol{U}$ 的对角线乘积：

$$\log|\det\boldsymbol{W}|=\log\sum|\mathrm{diag}\{U\}| \tag{6-65}$$

GLOW 使用 LU 分解法计算旋转矩阵 $\boldsymbol{W}$ 的雅克比行列式的值，几乎没有改变原模型的计算量，且减少了待优化参数的数量。实验证明了可逆 1×1 卷积可以得到比随机打乱机制更低的损失且具有很好的稳定性。

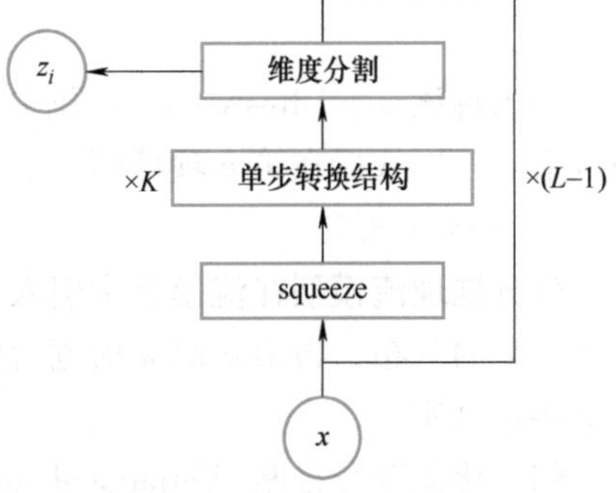

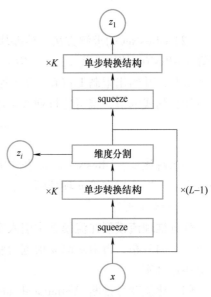

图 6-16　GLOW 的流程图

GLOW 的流程图如图 6-16 所示。图中的超参数 K 和 L 表示循环次数。样本 x 先进行 squeeze 操作后用单步转换结构迭代 K 次，然后将转换的结果进行维数分割，分割后的两部分变量与多尺度结构的结果意义相同，将整个过程循环 $L-1$ 次后将未转换过的部分维数再次进行 squeeze 操作和 K 次单步转换。

GLOW 的缺点是置换矩阵导致模型的层数很多，拥有生成式模型中最大的参数量级，例如生成 256×256 的高清人脸图像需要 600 多个耦合层和 2 亿多个参数，训练成本很高，因此改进自身结构或使用非线性程度更高的转换函数以降低训练成本和模型深度是提高流模型实用性的关键。

6.5.3 流模型的衍生结构

1. 可逆残差网络

可逆残差网络(Invertible Residual Network，i-ResNet)是以残差网络为基础的生成模型，利用约束使残差块可逆，然后用近似方法计算残差块的雅可比行列式，这使得 i-ResNet 与其他流模型有本质区别：保留了 ResNet 的基本结构和拟合能力，使残差块是对称的又有很强的非线性转换能力。

(1) 残差块的可逆性条件　i-ResNet 的基本模块与 ResNet 相同，可以表示成 $\boldsymbol{y}=\boldsymbol{x}+G(\boldsymbol{x})$，残差块用神经网络 $\boldsymbol{x}+G(\boldsymbol{x})$ 拟合 $\boldsymbol{y}$，使得残差块的梯度 $1+\frac{\partial G(\boldsymbol{x})}{\partial \boldsymbol{y}}$ 不会在深层网络中出现梯度消失的问题，以便训练更深层次的网络。

将 i-ResNet 构造成流模型，首先要保证模型的可逆性，等同于保证单个残差块的可逆性。残差块可逆性的充分不必要条件是函数 $G(\cdot)$ 的 Lipschitz 范数小于 1。因此神经网络拟合的函数 $G(\cdot)=F(\boldsymbol{Wx}+\boldsymbol{b})$ 使用普通激活函数时，其可逆性条件等价于权重矩阵 $\boldsymbol{W}$ 的谱范数小于 1：

$$\mathrm{Lip}(G)<1 \Leftrightarrow \mathrm{Lip}(\boldsymbol{W})<1 \tag{6-66}$$

因此只要对 $G(\cdot)$ 内的所有权重矩阵进行谱归一化后乘一个介于 0 和 1 之间的系数即可保证残差块的可逆性：

$$\boldsymbol{W} \leftarrow \frac{c\boldsymbol{W}}{\|\boldsymbol{W}\|_2} \tag{6-67}$$

(2) i-ResNet 的求解方法　残差块的形式导致很难直接求出逆函数的解析形式，为便于计算，i-ResNet 使用迭代 $x_{n+1}=y-G(x_n)$：当 x_n 收敛到某个固定函数时表明得到了足够近似的逆函数，并给出限制 $\mathrm{Lip}(G)>0.5$ 保证 x_n 的收敛性。i-ResNet 的关键是如何求解残差块的雅可比行列式的值，雅可比行列式可以表示为：

$$\frac{\partial(\boldsymbol{x}+G(\boldsymbol{x}))}{\partial \boldsymbol{x}}=I+\frac{\partial G}{\partial \boldsymbol{x}} \tag{6-68}$$

为求解该式，i-ResNet 首先用恒等式将雅可比行列式绝对值的对数转化为求迹，并在使用级数展开形式后在第 n 项截断，然后使用随机近似方法得到近似值。

2. 变分推理流

变分推理流模型在流模型中引入变分推断，将编码器输出的均值和方差用转换函数映射到更复杂的分布，再由解码器根据后验分布重构样本。这种方法使变分流映射得到的后验分布更接近真实。

归一化流变分推断(Variational Inference with Normalizing Flow，VINF)是变分流模型的一种，对于编码器得到的分布 $P(z)$，用 VINF 将该分布映射为 $P(z_K)$，映射函数为：$G(z)=z+$

$uF(z)$，其中 $F(z)=F(\boldsymbol{w}^{\mathrm{T}}z+\boldsymbol{b})$ 表示神经网络，$\boldsymbol{u}$，$\boldsymbol{w}$，$\boldsymbol{b}$ 为模型参数。令 $\boldsymbol{\psi}(z)=F'(\boldsymbol{w}^{\mathrm{T}}z+\boldsymbol{b})$，则转换函数的雅可比行列式为：

$$\det\left|\frac{\partial F}{\partial z}\right|=\det\left|\boldsymbol{I}+\boldsymbol{u}\boldsymbol{\psi}(z)^{\mathrm{T}}\right|=\left|1+\boldsymbol{u}^{\mathrm{T}}\boldsymbol{\psi}(z)\right| \tag{6-69}$$

由此可以推导出的变分下界为：

$$\begin{aligned} L(\boldsymbol{x}) &= E_{Q(z\mid\boldsymbol{x})}(-\log Q(z\mid\boldsymbol{x})+\log P(z,\boldsymbol{x})) \\ &= E_{P(z)}[\ln P(z)]-E_{P(z)}[\log P(\boldsymbol{x},z_K)]-E_{P(z)}\left[\sum_{n=1}^{K}\ln\left|1+\boldsymbol{u}_n^{\mathrm{T}}\boldsymbol{\psi}\boldsymbol{z}_{n-1}\right|\right] \end{aligned} \tag{6-70}$$

VINF 认为该转换函数相当于对初始密度 $P(z)$ 在垂直于超平面 $\boldsymbol{w}^{\mathrm{T}}z+\boldsymbol{b}=\boldsymbol{0}$ 方向上进行一系列收缩和扩展，因此称之为平面流(Planar Flow)。

6.6　基于扩散模型的方法

6.6.1　扩散模型的基本原理

扩散模型(Diffusion Model，DM)用于生成与训练数据相似的数据。从根本上说，DM 的工作原理是通过连续添加高斯噪声来破坏训练数据，然后通过学习逆向的去噪过程来恢复数据。训练后，使用 DM 将随机采样的噪声传入模型中，通过学到的去噪过程来生成数据。如图 6-17 所示，DM 包括正向的扩散过程和反向的逆扩散过程。

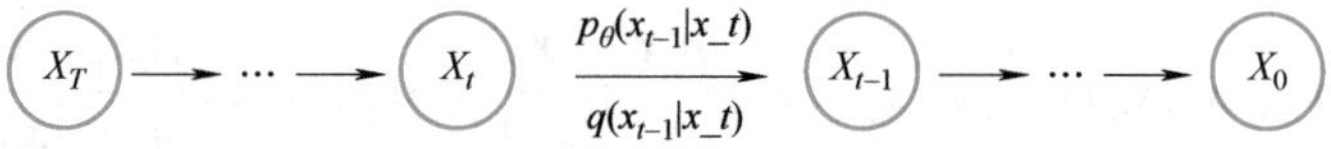

图 6-17　DM 的正向扩散与反向逆扩散过程示意图

1. 正向扩散过程

正向扩散过程(Forward)即给数据样本上加噪声的过程。给定数据 x_0，正向扩散过程通过 T 次累计对其添加高斯噪声，得到 x_1，x_2，…，x_T，正向扩散过程每个时刻 t 只与 $t-1$ 时刻有关，所以可以看做马尔可夫过程，其数学形式可以写成：

$$q(\boldsymbol{x}_t\mid\boldsymbol{x}_{t-1})=N(\boldsymbol{x}_t;\sqrt{1-\beta_t}\,\boldsymbol{x}_{t-1},\beta_t\boldsymbol{I}) \tag{6-71}$$

$$q(\boldsymbol{x}_{1:T}\mid\boldsymbol{x}_0)=\prod_{t=1}^{T}q(\boldsymbol{x}_t\mid\boldsymbol{x}_{t-1})=\prod_{t=1}^{T}N(\boldsymbol{x}_t;\sqrt{1-\beta_t}\,\boldsymbol{x}_{t-1},\beta_t\boldsymbol{I}) \tag{6-72}$$

式中，β_1，…，β_T 是高斯分布方差的超参数，一般设置为是由 0.0001 到 0.02 的线性插值。

在正向扩散过程中，随着 t 的增大，x_t 越来越接近纯噪声。当 T 足够大的时候，收敛为标准高斯噪声 $N(\boldsymbol{0},\boldsymbol{I})$。

能够通过 $\boldsymbol{x}_0$ 和 β 快速得到 x_t 有助于后续 DM 的推导。首先假设 $\alpha_t=1-\beta_t$，并且 $\overline{\alpha_t}=\prod_{i=1}^{T}\alpha_i$，展开 $\boldsymbol{x}_t$ 可以得到：

$$\begin{aligned} \boldsymbol{x}_t &= \sqrt{\alpha_t}\,\boldsymbol{x}_{t-1}+\sqrt{1-\alpha_t}\,\boldsymbol{\varepsilon}_1=\sqrt{\alpha_t}(\sqrt{\alpha_{t-1}}\,\boldsymbol{x}_{t-2}+\sqrt{1-\alpha_{t-1}}\,\boldsymbol{\varepsilon}_2)+\sqrt{1-\alpha_t}\,\boldsymbol{\varepsilon}_1 \\ &= \sqrt{\alpha_t\alpha_{t-1}}\,\boldsymbol{x}_{t-2}+(\sqrt{\alpha_t(1-\alpha_{t-1})}\,\boldsymbol{\varepsilon}_2+\sqrt{1-\alpha_t}\,\boldsymbol{\varepsilon}_1) \end{aligned} \tag{6-73}$$

式中，$\boldsymbol{\varepsilon}_1$，$\boldsymbol{\varepsilon}_2 \sim N(\mathbf{0},\boldsymbol{I})$，根据高斯分布的性质，即 $N(\mathbf{0},\sigma_1^2\boldsymbol{I})+N(\mathbf{0},\sigma_2^2\boldsymbol{I})\sim N(\mathbf{0},(\sigma_1^2+\sigma_2^2)\boldsymbol{I})$，有：

$$\sqrt{\alpha_t(1-\alpha_{t-1})}\,\boldsymbol{\varepsilon}_2 \sim N(\mathbf{0},\alpha_t(1-\alpha_{t-1})\boldsymbol{I})$$

$$\sqrt{1-\alpha_t}\,\boldsymbol{\varepsilon}_1 \sim N(\mathbf{0},(1-\alpha_t)\boldsymbol{I})$$

$$\sqrt{\alpha_t(1-\alpha_{t-1})}\,\boldsymbol{\varepsilon}_2+\sqrt{1-\alpha_t}\,\boldsymbol{\varepsilon}_1 \sim N(\mathbf{0},[\alpha_t(1-\alpha_{t-1})+(1-\alpha_t)]\boldsymbol{I})=N(\mathbf{0},(1-\alpha_t\alpha_{t-1})\boldsymbol{I})$$

因此，$\boldsymbol{x}_t=\sqrt{\alpha_t\alpha_{t-1}}\,\boldsymbol{x}_{t-2}+\sqrt{1-\alpha_t\alpha_{t-1}}\,\overline{\boldsymbol{\varepsilon}_2}$，且 $\overline{\boldsymbol{\varepsilon}_2}\sim N(\mathbf{0},\boldsymbol{I})$。

依次展开后，可得：

$$\boldsymbol{x}_t=\sqrt{\overline{\alpha}_t}\,\boldsymbol{x}_0+\sqrt{1-\overline{\alpha}_t}\,\overline{\boldsymbol{\varepsilon}_t}\quad(\overline{\boldsymbol{\varepsilon}_t}\sim N(\mathbf{0},\boldsymbol{I}))\tag{6-74}$$

综上，任意时刻 x_t 满足 $q(\boldsymbol{x}_t|\boldsymbol{x}_0)=N(\boldsymbol{x}_t;\sqrt{\overline{\alpha}_t}\,\boldsymbol{x}_0,(1-\overline{\alpha}_t)\boldsymbol{I})$。

2. 反向逆扩散过程

那么反向逆扩散过程(Reverse)就是对正向扩散过程的逆向去噪过程，如果能够逐步得到逆转后的分布 $q(\boldsymbol{x}_{t-1}|\boldsymbol{x}_t)$，就可以从完全的标准高斯分布 $N(\mathbf{0},\boldsymbol{I})$ 还原出 $\boldsymbol{x}_0$。

由于 $q(\boldsymbol{x}_{t-1}|\boldsymbol{x}_t)$ 难以显式求解，因此通过神经网络来近似求解一个分布 $p_\theta(\boldsymbol{x}_{t-1}|\boldsymbol{x}_t)$ 来代替 $q(\boldsymbol{x}_{t-1}|\boldsymbol{x}_t)$。其中 θ 表示神经网络的参数。

$$p_\theta(\boldsymbol{x}_{t-1}|\boldsymbol{x}_t)=N(\boldsymbol{x}_{t-1};\mu_\theta(x_t,t),\sigma_\theta^2(x_t,t)\boldsymbol{I})\tag{6-75}$$

$$p_\theta(\boldsymbol{x}_{0:T})=p(\boldsymbol{x}_T)\prod_{t=T}^{1}p_\theta(\boldsymbol{x}_{t-1}|\boldsymbol{x}_t)=p(\boldsymbol{x}^{\mathrm{T}})\prod_{t=T}^{1}N(\boldsymbol{x}_{t-1};\mu_\theta(\boldsymbol{x}_t,t),\sigma_\theta^2(\boldsymbol{x}_t,t)\boldsymbol{I})\tag{6-76}$$

训练就是学习式中的 $\mu_\theta(\boldsymbol{x}_t,t)$ 和 $\sigma_\theta(\boldsymbol{x}_t,t)$。虽然无法得到逆转分布 $q(\boldsymbol{x}_{t-1}|\boldsymbol{x}_t)$，但是在训练过程中给定 $\boldsymbol{x}_0$ 后，就可以利用贝叶斯公式求解 $q(\boldsymbol{x}_{t-1}|\boldsymbol{x}_t,\boldsymbol{x}_0)$：

$$q(\boldsymbol{x}_{t-1}|\boldsymbol{x}_t,\boldsymbol{x}_0)=q(\boldsymbol{x}_t|\boldsymbol{x}_{t-1},\boldsymbol{x}_0)\frac{q(\boldsymbol{x}_{t-1}|\boldsymbol{x}_0)}{q(\boldsymbol{x}_t|\boldsymbol{x}_0)}=q(\boldsymbol{x}_t|\boldsymbol{x}_{t-1})\frac{q(\boldsymbol{x}_{t-1}|\boldsymbol{x}_0)}{q(\boldsymbol{x}_t|\boldsymbol{x}_0)}\tag{6-77}$$

这样就将后验概率转化为了已知的先验概率，代入前面推导的公式，可以得到：

$$q(\boldsymbol{x}_t|\boldsymbol{x}_{t-1})\propto\exp\left(-\frac{(\boldsymbol{x}_t-\sqrt{\alpha_t}\,\boldsymbol{x}_{t-1})^2}{2(1-\alpha_t)}\right)$$

$$q(\boldsymbol{x}_{t-1}|\boldsymbol{x}_0)\propto\exp\left(-\frac{(\boldsymbol{x}_{t-1}-\sqrt{\overline{\alpha}_{t-1}}\,\boldsymbol{x}_0)^2}{2(1-\overline{\alpha}_{t-1})}\right)$$

$$q(\boldsymbol{x}_t|\boldsymbol{x}_0)\propto\exp\left(-\frac{(\boldsymbol{x}_t-\sqrt{\overline{\alpha}_t}\,\boldsymbol{x}_0)^2}{2(1-\overline{\alpha}_t)}\right)\tag{6-78}$$

整理后可得：

$$q(\boldsymbol{x}_{t-1}|\boldsymbol{x}_t,\boldsymbol{x}_0)=N(\boldsymbol{x}_{t-1};\widetilde{\mu}_t(\boldsymbol{x}_t),\widetilde{\beta}_t\boldsymbol{I})\tag{6-79}$$

$$\widetilde{\mu}_t(\boldsymbol{x}_t)=\frac{\sqrt{\alpha_t}(1-\overline{\alpha}_{t-1})}{1-\overline{\alpha}_t}\boldsymbol{x}_t+\frac{\sqrt{\overline{\alpha}_{t-1}}\beta_t}{1-\overline{\alpha}_t}\boldsymbol{x}_0=\frac{1}{\sqrt{\alpha_t}}\left(\boldsymbol{x}_t-\frac{\beta_t}{\sqrt{1-\overline{\alpha}_t}}\overline{\boldsymbol{\varepsilon}}_t\right)$$

$$\overline{\beta}_t=\frac{1-\overline{\alpha}_{t-1}}{1-\overline{\alpha}_t}\beta_t\approx\beta_t$$

以上推导的 $\widetilde{\mu}_t(\boldsymbol{x}_t)$ 可视为真实标签，而通过神经网络学习到 $\mu_\theta(\boldsymbol{x}_t,t)$ 本质上就是学习噪声 $\varepsilon_\theta(\boldsymbol{x}_t,t)$ 的过程：

$$\mu_\theta(\boldsymbol{x}_t,t)=\frac{1}{\sqrt{\alpha_t}}\left(\boldsymbol{x}_t-\frac{\beta}{\sqrt{1-\bar{\alpha}_t}}\varepsilon_\theta(\boldsymbol{x}_t,t)\right) \tag{6-80}$$

因此模型预测的 $\boldsymbol{x}_{t-1}$ 可以写成：

$$\boldsymbol{x}_{t-1}(\boldsymbol{x}_t,t;\theta)=\frac{1}{\sqrt{\alpha_t}}\left(\boldsymbol{x}_t-\frac{\beta_t}{\sqrt{1-\bar{\alpha}_t}}\boldsymbol{\varepsilon}_\theta(\boldsymbol{x}_t,t)+\sigma_\theta(\boldsymbol{x}_t,t)z\right)\ (z\sim N(\boldsymbol{0},\boldsymbol{I})) \tag{6-81}$$

3. 训练过程

要学习 $\mu_\theta(\boldsymbol{x}_t,t)$ 和 $\sigma_\theta(\boldsymbol{x}_t,t)$，进一步也就是学习噪声 $\varepsilon_\theta(\boldsymbol{x}_t,t)$。DM 使用极大似然估计来近似反向逆扩散过程中马尔可夫链转换的概率分布：

$$L=E_{q(\boldsymbol{x}_0)}[-\log p_\theta(\boldsymbol{x}_0)] \tag{6-82}$$

等价于求解最小化负对数似然的变分上界。由于 KL 散度非负，有：

$$\begin{aligned}-\log p_\theta(\boldsymbol{x}_0)&\leqslant-\log p_\theta(\boldsymbol{x}_0)+D_{KL}(q(\boldsymbol{x}_{1:T}|\boldsymbol{x}_0)\|p_\theta(\boldsymbol{x}_{1:T}|\boldsymbol{x}_0))\\&=E_{q(\boldsymbol{x}_{1:T}|\boldsymbol{x}_0)}\left[\log\frac{q(\boldsymbol{x}_{1:T}|\boldsymbol{x}_0)}{p_\theta(\boldsymbol{x}_{0:T})}\right]\end{aligned} \tag{6-83}$$

利用重积分中的 Fubini 定理：

$$\begin{aligned}L&=E_{q(\boldsymbol{x}_0)}[-\log p_\theta(\boldsymbol{x}_0)]\leqslant E_{q(\boldsymbol{x}_0)}\left(E_{q(\boldsymbol{x}_{1:T}|\boldsymbol{x}_0)}\left[\log\frac{q(\boldsymbol{x}_{1:T}|\boldsymbol{x}_0)}{p_\theta(\boldsymbol{x}_{0:T})}\right]\right)\\&=E_{q(\boldsymbol{x}_{0:T})}\left[\log\frac{q(\boldsymbol{x}_{1:T}|\boldsymbol{x}_0)}{p_\theta(\boldsymbol{x}_{0:T})}\right]\end{aligned} \tag{6-84}$$

进一步推导，可以得到熵与多个 KL 散度的累加，具体可见参考文献[30]：

$$L=E_q[\underbrace{D_{KL}(q(\boldsymbol{x}_T|\boldsymbol{x}_0)\|p_\theta(\boldsymbol{x}_T))}_{L_T}+\sum_{t=2}^{T}\underbrace{D_{KL}(q(\boldsymbol{x}_{t-1}|\boldsymbol{x}_t,\boldsymbol{x}_0)\|p_\theta(\boldsymbol{x}_{t-1}|\boldsymbol{x}_t))}_{L_{t-1}}\underbrace{-\log p_\theta(\boldsymbol{x}_0|\boldsymbol{x}_1)}_{L_0}] \tag{6-85}$$

由于前向 q 没有可学习参数，而 $\boldsymbol{x}_T$ 是纯高斯噪声，L_T 可以当做常量忽略。L_t 可以看做拉近 2 个高斯分布 $q(\boldsymbol{x}_{t-1}|\boldsymbol{x}_t,\boldsymbol{x}_0)=N(\boldsymbol{x}_{t-1};\tilde{\mu}(x_t,x_0),\tilde{\beta}_t\boldsymbol{I})$ 和 $p_\theta(\boldsymbol{x}_{t-1}|\boldsymbol{x}_t)=N(\boldsymbol{x}_{t-1};\mu_\theta(\boldsymbol{x}_t,\boldsymbol{x}_0),\sum_\theta)$，根据多元高斯分布的 KL 散度求解：

$$L_t=E_q\left[\frac{1}{2\|\sum_\theta(\boldsymbol{x}_t,t)\|_2^2}\|\tilde{\mu}_t(\boldsymbol{x}_t,\boldsymbol{x}_0)-\mu_\theta(\boldsymbol{x}_t,t)\|^2\right]+C \tag{6-86}$$

式中，C 是与模型参数 θ 无关的常量。

根据先前公式，进一步化简可以得到：

$$L_t^{\text{simple}}=E_{\boldsymbol{x}_0,t,\varepsilon}[\|\varepsilon-\varepsilon_\theta(\sqrt{\bar{\alpha}_t}\boldsymbol{x}_0+\sqrt{1-\bar{\alpha}_t}\varepsilon,t)\|^2] \tag{6-87}$$

可以看出，DM 训练的核心就是学习高斯噪声 ε 和 ε_θ 之间的最小均方误差。

4. 生成采样过程

生成采样过程即给定一个噪声数据 $\boldsymbol{x}_T$，通过公式：

$$\begin{aligned}p_\theta(\boldsymbol{x}_{t-1}|\boldsymbol{x}_t)&=N(\boldsymbol{x}_{t-1};\mu_\theta(\boldsymbol{x}_t,t),\sigma_\theta^2(\boldsymbol{x}_t,t)\boldsymbol{I})\sim\\&\frac{1}{\sqrt{\alpha_t}}\left(\boldsymbol{x}_t-\frac{\beta_t}{\sqrt{1-\bar{\alpha}_t}}\varepsilon_\theta(\boldsymbol{x}_t,t)\right)+\sigma_\theta(\boldsymbol{x}_t,t)z\quad(z\sim N(\boldsymbol{0},\boldsymbol{I}))\end{aligned} \tag{6-88}$$

从 $t=T$ 开始逐步去噪，最终生成 $\boldsymbol{x}_0$。在实际应用中，可以近似 $\beta_t\approx\sigma_\theta^2(\boldsymbol{x}_t,t)$。

6.6.2 条件扩散模型的技术方案

作为生成模型，扩散模型与其他生成模型的发展史很相似，都是先有无条件生成，然后拓展到条件生成。无条件生成往往是为了探索效果上限，而有条件生成则更多是应用层面的内容，因为它可以实现根据用户的意愿来控制输出结果。

从方法上来看，条件控制生成的方式分两种：基于分类器指导(Classifier-Guidance)和分类器无关的直接训练(Classifier-Free)。基于分类器指导方案即直接复用已训练好的无条件扩散模型，通过训练特定分类器来调整生成过程，从而实现控制生成；分类器无关的直接训练方案则更倾向于在扩散模型的训练过程中引入条件信号，从而达到更好的控制效果。

1. 基于分类器指导的方案

基于分类器指导的方案最早出自参考文献[31]，最初就是用来实现按类生成；后来 Liu 等人推广了分类器的概念，使得它也可以按图、按文来生成。基于分类器指导方案的训练成本比较低，但是推断成本会高些，而且控制粒度较为粗糙。

这一方案是在已经训练好的 DM 上额外添加一个分类器 $p_{\boldsymbol{\phi}}(\boldsymbol{y}|\boldsymbol{x}_t)$ 用于引导，其中 $\boldsymbol{y}$ 是条件，$\boldsymbol{\phi}$ 是分类器的参数。这一分类器在被应用前需要先用带噪声的数据 x_t 训练，具体来说，可以通过 DM 对原始数据进行正向扩散过程，通过加入噪声的数据训练分类器，具体原理如下。

根据前文可知，无条件生成过程可以表述为 $p_\theta(\boldsymbol{x}_{t-1}|\boldsymbol{x}_t)$，加上条件 $\boldsymbol{y}$ 后可以被写成 $p_{\theta,\phi}(\boldsymbol{x}_{t-1}|\boldsymbol{x}_t,\boldsymbol{y})$，根据贝叶斯公式可知：

$$p_{\theta,\phi}(\boldsymbol{x}_{t-1}|\boldsymbol{x}_t,\boldsymbol{y})=\frac{p_\theta(\boldsymbol{x}_{t-1}|\boldsymbol{x}_t)p_\phi(\boldsymbol{y}|\boldsymbol{x}_{t-1},\boldsymbol{x}_t)}{p_\phi(\boldsymbol{y}|\boldsymbol{x}_t)} \tag{6-89}$$

由于 $\boldsymbol{x}_t$ 只是在 $\boldsymbol{x}_{t-1}$ 基础上添加噪声，对分类不会有影响，因此有 $p_\phi(\boldsymbol{y}|\boldsymbol{x}_{t-1},\boldsymbol{x}_t)=p_\phi(\boldsymbol{y}|\boldsymbol{x}_{t-1})$，代入得：

$$\begin{aligned}p_{\theta,\phi}(\boldsymbol{x}_{t-1}|\boldsymbol{x}_t,\boldsymbol{y})&=p_\theta(\boldsymbol{x}_{t-1}|\boldsymbol{x}_t)\frac{p_\phi(\boldsymbol{y}|\boldsymbol{x}_{t-1})}{p_\phi(\boldsymbol{y}|\boldsymbol{x}_t)}\\&=p_\theta(\boldsymbol{x}_{t-1}|\boldsymbol{x}_t)\mathrm{e}^{\log p_\phi(\boldsymbol{y}|\boldsymbol{x}_{t-1})-\log p_\phi(\boldsymbol{y}|\boldsymbol{x}_t)}\end{aligned} \tag{6-90}$$

当 T 足够大时，$\boldsymbol{x}_{t-1}$ 和 $\boldsymbol{x}_t$ 相差很小，因此 $p_\phi(\boldsymbol{y}|\boldsymbol{x}_{t-1})$ 和 $p_\phi(\boldsymbol{y}|\boldsymbol{x}_t)$ 也相差很小，故可以对其做泰勒展开：

$$\begin{aligned}\log p_\phi(\boldsymbol{y}|\boldsymbol{x}_{t-1})-\log p_\phi(\boldsymbol{y}|\boldsymbol{x}_t)&\approx(\boldsymbol{x}_{t-1}-\boldsymbol{x}_t)\nabla_{\boldsymbol{x}_t}\log p_\phi(\boldsymbol{y}|\boldsymbol{x}_t)\\&\approx(\boldsymbol{x}_{t-1}-\mu_\theta(\boldsymbol{x}_t,t))\nabla_{\boldsymbol{x}_t}\log p_\phi(\boldsymbol{y}|\boldsymbol{x}_t)\end{aligned} \tag{6-91}$$

由于 $p_\theta(\boldsymbol{x}_{t-1}|\boldsymbol{x}_t)\sim N(\boldsymbol{x}_t;\boldsymbol{\mu}_\theta(\boldsymbol{x}_t,t),\ \boldsymbol{\sigma}_\theta^2(\boldsymbol{x}_t,t)\boldsymbol{I})\propto\exp\left(-\frac{(\boldsymbol{x}_t-\mu_\theta(\boldsymbol{x}_t,t))^2}{2\sigma_\theta^2(\boldsymbol{x}_t,t)}\right)$，有：

$$\begin{aligned}p_{\theta,\phi}(\boldsymbol{x}_{t-1}|\boldsymbol{x}_t,\boldsymbol{y})&\propto\exp\left(-\frac{(\boldsymbol{x}_t-\mu_\theta(\boldsymbol{x}_t,t))^2}{2\sigma_\theta^2(\boldsymbol{x}_t,t)}+(\boldsymbol{x}_{t-1}-\mu_\theta(\boldsymbol{x}_t,t))\nabla_{\boldsymbol{x}_t}\log p_\phi(\boldsymbol{y}|\boldsymbol{x}_t)\right)\\&\propto\exp\left(-\frac{(\boldsymbol{x}_t-\mu_\theta(\boldsymbol{x}_t,t)-\sigma_\theta^2(\boldsymbol{x}_t,t)\nabla_{\boldsymbol{x}_t}\log p_\phi(\boldsymbol{y}|\boldsymbol{x}_t))^2}{2\sigma_\theta^2(\boldsymbol{x}_t,t)}\right)\end{aligned} \tag{6-92}$$

即

$$p_{\theta,\phi}(\boldsymbol{x}_{t-1}|\boldsymbol{x}_t,\boldsymbol{y})=N(\boldsymbol{x}_t;\mu_\theta(\boldsymbol{x}_t,t)+\sigma_\theta^2(\boldsymbol{x}_t,t)\nabla_{\boldsymbol{x}_t}\log p_\phi(\boldsymbol{y}|\boldsymbol{x}_t),\sigma_\theta^2(\boldsymbol{x}_t,t)\boldsymbol{I})\sim$$
$$\frac{1}{\sqrt{\alpha_t}}\left(\boldsymbol{x}_t-\frac{\beta_t}{\sqrt{1-\bar{\alpha}_t}}\varepsilon_\theta(\boldsymbol{x}_t,t)\right)+\sigma_\theta^2(\boldsymbol{x}_t,t)\nabla_{\boldsymbol{x}_t}\log p_\phi(\boldsymbol{y}|\boldsymbol{x}_t)+ \tag{6-93}$$
$$\sigma_\theta(\boldsymbol{x}_t,t)\boldsymbol{z},(z\sim N(\boldsymbol{0},\boldsymbol{I}))$$

与不加条件的情形相比仅在均值里多了一项 $\sigma_\theta^2(\boldsymbol{x}_t,\boldsymbol{t})\nabla_{\boldsymbol{x}_t}\log p_\phi(\boldsymbol{y}|\boldsymbol{x}_t)$。在采样生成过程中，用分类器对 DM 生成的数据进行分类，得到预测分数与目标类别的交叉熵 $\log p_\phi(\boldsymbol{y}|\boldsymbol{x}_t)$，然后通过对 $\boldsymbol{x}_t$ 进行梯度下降优化，指导下一步的生成采样。

2. 分类器无关的条件生成方案

至于分类器无关的条件生成方案(Classifier-Free)，最早出自参考文献[33]。此方案本身没什么理论上的技巧，它是条件扩散模型最朴素的方案，出现得晚可能只是因为重新训练扩散模型的成本比较大。在数据和算力都比较充裕的前提下，该方案展现出了令人惊叹的细节控制能力。

这种方法需要对模型进行重新训练，与一般的 DM 相比，输入除了高斯噪声 x_T 外，还需要构造条件向量 y，相应的公式也要做出调整，如下所示：

$$\mu_\theta(x_t,t)=\frac{1}{\sqrt{\alpha_t}}\left(\boldsymbol{x}_t-\frac{\beta_t}{\sqrt{1-\bar{\alpha}_t}}\varepsilon_\theta(\boldsymbol{x}_t,t,\boldsymbol{y})\right) \tag{6-94}$$

优化目标为：

$$E_{\boldsymbol{x}_0,\boldsymbol{y}\sim p(\boldsymbol{x}_0,\boldsymbol{y}),t,\boldsymbol{\varepsilon}}[\|\boldsymbol{\varepsilon}-\boldsymbol{\varepsilon}_\theta(\sqrt{\bar{\alpha}_t}\boldsymbol{x}_0+\sqrt{1-\bar{\alpha}_t}\boldsymbol{\varepsilon},\boldsymbol{y},t)\|^2] \tag{6-95}$$

6.7 基于自回归网络的方法

自回归是统计学中处理时间序列的方法，用同一变量之前各个时刻的观测值预测该变量当前时刻的观测值。用条件概率表示可见层数据相邻元素的关系，以条件概率乘积表示联合概率分布的模型都可以称为自回归网络。自回归网络中最有影响力的模型是神经自回归分布估计，该模型起源于受限玻尔兹曼机(RBM)，将其中的权重共享和概率乘积准则与自回归方法结合，该模型的前向传播等同于假设隐藏变量服从平均场分布的 RBM，且更灵活、更容易推理，性能也更好。

6.7.1 自回归网络的基本原理

自回归网络的基本形式有三种：线性自回归网络、神经自回归网络和神经自回归分布估计器(Neural Autoregressive Distribution Estimation，NADE)。

线性自回归网络是自回归网络中最简单的形式，没有隐藏单元、参数和特征共享；神经自回归网络的提出是为了用条件概率分解似然函数，避免如 DBN 等传统概率图模型中高维数据引发的维数灾难。神经自回归网络是具有与线性自回归相同结构的有向图模型，该模型采用不同的条件分布参数，能够根据实际需求增加容量，并允许近似任意联合分布。另外神经自回归网络可以使用深度学习中常见的参数共享和特征共享等方法增强泛化能力。神经自回归分布估计器是最近非常成功的神经自回归网络的一种形式，本小节主要讨论此结构。

1. NADE 模型的基础结构

神经自回归分布估计器是基于将高维数据的概率通过链式法则分解为条件概率乘积的方法进行建模：

$$P(\boldsymbol{x})=\prod_{d=1}^{D}P(\boldsymbol{x}_{O_d}|\boldsymbol{x}_{O_{<d}}) \tag{6-96}$$

式中，$\boldsymbol{x}_{O_{<d}}$表示观测 D 维观测数据中位于$\boldsymbol{x}_{O_d}$左侧的所有维数，表明该定义中第 i 个维数的数值只与其之前的维数有关，与之后的维数无关。

RBM 中输出层到隐藏层的权重是隐藏层到输入层权重的转置，而 NADE 可以利用上述公式独立参数化各层之间的权重。另外，模型中引入了附加的参数共享，将条件分布进行参数化并写成如下形式：

$$P(\boldsymbol{x}_d=1|\boldsymbol{x}_{<d})=\text{Sigmoid}(\boldsymbol{V}_{d,\cdot}\cdot\boldsymbol{h}_d+\boldsymbol{b}_d)\quad \boldsymbol{h}_d=\text{Sigmoid}(\boldsymbol{W}_{\cdot,d}\cdot\boldsymbol{x}_d+\boldsymbol{c}) \tag{6-97}$$

其中，$\boldsymbol{V}\in\mathbf{R}^{D\times H}$，$b\in\mathbf{R}^{D}$，$\boldsymbol{W}\in\mathbf{R}^{H\times D}$，$\boldsymbol{c}\in\mathbf{R}^{H}$ 均为模型参数。$\boldsymbol{V}_{d,\cdot}$，$\boldsymbol{W}_{\cdot,d}$分别表示两个矩阵的 d 行和 d 列，说明两个矩阵和偏置 c 是共享参数，使 NADE 算法只需要 $O(HD)$个数的参数，且可以降低过拟合的风险。此外该算法容易递归计算：

$$\begin{gathered}h_1=\text{Sigmoid}(\boldsymbol{a}_1),\boldsymbol{a}_1=\boldsymbol{c}\\ h_d=\text{Sigmoid}(a_d)\\ \boldsymbol{a}_d=\boldsymbol{W}_{\cdot,>d}\boldsymbol{x}_d+\boldsymbol{c}=\boldsymbol{W}_{\cdot,d-1}\boldsymbol{x}_{d-1}+\boldsymbol{a}_{d-1}\end{gathered} \tag{6-98}$$

从公式可以看出每次计算隐藏变量 h 和条件概率需要的计算量均为 $O(h)$，因此计算 $P(\boldsymbol{x})$概率的计算量为 $O(h_d)$，共享参数的引入使得 NADE 在正向传播和均匀场推断中执行的计算大致相同。

2. NADE 模型的结构优化

（1）单元修正　Bengio 等人指出 h_d 的多次累加会使隐藏层单元越来越饱和，因此添加权重衰减参数以降低隐藏层单元的饱和现象：

$$h_d=\text{Sigmoid}(\rho_d a_d),\ \rho_d=\frac{1}{i} \tag{6-99}$$

实验中发现使用修正线性单元作为激活函数可以得到更好的生成效果。

（2）NADE-k　为了使 NADE 模型能够更好地推断数据中的缺失值，Raiko 等人根据 CD-k 算法的思想对可见层和隐藏层之间进行反复迭代，替代原始 NADE 的单次迭代，实验显示这种方法能有效提升 NADE 模型推断缺失值的能力，该模型可以称为 NADE-k。

（3）并行 NADE　尽管 NADE 的训练速度很快，但条件概率的有序性使得模型无法并行处理，生成样本的速度很慢。Reed 等为了打破像素之间的弱相关性，提出允许对某些像素组建模使之条件独立，只保留高度相关的临近像素，从而使 NADE 可以并行地生成多个像素，大大加快抽样速度，使隐藏变量和条件概率需要的计算量由 $O(h)$锐减到 $O(\log h)$，但是这个舍弃像素之间弱相关性的方式必然会一定程度上影响模型的性能。

6.7.2　自回归网络的衍生结构

1. 像素循环神经网络

像素循环神经网络(Pixel Recurrent Neural Network，PixelRNN)将图片的像素作为循环神经网络的输入，本质上是自回归神经网络在图片处理上的应用。该模型利用深度自回归网络预测图片的像素值，并提出三种不同的模型结构。

PixelCNN 直接利用卷积神经网络处理像素，然后用特殊结构的掩码避免生成样本时出现缺少像素的问题。这种方法结构简单、训练速度快且稳定，而且能够直接以似然函数作为目标，使 PixelCNN 的似然指标远超过其他的深度生成式模型，但缺点是生成的样本不理想，原因可能是卷积核不够大。

Row LSTM 能捕捉到更多邻近像素的信息，该模型对 LSTM 的输出进行行卷积，且三个门也由卷积产生，这种方法可以捕捉到更大范围的像素，但该模型的像素依赖区域是个漏斗形状，会遗漏很多重要的像素信息。

Diagonal BiLSTM 通过重新构造像素位置的方法使 LSTM 的输入不存在遗漏像素，即双向长短时记忆网络 BiLSTM。BiLSTM 利用特征映射的翻转构造双向的 LSTM 网络，消除映射时的像素盲点，比 Row LSTM 更好地捕捉像素信息。

这几种模型的本质都是捕捉当前元素周围的像素信息，用残差结构优化深度模型，序列化地产生像素样本，但逐个像素生成的方式导致模型生成速度很慢。

2. 掩码自动编码器

掩码自动编码器(Masked Autoencoder for Distribution Estimation，MADE)是将自回归的方法应用到自动编码器中，提高自动编码器估计密度的能力，实现方法主要是利用掩码修改权重矩阵使自动编码器的输出成为自回归形式的条件概率。

自动编码器一般表示能力差，所以适用于和具有较高表示能力的自回归模型相结合。按照自回归概率密度估计法，MADE 输出应是条件概率，在输入数据是二值的情况下，该模型目标函数为交叉熵损失函数。自动编码器权重矩阵中某些连接行上的值为 0，构建这类权重矩阵最为简单的办法是将权重矩阵掩码，屏蔽无关变量间的连接通道，从而将自动编码器与自回归网络相结合。

MADE 的另一个优势是很容易扩展到深层网络，只需要增加隐藏层的层数并添加对应的掩码。作者给出了其他隐藏层掩码的设计方法和针对掩码的不可知连接方法的训练算法。从实验结果可以看出 MADE 的生成能力与 NADE 基本持平并在部分数据集上超过了 NADE。

6.8　大语言模型

当前生成式预训练大语言模型(Pretrained Language Model，PLM)在自然语言处理领域取得了重大突破，它基于 Transformer 解码器结构，采用自回归网络的训练方式，通过不断堆叠增大模型参数，不断增加训练数据，从而拟合到自然语言中细粒度的特征、学到文本中的高级概念。

6.8.1　模型架构

1. 编码器-解码器架构

传统的 Transformer 模型通常采用分离的编码模块和解码模块进行建模。其中，编码模块对输入进行深度编码以提取隐藏表示，解码模块基于编码结果递归预测输出。这种将模型分解成编码和解码两个独立部分的设计方式被称为编码器-解码器架构。许多预训练语言模型如 T5 和 BART 就是基于此架构进行训练的，它们在完成各种 NLP 任务方面表现出色。

2. 因果解码器架构

因果解码器架构在解码阶段限制每个 token 仅关注前面的内容。GPT-1、GPT-2、GPT-3 都是这一架构的典型代表。其中，GPT-3 凭借其巨大的模型规模，成功展示了这一架构在语言理解和应用上的强大能力。然而，较小规模的 GPT-1 和 GPT-2 未能发挥同等水平的表现，表明模型规模对这种架构的语言能力具有重要影响。目前，因果解码器结构被广泛用于各种语言模型的设计中，例如 OPT、BLOOM 等模型。此外，仅包含解码部分的模型结构也常被称为单向解码器结构。

3. 前缀解码器架构

前缀解码器架构(也称非因果解码器架构)通过修正因果解码器的掩码机制，使其能够对前缀 token 执行双向注意力，并仅对生成的 token 执行单向注意力。这样一来，前缀解码器与编码器-解码器架构类似，可以双向编码前缀序列，并自回归地逐个预测输出 token，同时在编码和解码过程中共享相同的参数。通常，对于这种架构，不会从头开始进行预训练，而是继续训练因果解码器，然后将其转换为前缀解码器以加速收敛。例如，U-PaLM 是从 PaLM 演化而来的。基于前缀解码器架构的现有代表性 LLM 包括 GLM-130B 和 U-PaLM。

6.8.2 常用大模型

1. GPT 系列

生成式预训练 Transformer(Generative Pretrained Transformer，GPT)系列可以说是基于自回归网络的深度生成模型的重要组成部分，特别是目前发布的 ChatGPT 模型，更算得上是自回归网络在文本生成领域的一座丰碑。

GPT 系列由 OpenAI 公司的 Alec Radford 等人在近几年逐渐训练而出，它基于自回归网络的无监督思想进行训练。最初的 GPT-1 模型处理了规模约 5GB 的数据集进行预训练，然后在下游任务进行微调，效果显著，在 15 个下游任务中有 12 个都超过了当时的 SOTA。并且，GPT-1 在预训练之后，即使不进行微调，也能达到基线模型近乎 80%的效果。这种纯预训练的范式也引起了工业界和学术界的探索。大约半年后，GPT-2 出世，预训练数据集扩大到了 40GB，模型参数由 1.1 亿扩大到 15 亿。不同于预训练加微调的范式，GPT-2 没有进行微调，却在 7 个不同的语言模型相关数据集上取得了 SOTA 的结果。之后，2020 年 5 月，参数量高达 1750 亿的 GPT-3 模型发布。此时已经完全抛弃了微调过程，通过给定少量的案例让模型自行理解并完成任务，其效果不弱于监督训练的基座模型。

如今，ChatGPT 和 GPT-4 模型的接口开放，引起了世界人民的广泛关注，在大量网友的海量测试中，它们表现出各种惊人的能力，如流畅对答、写代码、写剧本、纠错等。

ChatGPT 在对话场景核心实现了更好的用户意图理解和连续多轮对话能力、实现了全面回答、承认错误和兜底回复的能力。并且还具备了识别非法和偏见的机制，针对不合理提问提示并拒绝回答。其整体技术方案是基于 GPT-3.5 大规模语言模型通过人工反馈强化学习来微调模型，让模型一方面学习人的指令，另一方面学习回答的好不好。具体而言，主要涉及以下三方面技术：

1）性能强大的预训练语言模型 GPT-3.5，使得模型具备了博学的基础。ChatGPT 是在 GPT-3.5 模型上进行微调得到，这里对 GPT-3.5 在 GPT-3 基础上做的工作进行梳理，官方列举了以下 GPT-3.5 系列几个型号：code-davinci-002 是一个基础模型，对应于纯代码补全任务。text-davinci-002 是在 code-davinci-002 基础上训练的 InstructGPT 模型。text-davinci-003 是基于 text-davinci-002 模型的增强版本。ChatGPT 是在 text-davinci-003 基础上微调而来，这也是 ChatGPT 模型性能如此强大的核心要素。

2）设计监督学习信号大幅提升了模型的准确性。GPT-3 之前在预训练加微调已经是 NLP 任务中标准范式，GPT-3 模型的训练是纯自监督学习并以 API 的形式发布，用户不具备微调的能力，官方也是主打预训练加提示学习的范式。提示学习方法本质是挖掘语言模型本身具备的知识，通过恰当的提示去激发语言模型的补全能力。监督信号微调可以理解为改变了语言模型的理解能力，InstructGPT 的工作可以理解为对 GPT-3-SFT 做了数据增强提升，使得模型在理解人类指令方面更出色。

3）引入强化学习对齐模型和用户意图。ChatGPT 通过人类反馈强化学习（Reinforcement Learning with Human Feedback，RLHF）来让模型理解人类的指令。RLHF 训练过程如图 6-18 所示。

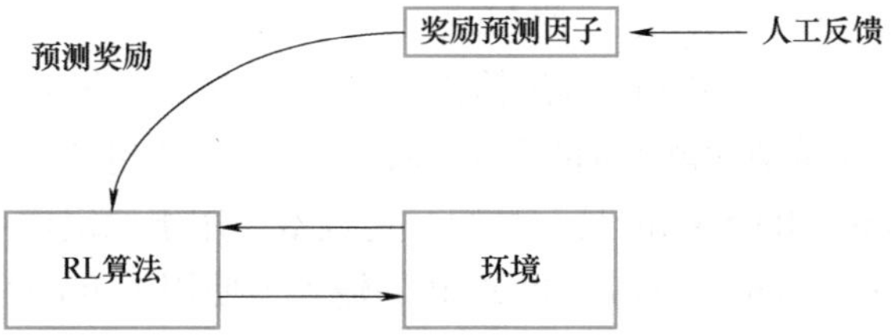

图 6-18　RLHF 训练过程

以实现文本生成的任务为例，模型首先根据内容随机生成文本，然后由人类来判断哪个文本更符合人类的认知和预期。通过人类给出的反馈数据，学习一个最能解释人类判断的奖励模型（Reward Model，RM），然后使用强化学习方法来根据奖励更新参数。随着人类继续提供模型无法判断时的反馈，实现了进一步完善它对目标的理解。

2. Llama 系列

Llama 模型是由 Meta AI（前 Facebook AI）发布的一系列大型语言模型，旨在提供高效、灵活的自然语言处理能力。这些模型是在 Transformer 架构基础上构建的，利用大规模数据集进行预训练，以支持各种复杂的语言理解和生成任务。Llama 模型因其在多个 NLP 基准测试中展示出的卓越性能而受到关注。

Llama 系列目前主要有以下三代：

1）Llama。2023 年 2 月发布，是当时性能非常出色的开源模型之一，有 7B、13B、30B 和 65B 四个参数量版本。Llama 各个参数量版本都在超过 1 万亿 token 的语料上进行了预训练，其中最大的 65B 参数的模型在 2048 张 A100 80G GPU 上训练了近 21 天，并在大多数基准测试中超越了具有 1750 亿参数的 GPT-3。由于模型开源且性能优异，Llama 迅速成为开源社区中最受欢迎的大模型之一，以 Llama 为核心的生态圈也由此崛起。唯一美中不足的是，因为开源协议问题，Llama 不可免费商用。

2）Llama 2。2023 年 7 月发布了免费可商用版本 Llama 2，有 7B、13B、34B 和 70B 四个参数量版本，除了 34B 模型外，其他均已开源。相比于 Llama，Llama 2 将预训练的语料扩充到了 2 万亿 token，同时将模型的上下文长度从 2048 翻倍到了 4096，并引入了分组查询注意力机制(grouped-query attention，GQA)等技术。有了更强大的基座模型 Llama 2，Meta 通过进一步的有监督微调(Supervised Fine-Tuning，SFT)、基于人类反馈的强化学习(Reinforcement Learning with Human Feedback，RLHF)等技术对模型进行迭代优化，并发布了面向对话应用的微调系列模型 Llama 2 Chat。通过“预训练-有监督微调-基于人类反馈的强化学习”这一训练流程，Llama 2 Chat 不仅在众多基准测试中取得了更好的模型性能，同时在应用中也更加安全。随后，得益于 Llama 2 的优异性能，Meta 在 2023 年 8 月发布了专注于代码生成的 Code-Llama，共有 7B、13B、34B 和 70B 四个参数量版本。

3) Llama 3(https://llama.meta.com/llama3/)。2024 年 4 月发布，包括 8B 和 70B 两个参数量版本。除此之外，Meta 还透露，400B 的 Llama 3 还在训练中。相比 Llama 2，Llama 3 支持 8K 长文本，并采用了一个编码效率更高的 tokenizer，词表大小为 128K。在预训练数据方面，Llama 3 使用了超过 15 万亿 token 的语料，这比 Llama 2 的 7 倍还多。Llama 3 在性能上取得了巨大飞跃，并在相同规模的大模型中取得了最优异的性能。另外，推理、代码生成和指令跟随等能力得到了极大的改进，使 Llama 3 更加可控。

Llama 模型采用了基于 Transformer 解码器的架构，并在原始 Transformer 解码器的基础上进行了一些改动，以提高模型性能和训练稳定性，其架构特点包括：

1) 前置的 RMSNorm。RMSNorm 是一种归一化技术，用于稳定模型的训练过程，提高模型的收敛速度。Llama 在 Attention Layer 和 MLP 的输入上使用了 RMSNorm，相比在输出上使用，训练会更加稳定。

2) Q、K 上的 RoPE 旋转式位置编码。位置编码用于捕捉序列中的位置信息，RoPE 旋转式位置编码能够有效地处理长序列，提高模型的性能。

3) Causal mask。该机制保证每个位置只能看到前面的 tokens，确保了模型的自回归性质。

4) 使用分组查询注意力。通过使用分组查询注意力(GQA)，Llama 能够在保持性能的同时，降低模型的计算复杂度，提高推理速度。

3. Llava 系列

Llava(Large Language and Vision Assistant)是一个端到端训练的大型多模态模型，将视觉编码器和大语言模型连接起来，用于通用的视觉和语言理解。它具有以下特点：

1) 多模态指令跟随数据集。利用 ChatGPT/GPT-4 将图像文本对转换为适当的指令遵循数据格式，生成了包含对话式 QA、详细描述和复杂推理三种类型的指令跟随数据。

2) 大型多模态模型。通过连接 CLIP 的开放视觉编码器和语言解码器 Llama，并在生成的指令视觉语言数据上进行端到端微调。

Llava 可以用于多种任务，如图像描述、视觉问答、根据图片写代码等。它在图像理解、OCR、KIE 等方面都有较好的效果。例如，在图像描述任务上，Llava 的表现与人类相似；在视觉问答任务上，Llava 可以回答有关图像的开放式问题。

随着技术的不断发展，Llava 也在不断演进和改进。例如，Llava-1.5 使用 MLP 替换了简单的线性层，并添加了面向学术任务 VQA 数据集的简单响应格式的提示词。Llava-PLUS 则整合了大量外部工具来扩展 Llava 的功能，使其具备使用工具的能力，如图像检测、图像分割、图像生成和图像编辑等。

6.8.3 预训练大语言模型的优化技巧

1. 参数高效微调方法

当前以 ChatGPT 为代表的 PLM 规模变得越来越大，在消费级硬件上进行全量微调(Full Fine-Tuning)变得不可行。此外，为每个下游任务单独存储和部署微调模型变得非常昂贵，因为微调模型与原始预训练模型的大小相同。参数高效微调(Parameter-Efficient Fine-Tuning, PEFT)方法被提出来解决这两个问题。PEFT 方法仅微调少量或额外的模型参数，固定大部分预训练参数，大大降低了计算和存储成本，同时最先进的 PEFT 技术也能实现了与全量微调相当的性能。PEFT 方法可以分为三类：

(1) Prefix/Prompt-Tuning　在模型的输入或隐层添加 k 个额外可训练的前缀，只训练这些前缀参数。

1) Prefix-Tuning 在模型输入前添加一个连续的且任务特定的向量序列，称之为前缀(Prefix)。前缀被视为一系列虚拟标记，但是它由不对应于真实词表的可训练参数组成。与全量微调不同，Prefix-Tuning 固定 PLM 的所有参数，只更新特定任务的前缀的参数。因此，在生产部署时，只需要存储一个大型 PLM 的副本和一个学习到的特定任务的前缀，每个下游任务只产生非常小的额外的计算和存储开销。

以 GPT-2 的自回归语言模型为例，将输入 $\boldsymbol{x}$ 和输出 $\boldsymbol{y}$ 拼接为 $z=[\boldsymbol{x};\boldsymbol{y}]$，经过 LM 的某一层计算隐层表示 $\boldsymbol{h}=[h_1,\cdots,h_i,\cdots,h_n]$，$h_i=LM(z_i,h_{<i})$，其中，$X_{idx}$ 和 Y_{idx} 分别为输入和输出序列的索引。Prefix-Tuning 在输入前添加前缀，即 $z=[Prefix,x,y]$，P_{idx} 为前缀序列的索引，$|P_{idx}|$ 为前缀的长度。前缀索引对应着由 θ 参数化的向量矩阵 $\boldsymbol{P}_\theta$，维度为 $|\boldsymbol{P}_{idx}|\times\dim(\boldsymbol{h}_i)$。隐层表示的计算如下：

$$\boldsymbol{h}_i=\begin{cases}\boldsymbol{P}_\theta[i,:], & i\in\boldsymbol{P}_{idx}\\ \boldsymbol{LM}_\phi(z_i,h_{<i}), & \text{否则}\end{cases} \tag{6-100}$$

若索引为前缀索引 $\boldsymbol{P}_{idx}$，直接从 $\boldsymbol{P}_{\boldsymbol{\theta}}$ 复制对应的向量作为 $\boldsymbol{h}_i$(在模型每一层都添加前缀向量)；否则直接通过 LM 计算得到，同时，经过 LM 计算的 $\boldsymbol{h}_i$ 也依赖于其左侧的前缀参数 $\boldsymbol{P}_\theta$，即通过前缀来影响后续的序列隐层激化值。

但是直接优化 $\boldsymbol{P}_\theta$ 会导致训练不稳定，通过一个更小的矩阵 $\boldsymbol{P}'_\theta$ 和一个更大的前馈神经网络 $\boldsymbol{MLP}_\theta$ 对 $\boldsymbol{P}_\theta$ 进行重参数化：$\boldsymbol{P}_\theta[i,:]=\boldsymbol{MLP}_{\boldsymbol{\theta}}(\boldsymbol{P}'_{\boldsymbol{\theta}}[i,:])$。在训练时，LM 的参数 $\boldsymbol{\phi}$ 被固定，只有前缀参数 $\boldsymbol{\theta}$ 可训练。训练完成后，只有前缀 $\boldsymbol{P}_{\boldsymbol{\theta}}$ 被保存。

2) Prompt Tuning 方式可以看做是 Prefix-Tuning 的简化，固定整个预训练模型参数，只允许将每个下游任务的额外 k 个可更新的标记前置到输入文本中，也没有使用额外的编码层或任务特定的输出层。

Prompt Tuning 将所有任务转化成文本生成任务，表示为 $\boldsymbol{Pr}_\theta(\boldsymbol{Y}|\boldsymbol{X})$。Prompt Tuning 在输入 X 前额外添加一系列特殊标记 $\boldsymbol{P}$，输入语言模型生成 $\boldsymbol{Y}$，即 $Pr_{\theta;\theta_P}(\boldsymbol{Y}|[\boldsymbol{P};\boldsymbol{X}])$。其中，$\boldsymbol{\theta}$ 为预训练模型参数，在训练过程被固定，$\boldsymbol{\theta}_P$ 为 prompts 的专有参数，在训练过程被更新优化。通过将输入 $\boldsymbol{X}$ 的词嵌入矩阵 $\boldsymbol{X}_e$ 与 prompts 的词嵌入矩阵进行拼接 $[\boldsymbol{P}_e,\boldsymbol{X}_e]$ 输入模型，最大化 $\boldsymbol{Y}$ 的概率训练模型，但是只有 prompt 参数被更新。

Prompt Tuning 提出了 Prompt Ensembling 方法来集成预训练语言模型的多种 Prompts。通过在同一任务上训练 N 个 Prompts，为一个任务创建了 N 个单独的模型，同时在整个过程中共享核心的预训练语言建模参数。除了大幅降低存储成本外，提示集成还使推理更加高效。处理一个样例时，可以执行批次大小为 N 的单个前向传递，而不是计算 N 次不同模型的前向传递，跨批次复制样例并改变 Prompts。在推理时可以使用投票方法从 Prompt Ensembling 中得到整体的预测。

（2）Adapter-Tuning　将较小的神经网络层或模块插入预训练模型的每一层，这些模块称为适配器(adapter)，下游任务微调时只训练适配器的参数。

假设预训练模型函数表示为 $\phi_w(x)$，Adapter-Tuning 添加适配器之后模型函数更新为 $\phi_{w,w_0}(x)$，其中 w 是预训练模型的参数，w_0 是新加的适配器参数。在训练过程中，w 被固定，只更新 w_0。由于 $|w_0| \ll |w|$，这使得不同下游任务只需要增加少量可训练的参数即可，既节省计算和存储开销，还可共享预训练知识。

Adapter 主要包括串行(Series Adapter)和并行(Parallel Adapter)：串行的适配器模块被添加到每个 Transformer 层两次：多头注意力映射之后和两层前馈神经网络之后。适配器是一个瓶颈(bottleneck)结构的模块，由向下投影矩阵、非线性函数和向上投影矩阵以及一个输出之间的残差连接组成。并行将适配器模块与每层 Transformer 的多头注意力和前馈层并行计算集成。

（3）LoRA　Adapter-Tuning 在 PLM 基础上添加适配器层会引入额外的计算，带来推理延迟问题；而 Prefix-Tuning 难以优化，其性能随可训练参数规模非单调变化，更根本的是，为前缀保留部分序列长度必然会减少用于处理下游任务的序列长度。于是出现了 LoRA 方法，通过学习小参数的低秩矩阵来近似模型权重矩阵 $\boldsymbol{W}$ 的参数更新，训练时只优化低秩矩阵参数。其结构如图 6-19 所示。

给定一个由 Φ 参数化的预训练的自回归语言模型 $P_\Phi(y|x)$，对于全量微调，模型参数由预训练权重 Φ_0 初始化，并反复跟随使得条件语言模型目标函数最大化的梯度更新至 $\Phi_0+\Delta\Phi$。

$$\max_{\Phi}\sum_{x,y}\sum_{t-1}^{|y|}\log P_\Phi(y_t|x,y_{<t}) \tag{6-101}$$

全量微调的一个主要缺点就是针对每个下游任务都学习和预训练权重维度相同的全新参数集合 $\Delta\Phi$，即 $|\Delta\Phi|=|\Phi_0|$。尤其是 GPT-3 175B 这类大模型，全量微调对计算和存储资源的消耗是非常大的，存储和部署不同微调模型实例也是不可能的。LoRA 论文提出了一种计算和存储高效的低秩(Low-Rank)表示方法，利用更小规模的参数集合 Θ 来对任务特定的参数增量进行编码，$\Delta\Phi=\Delta\Phi(\Theta)$，$|\Theta| \ll |\Phi_0|$。利用该方法对 175B GPT-3 微调，需要训练更新的参数数量 $|\Theta|$ 可以小到全量微调参数数量 $|\Phi_0|$ 的 0.01%。

具体地，Transformer 等神经网络包含许多执行矩阵乘法的密集层，这些权重矩阵通常具有满秩。参考文献[61]表明预训练的语言模型具有较低的“内在维度(Instrisic Dimension)”，并且可以和完整参数空间一样进行有效学习。受此启发，假设权重的更新在微调适配过程中也具有较低的“内在秩(Instrisic Rank)”。对于预训练模型的权重矩阵 $\boldsymbol{W}_0 \in \mathbf{R}^{d\times k}$，通过低秩分解来表示约束其更新。

$$\boldsymbol{W}_0+\Delta\boldsymbol{W}=\boldsymbol{W}_0+\boldsymbol{BA} \tag{6-102}$$

式中，$\boldsymbol{B}\in\mathbf{R}^{d\times r}$，$\boldsymbol{A}\in\mathbf{R}^{r\times k}$，$r\ll\min(d,k)$。训练过程，$\boldsymbol{W}_0$ 被固定不再进行梯度更新，只训练 $\boldsymbol{A}$ 和 $\boldsymbol{B}$，如图 6-19 所示。对于输入 $\boldsymbol{x}$，模型的前向传播过程 $\boldsymbol{h}=\boldsymbol{W}_0\boldsymbol{x}$ 被更新为：

$$h = W_0x + \Delta Wx = W_0x + BAx \tag{6-103}$$

LoRA 不要求权重矩阵的累积梯度更新在适配过程中具有满秩。当对所有权重矩阵应用 LoRA 并训练所有偏差时，将 LoRA 的秩 r 设置为预训练权重矩阵的秩，就能大致恢复全量微调的表现力。也就是说，随着增加可训练参数的数量，训练 LoRA 大致收敛于训练原始模型。

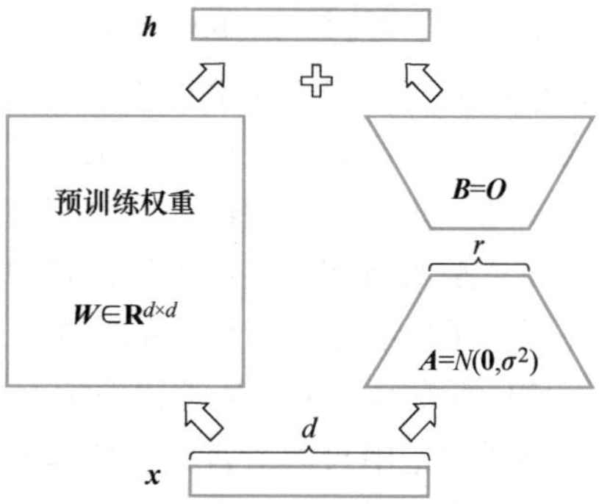

图 6-19　LoRA 示意图

在生产部署时，可以明确地计算和存储 $W = W_0 + BA$，并正常执行推理。当需要切换到另一个下游任务时，可以通过减去 BA 来恢复 W_0，然后增加一个不同的 $B'A'$，这是一个只需要很少内存开销的快速运算。最重要的是，与结构参数上微调的模型相比，LoRA 推理过程中没有引入任何额外的延迟。

对于用 Adam 训练的大型 Transformer，若 $r \ll d_{\text{model}}$，LoRA 减少 2/3 的 VRAM 用量，因为不需要存储已固定的预训练参数 W_0 的优化器状态，可以用更少的 GPU 进行大模型训练。另一个好处是，可以在部署时以更低的成本切换任务，只需更换 LoRA 的权重，而不是所有的参数。可以创建许多定制的模型，这些模型可以在将预训练的权重存储在 VRAM 中的机器上进行实时切换。在 GPT-3 175B 上训练时，与完全微调相比，速度提高了 25%。

2. 提示学习

随着数据时代的发展，深度学习模型向着越做越大的方向阔步迈进，近年来，不断有新的大模型甚至超大模型等被推出，通过预训练的方式使得模型具有超凡的性能。对于大模型的使用，目前比较主流的方式是预训练加微调。对不同的下游任务，可以设计对应的损失函数或者额外的网络结构，来让预训练模型贴近下游任务的领域，这种方式在大量的实践中运用，显示出了良好的效果。

但是，随着模型规模逐渐增大，微调也不再是一个容易的任务，也就是微调不支持参数量逐渐扩张的预训练模型。考虑到微调的本质是迫使预训练模型去适应不同的下游任务，但对于参数量规模越来越大的大模型，在下游任务中微调成本太高，于是出现了一些研究在保持模型不变的基础上，让众多下游任务主动向预训练模型靠齐，这也就是提示学习（Prompt Learning）的关键思想。

提示（Prompt），顾名思义，意味着需要给模型某种提示，这种提示帮助预训练模型迁移到下游任务中。在 NLP 中，提示学习的具体做法是，重新构建输入，加入提示模板。这里以文本情感分类为例，说明提示学习的具体做法：对于普通做法，文本情感分类的输入是一句话，输出是模型对这句话的情感判断。

提示学习的做法是，设计一种模板，将输入嵌入其中，同时，为模型留出判断情感类别的位置，模型只需做类似完形填空的工作，即可完成情感分类任务。因为预训练语言模型非常擅长完形填空这一类任务，所以通过加入提示模板，实现了最小化改动预训练模型。

提示学习被誉为 NLP 领域的“第四范式”，其思想易懂，做法简单，却有着出色的效果。因此，提示学习在近一两年开始涌现出源源不断的优秀工作，同时，也引起了 CV 和多模态领域的关注。OpenAI 在 2021 年提出了 CLIP，展示了 Prompt 模板的巨大潜能。

3. 上下文学习

上下文学习(In-Context Learning，ICL)也是一种新的范式，指在不进行参数更新的情况下，只在输入中加入几个示例就能让模型进行学习。这个范式具备不少优势：首先，输入的形式是自然语言，可以更好地跟语言模型交互，通过修改模版和示例说明所需要的内容，甚至可以把一些知识直接输入给模型；其次，这种学习方式更接近人类，即通过几个例子去类比，而不是像精调一样从大量语料中统计出规律；最后相比于监督学习，ICL 不需要进行训练，降低了模型适配新任务的成本。

ICL 的关键思想是从类比中学习。首先，ICL 需要一些示例来形成一个演示上下文。这些示例通常是用自然语言模板编写的。然后 ICL 将查询的问题和一个上下文演示连接在一起，形成带有提示的输入，并将其输入到语言模型中进行预测。

值得注意的是，与需要使用反向梯度更新模型参数的训练阶段的监督学习不同，ICL 不需要参数更新，并直接对预先训练好的语言模型进行预测。

4. 量化技术

随着深度学习模型在各种应用中的广泛使用，如何有效地部署这些模型成为了一个重要的研究和实践领域。模型量化技术通过降低数值精度来减少模型的存储需求和计算复杂度，是实现模型高效部署的关键技术之一。

(1) 参数量化　参数量化是通过减少模型权重的位数来实现的。常见的量化包括全精度到半精度(从 32 位浮点数到 16 位浮点数)以及整数量化(如 8 位或 16 位整数)。

(2) 激活量化　在模型的推理过程中，除了参数量化外，还可以对激活值(即网络层的输出)进行量化。激活量化通常需要动态调整量化范围以适应输出值的变化。

(3) 动态量化　动态量化在模型运行时根据数据的实际分布动态调整量化参数。这种方法可以在不牺牲太多精度的前提下，有效提高模型的运算效率。

(4) 后训练量化　后训练量化是在模型训练完成后应用的一种量化方法。通过使用校准技术确定最优的量化参数，这种方法可以快速而有效地减小模型大小，适合快速部署。

(5) 量化感知训练　量化感知训练在模型训练过程中引入量化操作。这样做可以使模型在训练时适应量化带来的误差，从而在实际应用中获得更好的性能和精度。

6.9 深度生成模型实例

码 6-1　多模态问答模型代码

本节将探索如何使用 LLaVA(Large Language and Vision Assistant)模型进行图像问答任务。图像问答是一种挑战性的人工智能任务，它要求模型理解图像内容并基于此回答相关问题。LLaVA 模型通过结合视觉和语言处理的能力，能够在这一领域展示出色的性能。

1. 背景

图像问答(VQA)是一个交叉学科领域，结合了计算机视觉、自然语言处理和机器学习的技术。它不仅需要理解自然语言查询中的意图，还需要对图像的内容进行深入分析，从而回答关于图像的问题。这种类型的任务具有广泛的应用，如辅助视觉障碍人士理解周围环境、改进交互式机器人的能力、增强教育技术工具，以及在自动驾驶车辆中提供环境感知。

2. 实验目的

多模态理解和融合：通过结合视觉（图像）和语言（问题）信息，LLaVA 模型可以展示其在理解和处理来自不同源的信息方面的能力。这种多模态融合是 AI 发展中的一个重要方向，有助于创建更为复杂和灵活的应用。

实际应用场景的模拟：图像问答实验通常设计为模拟真实世界中可能遇到的情景，从而测试和展示模型对日常生活情境的理解和反应能力。例如，本例中的问题关于特定画作的作者问题。

3. 模型和设置

选择使用 LLaVA-v1.5-7b，这是一个预训练的多模态模型，能够处理包括图像问答在内的多种语言和视觉任务。

4. 实现步骤

步骤 1：导入必要的库

```
1. from llava.model.builder import load_pretrained_model
2. from llava.mm_utils import get_model_name_from_path
3. from llava.eval.run_llava import eval_model
```

步骤 2：加载模型、分词器以及图像处理器。这些组件是处理图像问答任务所必需的。

```
1. model_path="liuhaotian/llava-v1.5-7b"
2. tokenizer,model,image_processor,context_len=load_pretrained_
model(
3.     model_path=model_path,
4.     model_base=None,
5.     model_name=get_model_name_from_path(model_path)
6. )
```

步骤 3：定义任务的参数，包括图 6-20 和问题 Who drew this painting。这些参数将被用来执行模型评估。

```
1. prompt="Who drew this painting?"
2. image_file="Monalisa.jpg"
3. args=type('Args',(),{
4.    "model_path":model_path,
5.    "model_base":None,
6.    "model_name":get_model_name_from_path(model_path),
7.    "query":prompt,
8.    "conv_mode":None,
9.   "image_file":image_file,
10.    "sep":",",
```

```
11.    "temperature":0,
12.    "top_p":None,
13.    "num_beams":1,
14.    "max_new_tokens":512
15. })()
```

步骤 4：生成和解析输出

```
1. answer=eval_model(args)
2. print("输出的答案:",answer)
```

输出的答案：The painting you've shown is the Mona Lisa, which was created by the Italian artist Leonardo da Vinci during the Renaissance. It is one of the most famous and recognized paintings in the world, known for its subject's enigmatic expression and the atmospheric illusionism that Leonardo employed. The Mona Lisa is housed in the Louvre Museum in Paris.

图 6-20 输入的图像

5. 实验总结

本实例讨论了如何使用 LLaVA 模型进行图像问答任务。实例根据输入的一幅图像，询问一个具体问题，模型生成相对应的答案。此任务展示了 LLaVA 模型在多模态理解和生成语言响应方面的能力，特别是它如何将视觉信息与语言查询相结合以生成相关且实用的答案。上述事例显示了如何利用 LLaVA 模型回答关于该图像场景的特定问题。

本章小结

本章深入介绍了深度生成模型的核心概念及其基本架构。通过假设潜在的生成过程，深度生成模型模拟事件的发生方式与顺序，这一过程通过深度神经网络进行参数化。本章讨论了如何利用深度神经网络实现模型的灵活且丰富的参数化，并探讨了概率论在确保模型建立的数学严谨性和推理准确性中的应用。

此外，本章分析了深度生成模型在处理无监督学习任务时的独特优势，特别是在无需明确标签的情况下如何有效地利用未标记数据。本章还探讨了当前流行的大型模型，并总结了它们的特点。通过具体案例，展示了这些模型在计算机视觉、自然语言处理及多模态领域的应用成效。深度生成模型不仅推动了机器学习技术的进步，也为解决实际问题提供了新的视角和方法。通过进一步研究与优化这些模型，可以期待它们在自动化、机器人等多个领域带来更广泛的应用和突破。

思考题与习题

6-1　解释什么是深度生成模型，并列举其与传统生成模型的主要区别。

6-2　描述生成对抗网络(GAN)的基本架构，并解释其训练过程中可能遇到的挑战。

6-3　简述 AE、VAE、GAN 的联系和区别?

6-4　实现一个简单的 GAN 模型，并使用 MNIST 手写数字数据集进行训练。分析生成的样本质量。

6-5　解释变分自动编码器(VAE)的工作原理，并描述其如何同时学习数据的生成和潜在表示。

6-6　简述扩散圆形的基本原理?

6-7　深度生成模型中的模式崩溃问题，并给出几种可能的解决方案。

6-8　什么是自回归模型，并讨论它们在生成图像方面的优势与局限性。

6-9　在扩散模型中，如何由状态 x_0 得到 x_t 时刻的分布?

6-10　在图像修复、超分辨率重建等任务中的应用，并给出相应的实验设计。

参考文献

[1] SMOLENSKY P. Information processing in dynamical systems: foundations of harmony theory[M]. Parallel Distributed Processing: Explorations in the Microstructure of Cognition, United States: MIT Press, 1986. 194-281.

[2] HINTON G E, OSINDERO S, TEH Y W. A fast learning algorithm for deep belief nets[J]. Neural Computation, 2006, 18(7): 1527-1554.

[3] SALAKHUDINOV R, HINTON G E. Deep Boltzmann machines[C]//International Conference on Artificial Intelligence and Statistics, USA: JMLR, 2009. 448-455.

[4] SALAKHUDINOV R, HINTON G E. Replicated softmax: An undirected topic model[J]. Advacned in Neural Information Processing Systems, 2009: 1607-1614.

[5] HYVARINEN A. Some extensions of score matching[J]. Computational Statistics & Data Analysis, 2007, 51(5): 2499-2512.

[6] GUTMANN M, HYVARINEN A. Noise-contrastive estimation: a new estimation principle for unnormalized statistical models[C]//International Conference on Artificial Intelligence and Statistics (AISTATS), Italy: JMLR, 2010. 297-304.

[7] HINTON G E. Training products of experts by minimizing contrastive divergence[J]. Neural Computation, 2002, 14(8): 1771-1800.

[8] CHO K H, RAIKO T, ILIN A. Parallel tempering is efficient for learning restricted Boltzmann machines [C]//International Joint Conference on Neural Networks (IJCNN), Spain: IEEE, 2012. 1-8.

[9] TIELEMAN T, HINTON G E. Using fast weights to improve persistent contrastive divergence[C]//Proceedings of the 26th Annual International Conference on Machine Learning, Montreal, Canada: ACM, 2009. 1033-1044.

[10] BURDA Y, GROSSE R, SALAKHUDINOV R. Importance weighted autoencoders[Z/OL]. 2015. [2024-08-01]. https://arxiv.org/abs/1509.00519.

[11] SOHN K, YAN X C, LEE H. Learning structured output representation using deep conditional generative models[J]. Advanced in Neural Information Processing Systems, 2015: 3483-3491.

[12] WALKER J, DOERSCH C, GUPTA A, et al. An uncertain future: forecasting from static images using variational autoencoders [C]//European Conference on Computer Vision. Amsterdam, The Netherlands: Springer, 2016. 835-851.

[13] ABBASNEJAD M E, DICK A, VAN DEN HENGEL A. Infinite variational autoencoder for semi-supervised learning [C]//IEEE Conference on Computer Vision and Pattern Recognition, USA: IEEE, 2017. 781-790.

[14] XU W D, TAN Y. Semisupervised text classification by variational autoencoder[J]. IEEE Transactions on Neural Networks and Learning Systems, 2020, 31(1): 295-308.

[15] MAALϕE L, SϕNDERBY C K, SϕNDERBY S K, et al. Auxiliary deep generative models[Z/OL]. 2016. [2024-08-01]. https://arxiv.org/abs/1602.05473.

[16] VAN DEN OORD A, VINYALS O, KAVUKCUOGLU K. Neural discrete representation learning[J]. Advanced in Neural Information Processing Systems, 2017: 6306-6315.

[17] RAZAVI A, VAN DEN OORD A, VINYALS O. Generating diverse high-fidelity images with VQ-VAE-2 [J]. Advanced in Neural Information Processing Systems, 2019: 14866-14876.

[18] GOODFELLOW I J, POUGET-ABADIE J, MIRZA M, et al. Generative adversarial nets[J]. Advanced in Neural Information Processing Systems, 2014: 2672-2680.

[19] ARJOVSKY M, CHINTALA S, BOTTOU L. Wasserstein GAN[Z/OL]. 2017. [2024-08-01]. https://arxiv.org/abs/1701.07875.

[20] MIYATO T, KATAOKA T, KOYAMA M, et al. Spectral normalization for generative adversarial networks [C]//International Conference on Learning Representations, Canada: OpenReview.net, 2018.

[21] RADFORD A, METZ L, CHINTALA S. Unsupervised representation learning with deep convolutional generative adversarial networks [C]//International Conference on Learning Representations, Puerto Rico: OpenReview.net, 2016.

[22] BROCK A, DONAHUE J, SIMONYAN K. Large scale GAN training for high fidelity natural image synthesis [C]//International Conference on Learning Representations, New Orleans, USA: OpenReview.net, 2019.

[23] MIRZA M, OSINDERO S. Conditional generative adversarial nets[Z/OL]. 2014. [2024-08-01]. https://arxiv.org/abs/1411.1784.

[24] ODENA A, OLAH C, SHLENS J. Conditional image synthesis with auxiliary classifier GANs[C]// International Conference on Machine Learning, Australia: PMLR, 2017. 2642-2651.

[25] DINH L, KRUEGER D, BENGIO Y. NICE: Non-linear independent components estimation[Z/OL]. 2014. [2024-08-01]. https://arxiv.org/abs/1410.8516.

[26] DINH L, SOHL-DICKSTEIN J, BENGIO S. Density estimation using Real NVP[C]// International Conference on Learning Representations, France: OpenReview.net, 2017.

[27] KINGMA D P, DHARIWAL P. Glow: Generative flow with invertible 1×1 convolutions[J]. Advanced in

Neural Information Processing Systems, 2018: 10236-10245.

[28] BEHRMANN J, GRATHWOHL W, CHEN R T Q, et al. Invertible residual networks[C]//International Conference on Machine Learning, California: PMLR, 2019. 573-582.

[29] REZENDE D J, MOHAMED S. Variational inference with normalizing flows[C]//International Conference on Machine Learning, France: JMLR, 2015. 1530-1538.

[30] SOHNIYAR J, WATSON E A, MURUGAN N, et al. Deep unsupervised learning using nonequilibrium thermodynamics[C]//International Conference on Machine Learning, France: JMLR, 2015. 2256-2265.

[31] PRAFULLA D, ALEXANDER Q N. Diffusion models beat GANs on image synthesis[J]. Advanced in Neural Information Processing Systems, 2021: 8780-8794.

[32] LIU X, HU D P, AZIZI S, et al. More control for free! Image synthesis with semantic diffusion Guidance [C]//IEEE/CVF Winter Conference on Applications of Computer Vision, USA: WACV, 2023. 289-299.

[33] JONATHAN H, TIM S. Classifier-free diffusion guidance[Z/OL]. 2022. [2024-08-01]. https://arxiv.org/abs/2207.12598.

[34] FREY B J. Graphical models for machine learning and digital communication[M]. Cambridge: MIT Press, 1998.

[35] BENGIO S, BENGIO Y. Taking on the curse of dimensionality in joint distributions using neural networks [J]. IEEE Transactions on Neural Networks, 2000, 11(3): 550-557.

[36] BENGIO Y. Discussion of "the neural autoregressive distribution estimator"[C]//International Conference on Artificial Intelligence and Statistics. USA: JMLR, 2011. 38-39.

[37] RAIKO T, LI Y, CHO K, et al. Iterative neural autoregressive distribution estimator (NADE-k)[J]. Advanced in Neural Information Processing Systems, 2014. 325-333.

[38] REED S, VAN DEN OORD A, KALCHBRENNER N, et al. Parallel multiscale autoregressive density estimation[Z/OL]. 2017. [2024-08-01]. https://arxiv.org/abs/1703.03664.

[39] VAN DEN OORD A, KALCHBRENNER N, KAVUKCUOGLU K. Pixel recurrent neural networks[Z/OL]. 2016. [2024-08-01]. https://arxiv.org/abs/1601.06759.

[40] GERMAIN M, GREGOR K, MURRAY I, et al. MADE: Masked autoencoder for distribution estimation [C]//International Conference on Machine Learning. France: JMLR, 2015. 881-889.

[41] VASWANI A, SHAZEER N, PARMAR N, et al. Attention is all you need[J]. Advanced in Neural Information Processing Systems, 2017, 30: 5998-6008.

[42] RAFFEL C, SHAZEER N, ROBERTS A, et al. Exploring the limits of transfer learning with a unified text-to-text transformer[J]. J. Mach. Learn. Res., 2020, 140: 1-67.

[43] LEWIS M, LIU Y, GOYAL N, et al. BART: denoising sequence-to-sequence pre-training for natural language generation, translation, and comprehension[C]//Proceedings of the 58th Annual Meeting of the Association for Computational Linguistics, Online, 2020: 7871-7880.

[44] RADFORD A, NARASIMHAN K, SALIMANS T, et al. Improving language understanding by generative pre-training[Z/OL]. 2018, https://api.semanticscholar.org/CorpusID:49313245.

[45] RADFORD A, WU J, CHILD R, et al. Language models are unsupervised multitask learners[Z/OL]. OpenAI blog, 2019.

[46] BROWN T B, MANN B, RYDER N, et al. Language models are few-shot learners[Z/OL]. 2020. [2024-08-01]. https://arxiv.org/abs/2005.14165.

[47] ZHANG S, ROLLER S, GOYAL N, et al. OPT: open pre-trained transformer language models[Z/OL]. 2022. [2024-08-01]. https://arxiv.org/abs/2205.01068.

[48] SCAO T L, FAN A, AKIKI C, et al. BLOOM: A 176b-parameter open-access multilingual language model

[Z/OL]. 2022. [2024-08-01]. https://arxiv.org/abs/2211.05100.

[49] DONG L, YANG N, WANG W, et al. Unified language model pre-training for natural language understanding and generation[J]. Advanced in Neural Information Processing Systems, 2019: 13042-13054.

[50] TAY Y, WEI J, CHUNG H W, et al. Transcending scaling laws with 0.1% extra compute[Z/OL]. 2022. [2024-08-01]. https://arxiv.org/abs/2210.11399.

[51] CHOWDHERY A, NARANG S, DEVLIN J, et al. PALM: Scaling language modeling with pathways[Z/OL]. 2022. [2024-08-01]. https://arxiv.org/abs/2204.02311.

[52] ZENG A, LIU X, DU Z, et al. GLM-130B: an open bilingual pre-trained model[Z/OL]. 2022. [2024-08-01]. https://arxiv.org/abs/2210.02414.

[53] TOUVRON H, LAVRIL T, IZACARD G, et al. Llama: open and efficient foundation language models[Z/OL]. 2023. [2024-08-01]. https://arxiv.org/abs/2302.13971.

[54] TOUVRON H, MARTIN L, STONE K, et al. Llama 2: open foundation and fine-tuned chat models[Z/OL]. 2023. [2024-08-01]. https://arxiv.org/abs/2307.09288.

[55] LIU HAOTIAN, LI CHUNYUAN, WU QINGYANG, et al. Visual instruction tuning[J]. Advance in Neural Information Processing Systems, 2024, 36.

[56] XIANG L L, PERCY L. Prefix-Tuning: optimizing continuous prompts for generation[C]//Proceedings of the 59th Annual Meeting of the Association for Computational Linguistics and the 11th International Joint Conference on Natural Language Processing (Volume 1: Long Papers), Online: ACL, 2021: 4582-4597.

[57] LESTER B, AL-RFOU R, CONSTANT N. The power of scale for parameter-efficient prompt tuning[C]//International Conference on Empirical Methods in Natural Language Processing, Virtual Event / Punta Cana, Dominican Republic: ACL, 2021. 3045-3059.

[58] HOU N, GAVRILOV A, JANKOWSKI S, et al. Parameter-efficient transfer learning for NLP[C]//International Conference on Machine Learning, California, USA: JMLR, 2019: 2790-2799.

[59] HE J, ZHOU C, MA X, et al. Towards a unified view of parameter-efficient transfer Learning[C]. The Tenth International Conference on Learning Representations, Virtual Event: OpenReview.net, 2022.

[60] HU E J, SHEN Y, WANG P, et al. LoRA: Low-Rank adaptation of large language Models[C]. The Tenth International Conference on Learning Representations, Virtual Event: OpenReview.net, 2022.

[61] ATANASYAN A, GULATI S, ZETTLEMOYER L. Intrinsic dimensionality explains the effectiveness of language model fine-tuning[C]//Proceedings of the 59th Annual Meeting of the Association for Computational Linguistics and the 11th International Joint Conference on Natural Language Processing (Volume 1: Long Papers), Online: ACL, 2021: 7319-7328.

第 7 章　图神经网络

7.1　图神经网络概述

传统的深度学习或者机器学习方法处理的数据往往是具有空间结构规则性的欧氏空间数据，而现实生活中的数据大多数并不具备空间结构规则性，例如社交网络、电子商务网络、生物网络、交通网络、知识图谱等。对于这一类数据，事物(点)和事物间的关系(边)往往可以用图进行表示，而如何利用深度学习方法来分析图数据，挖掘图信息成为了计算机科学领域中备受关注的问题。

基于此，图神经网络(Graph Neural Networks，GNN)在过去几年成为研究热点，GNN 是在图结构上学习的深度神经网络，它通过对图数据的拓扑结构进行建模，挖掘其潜在的关系，并结合图结构信息和节点特征，可以实现对图数据的全局推理和局部处理，具有较高的性能和泛化能力，因此可以利用深度学习方法完成节点分类、邻接预测、聚类等图分析任务。

7.1.1　图神经网络的发展起源

基于图结构的神经网络有着悠长的历史，对图神经网络的诞生具有重要意义。在 20 世纪 90 年代，Sperduti 等人首次将递归神经网络应用于有向无环图上，实现对图的结构分类，推动了图神经网络的早期研究。Marco Gori 等人提出图神经网络的概念，突破了递归神经网络只能处理有向无环图数据和图级别任务的局限性，实现了对更广泛类别图数据和节点级别任务的处理。此后，Franco Scarselli 等人对图神经网络的概念进行进一步的阐述。图神经网络的早期研究往往关注于对图中顶点的表示学习，基于巴拿赫不动点定理(Banach Fixed Point Theorem)，通过迭代传播相邻点的信息来学习目标点的表示，直至达到一个稳定的不动点。

在参考文献[4]中，图神经网络用于处理无向同构图，一个典型的图结构如图 7-1 所示。同构图指所有的顶点类型和边类型都只有一种的图，图中的每个顶点有其对应的输入特征 $\boldsymbol{x}_v$，每条边也有其对应的输入特征 $\boldsymbol{x}_e$；$co[v]$ 和 $ne[v]$ 分别表示和节点 v 关联的边集合和相邻的顶点集合。以图 7-1 为例，$\boldsymbol{x}_{l_1}$ 是顶点 l_1 的输入特征，$co[l_1]$ 包括边 $l_{(1,2)}$，$l_{(1,4)}$，$l_{(1,6)}$ 和 $l_{(3,1)}$，$ne[l_1]$ 包括顶点 l_2，l_3，l_4 和 l_6。

给定节点和边的输入特征，节点 v 的状态嵌入表示 h_v 和输出嵌入表示 o_v 计算方式如下：

定义一个参数函数 f，称为局部转移函数(Local Transition Function)用于模型根据相邻顶点的信息进行顶点的状态更新。定义一个参数函数 g，称为局部输出函数(Local Output Function)用于模型产生顶点的输出。f 和 g 一般可用前馈神经网络进行表示。则 $\boldsymbol{h}_v$ 和 $\boldsymbol{o}_v$ 计算过程为:

$$\boldsymbol{h}_v = f(\boldsymbol{x}_v, \boldsymbol{x}_{co[v]}, \boldsymbol{h}_{ne[v]}, \boldsymbol{x}_{ne[v]}) \tag{7-1}$$

$$\boldsymbol{o}_v = g(\boldsymbol{h}_v, \boldsymbol{x}_v) \tag{7-2}$$

式中，$\boldsymbol{x}_v$ 为顶点 v 的输入特征，$\boldsymbol{x}_{co[v]}$ 为和顶点 v 关联的边的输入特征，$\boldsymbol{h}_{ne[v]}$ 为和顶点 $\boldsymbol{v}$ 相邻的顶点的状态嵌入表示，$\boldsymbol{x}_{ne[v]}$ 为和顶点 v 相邻的顶点的输入特征。

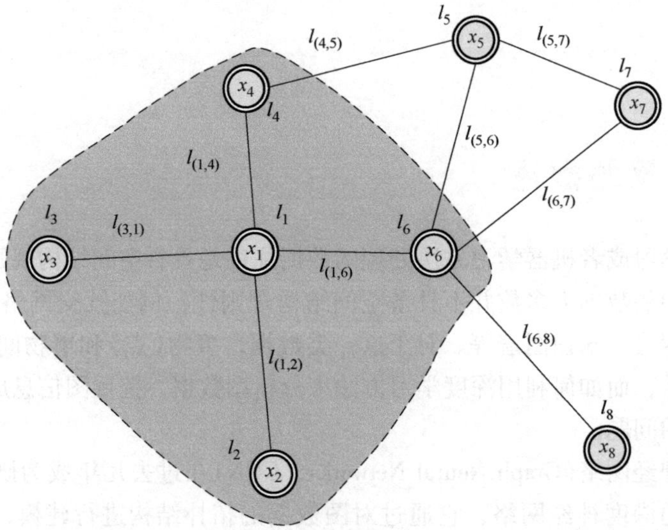

图 7-1　典型的图结构

设 $\boldsymbol{H}$，$\boldsymbol{O}$，$\boldsymbol{X}$，$\boldsymbol{X}_N$ 分别为由所有的状态特征、所有的输出特征、所有的输入特征、所有顶点的输入特征构成的特征矩阵，则计算过程可写成下面的紧凑形式:

$$\boldsymbol{H} = F(\boldsymbol{H}, \boldsymbol{X}) \tag{7-3}$$

$$\boldsymbol{O} = G(\boldsymbol{H}, \boldsymbol{X}_N) \tag{7-4}$$

式中，F 表示全局转移函数，是图中所有顶点的局部转移函数的堆叠形式；G 表示全局转移函数，是图中所有顶点的局部输出函数的堆叠形式。

基于巴拿赫不动点定理，该图神经网络的状态迭代更新公式为:

$$\boldsymbol{H}^{t+1} = F(\boldsymbol{H}^t, \boldsymbol{X}) \tag{7-5}$$

式中，$\boldsymbol{H}^t$ 表示状态特征的第 t 次迭代结果。对于任意初始化的状态 $\boldsymbol{H}^0$，式(7-5)都将指数收敛到式(7-3)。

在介绍完该图神经网络的框架之后，下一步就是学习局部转移函数 f 和局部输出函数 g 的参数。假设图中有监督信息的顶点数为 p，则以有监督信息的顶点的监督信息作为目标信息(顶点 v 的目标信息记作 t_v)，损失函数为:

$$loss = \sum_{i=1}^{p} (t_i - o_i) \tag{7-6}$$

根据梯度下降策略，该图神经网络的学习算法由以下几步组成:

1) 状态特征 $\boldsymbol{h}_v^t$ 根据式(7-1)迭代更新，直至更新 T 次，得到式(7-3)的近似不动点解: $H(T) \approx H$。

2）从损失中计算权重 $\boldsymbol{W}$ 的梯度。

3）权重 $\boldsymbol{W}$ 根据上一步计算得到的梯度进行更新。

除此之外，卷积神经网络能够提取多尺度局部空间特征并将其组合起来构建高效表示，推动了机器学习各个领域的突破性发展，开启了深度学习的新时代，成为图神经网络进一步发展的决定因素。卷积神经网络的特征可概括为局部连接，共享权重，多层网络结构，这些特征对于图域问题的解决至关重要，这是因为：第一，图是最典型的局部连接结构；第二，与传统的谱图理论相比，共享权值降低了计算成本；第三，多层结构能够捕捉不同层次的特征，是处理具有层次结构数据的关键。然而，卷积神经网络通常只能处理如图像(二维网格数据)以及文本(一维网格数据)这样的欧几里得数据，对于图这种更为复杂的非欧几里得数据难以定义局部卷积滤波器和池化算子(见图7-2)，因此直接将卷积神经网络从欧几里得域迁移到非欧几里得域并不可行。由此，将深度神经网络扩展到非欧几里得域逐渐成为新兴研究领域，这一趋势推动了几何深度学习的发展，使得图卷积神经网络(Graph Convolutional Networks，GCN)受到广泛关注。

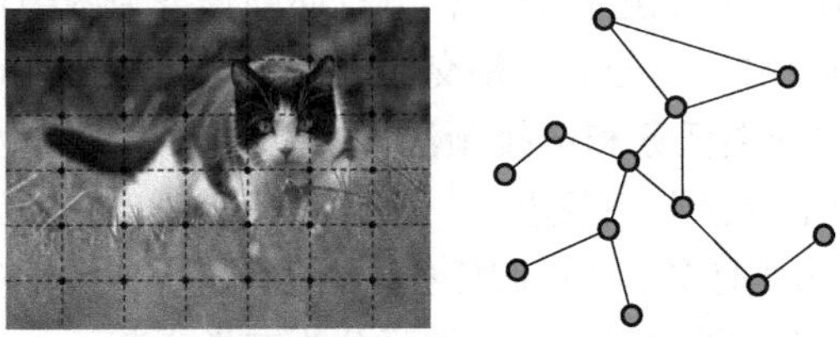

a) 欧氏空间的图像　　b) 非欧氏空间的图

图7-2　图数据

图卷积神经网络主要分为两大类：基于谱的方法和基于空间的方法。实际上，基于空间的方法的研究早于基于谱的方法。早在2009年，Micheli等人就根据图神经网络的信息传递机制提出了一种复合非递归层的架构。而基于谱的方法最早可追溯至Bruna等人在2013年提出的基于谱的图卷积神经网络。如今，各类图神经网络层出不穷，图神经网络领域的研究不断拓展，使其成为深度学习领域一颗璀璨的明珠。

7.1.2　图神经网络的设计

图神经网络的设计通常包括四步：第一步，寻找图结构；第二步，确定图类型；第三步，设计损失函数；第四步，基于计算模块构建图神经网络模型。

1. 寻找图结构

将图神经网络应用于实际场景的第一步就是寻找使用场景中的图结构。实际场景通常分为两类：结构性场景和非结构性场景。在结构性场景中，图结构是显式的，例如分子结构、知识图谱结构等。在非结构性场景中，图是隐式的，此时需要首先针对任务构建图，例如为文本构建一个全连接图，或者为图像构建一个场景图。在得到图结构之后，后面的设计过程就是针对寻找到的图结构确定一个最优的图神经网络模型。

2. 确定图类型

图类型根据不同属性可分为：

(1) 有向图/无向图　有向图中的边具有方向性，往往能够比无向图提供更多信息；无向图中的每条边可看作是两条有向边。

（2）同构图/异构图　同构图中的节点和边具有相同的类型，而异构图中的节点和边具有不同的类型。

（3）静态图/动态图　静态图是指图的结构和节点特征在整个处理过程中保持不变的图。其适用于数据结构相对稳定、不需要考虑时间变化的场景，例如描述分子结构或地理位置关系等。当输入特征或图的拓扑结构随时间变化时，该图视为一个动态图，在动态图中需考虑时间信息。

对图类型的确定可以是上述分类的一些组合，例如动态有向异构图、静态无向图等。图类型一旦确定，在之后的设计过程中就要进一步考虑图类型提供的附加信息。

3. 设计损失函数

损失函数的设计往往需要考虑任务类型和训练类型。从任务类型的角度思考，图学习任务通常可分为三类：

1）顶点级别任务关注对顶点的表示学习，包括顶点分类任务、顶点回归任务、顶点聚类任务。顶点分类任务对图中顶点进行分类；节点回归任务为图中顶点预测具有连续性的回归值；顶点聚类任务将图中顶点划分成不相交的组，并使得相似顶点在同一组中。

2）边级别任务包括边分类任务和链接预测任务，要求模型对边的类型进行分类，或者预测在两个给定顶点之间是否存在一条边。

3）图级别任务包括图分类任务、图回归任务、图匹配任务，需要模型进行图的表示学习。

从训练类型的角度思考，图学习任务通常可分为三类：

1）监督学习为训练提供标注数据。

2）半监督学习给出少量已标注节点和大量未标注节点用于训练。在测试阶段，直推式学习要求模型预测未标注节点的标签，而归纳式学习则给出和训练数据同分布的新的未标注顶点让模型进行推断。

3）无监督学习提供无标注的数据，需要模型学习数据分布模式，顶点聚类任务是典型的无监督学习任务。

针对不同的任务类型和训练类型往往需要设计不同的损失函数。例如，对于顶点级别的半监督分类任务，在训练过程中可基于标注的顶点数据使用交叉熵损失函数。

4. 基于计算模块构建图神经网络模型

图神经网络的计算模块包括：

1）传播模块　传播模块用于节点之间的信息传播，通过信息传播和聚合实现对特征信息和拓扑信息的捕捉。在传播模块中，通常使用卷积算子（Convolution Operator）和循环算子（Recurrent Operator）从相邻顶点中收集信息，而跳跃连接（Skip Connection）操作用于从顶点历史表示中收集信息，并缓解过平滑问题。

2）采样模块　当图规模较大时，通常需要采样模块来控制图信息传播，采样模块往往与传播模块相结合。

3）池化模块　当任务需要对子图或图进行表示时，需要采用池化模块从节点中提取信息。

基于上述计算模块就可以构建一个典型的图神经网络模型。图7-3的中间部分展示了图神经网络模型的典型架构，其中在图神经网络的每一子层中使用卷积运算子、递归算子、采样模块和跳跃连接，然后添加池化模块提取高维信息。图神经网络将多个子层堆叠起来以提升对最终特征表示的学习效果。

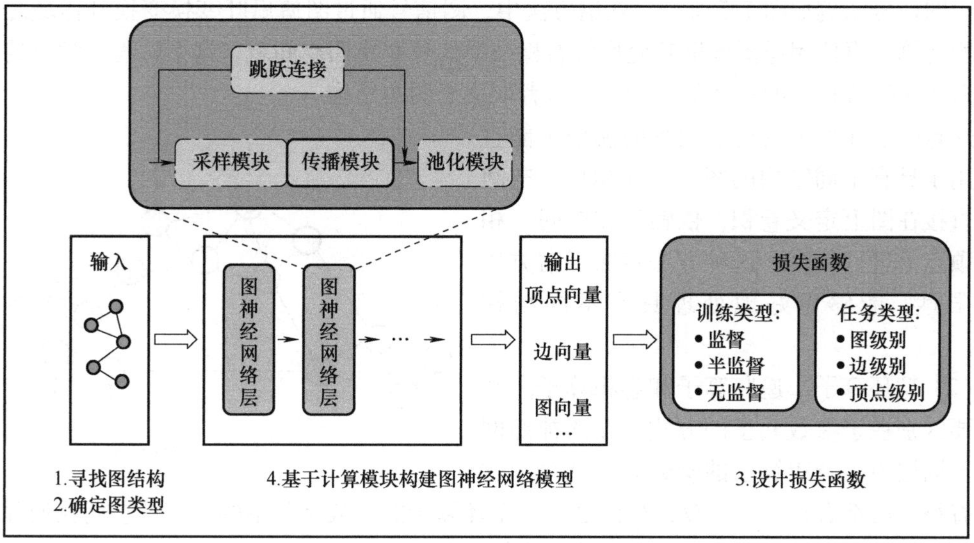

图 7-3　图神经网络设计流程

7.1.3　图神经网络计算模块

图神经网络计算模块一般由三个子模块组成：传播模块，采样模块，池化模块，下面将对这三个子模块分别进行详细介绍。

1. 传播模块

（1）卷积算子　卷积算子是图神经网络模型中最常用的传播算子，是普通卷积运算在图域上的扩展应用。在计算机视觉领域中对图像的卷积运算通常为二维卷积，和图神经网络中的图卷积运算有所差别。

如图 7-4 所示，其中图 7-4a 是图像上的二维卷积运算，一张图像可以被看作是图的一种特殊情况，图像中的每个像素都作为一个顶点，其相邻顶点由滤波器的大小决定。二维卷积取深色节点及其相邻顶点像素值的加权平均值。顶点的相邻顶点是有序的，并且具有固定的大小。图 7-4b 是图卷积，为了得到深色顶点点的隐藏表示，图卷积运算的一种简单形式是取深色顶点的特征及其相邻顶点的平均值。与图像数据不同，顶点的相邻顶点是无序的，且相邻顶点的数量大小可变。图神经网络模型中的卷积通常可分为谱方法和空间方法。

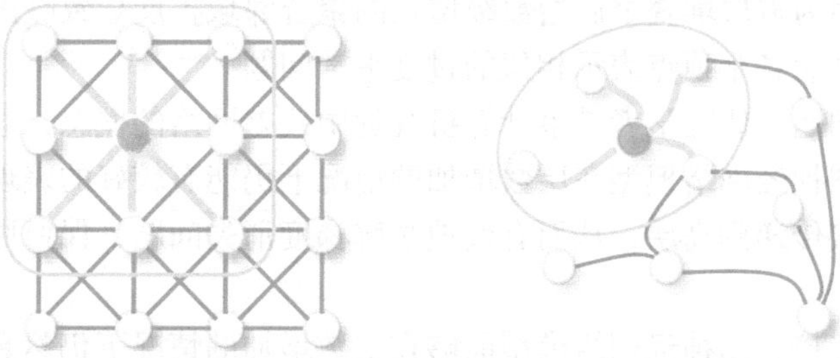

a) 二维卷积运算　　　　b) 图卷积

图 7-4　二维卷积和图卷积

谱方法往往关注于对图的谱表示，这类方法基于图信号处理的理论定义了谱域中的卷积算子。图信号图例如图 7-5 所示。在谱方法中，图信号通过图傅里叶变换变换到谱域之后进行卷积运算，再使用逆图傅里叶变换将卷积结果信号变换回空间域，这个过程中学习的滤波器都取决于拉普拉斯的特征基向量，而后者取决于图的结构。

这意味着在特定结构上训练的模型不能直接应用于具有不同结构的图。与此相反，空间方法直接在图上定义卷积，依赖于在空间上相邻的顶点上进行运算。这种方法克服了谱方法的局限性，能够更好地处理具有不同结构的图。

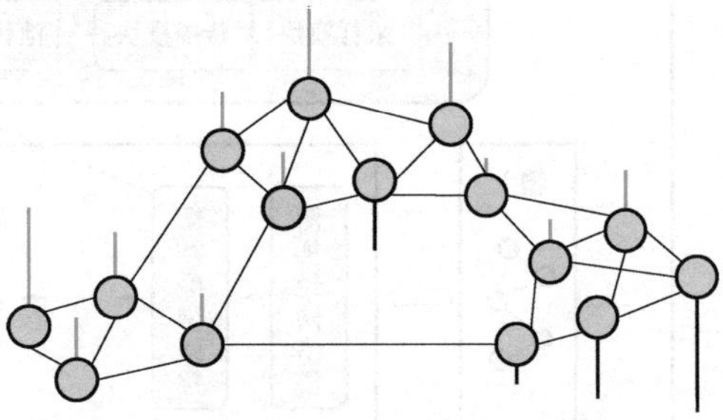

图 7-5　图信号图例

(2) 循环算子　递归算子和卷积算子之间的主要区别在于参数共享的方式，在图神经网络的不同层中，卷积算子的参数并不共享，这意味着每一层都有独立的参数，相比之下，循环算子的参数是共享的，使得它们在处理图结构数据时具有更强的泛化能力和更低的计算复杂度。

对循环算子的研究方法可分为基于收敛的方法和基于门控的方法。基于收敛的方法主要关注通过迭代过程逐步更新顶点表示，直至收敛到稳定状态，这类方法通过多次迭代来捕捉图结构中的长距离依赖关系，从而在图神经网络中实现更精确的节点表示。

基于门控的方法则引入了门机制，以有效地控制信息在顶点之间的传递和更新。通过使用门控单元，这类方法可以在信息传递过程中保留重要信息，同时过滤掉不相关或噪声信息，从而提高模型的表现。门控机制还有助于缓解梯度消失问题，使得模型在训练过程中更加稳定。

在实际应用中，研究者可以根据问题的特点和数据类型选择合适的循环算子方法。对于收敛性较强或需要捕捉长距离依赖关系的问题，可以采用基于收敛的方法。而对于需要精确控制信息流的问题，可以考虑基于门控的方法。同时，在设计循环算子时，还需考虑计算资源和时间限制，以找到性能和计算成本之间的平衡。总之，循环算子在图神经网络中具有重要作用，通过研究和优化不同类型的循环算子，可以进一步提高图神经网络在处理图结构数据时的性能。

(3) 跳跃连接　在实际应用中，图神经网络模型会将多个图神经网络层堆叠，实现范围更广的信息聚合。然而，实验中发现多层设计不仅不能提升模型的表现效果，甚至使模型表现变得更差。这是因为多层堆叠之后指数级增长的聚合邻域扩展导致噪声信息的传播，同时也导致了信息聚合之后各个顶点表示相似的过度平滑问题。

为了解决这些问题，研究学者借鉴计算机视觉中残差网络的概念，通过在图神经网络中引入跳跃连接来使图神经网络模型在层数增加的情况下仍能有较好的表现。跳跃连接能够将低层的节点表示直接传递到高层，从而有效地缓解梯度消失问题，保留原始信息，并降低过度平滑的风险。

通过引入跳跃连接，图神经网络模型能够在层数增加的情况下仍然具有较好的表现。这种设计不仅缓解了过度平滑问题，还提高了模型的稳定性和泛化能力。然而，在实际应用中，仍需要根据不同问题和数据类型，选择最合适的跳跃连接模型，如：Highway GCN、

JKN、DeepGCN 等，其中 DeepGCN 模型结构如图 7-6 所示。这些经典的跳跃连接模型在图神经网络中具有重要作用，可以有效地提高模型的性能、稳定性和泛化能力。总之，通过针对具体问题和数据特点选择合适的跳跃连接模型，研究者可以设计出更加适用的图神经网络模型。

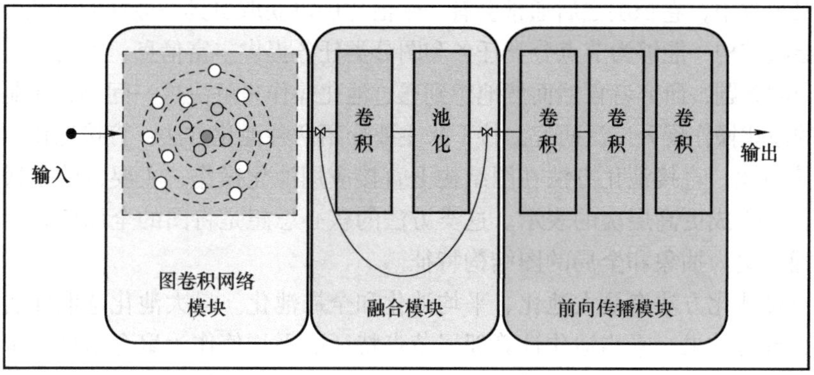

图 7-6　DeepGCN 模型结构

2. 采样模块

初始提出的图神经网络由于需要计算图的拉普拉斯矩阵，导致在一些大规模图的应用上计算代价过大。而后期逐步发展和完善的图神经网络在进行信息聚合时，接收域内的相邻顶点数量随网络层数呈指数级增长，在处理大规模图时存在邻域爆炸的问题。模型在计算过程中对顶点信息的存储受到实际存储空间的限制，因此需要使用采样模块进行信息采样，选择某些信息用于模型计算，从而减小计算代价，图采样示例如图 7-7 所示。接下来将介绍三种图采样方法：逐点采样、逐层采样和子图采样。

（1）逐点采样　逐点采样是一种对每个节点分别进行采样的方法。在每一层计算过程中，针对每个节点，从其邻居节点集合中选择一部分节点用于更新目标节点的表示。这种方法适用于每个节点的邻居节点数量不同的情况，可以根据节点的实际需求进行采样。然而，逐点采样可能导致同一层的节点使用不同的邻居节点集合进行计算，因此计算效率可能受到影响。

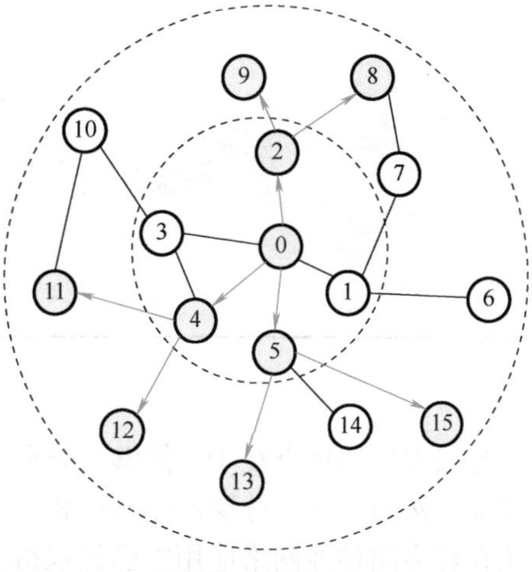

图 7-7　图采样示例

（2）逐层采样　逐层采样是一种在每一层中使用共享的采样节点的方法。这种方法在整个节点集合上定义一个共享的分布，根据这个共享分布采样节点集。然后，在该层所有节点的表示更新过程中，都使用这组共享采样节点。逐层采样的优势在于能够提高计算效率，因为所有节点都使用相同的邻居节点集合进行计算。但是，逐层采样可能无法充分考虑每个节点的独特邻居节点信息，这可能会影响模型性能。

（3）子图采样　子图采样是一种通过采样一个子图来获取所需邻居信息的方法。在子图采样中，从原始图中随机选取一部分节点，然后生成一个包含这些节点及其邻居节点的子图。在子图中，每个节点仅与其邻居节点进行信息传播和聚合。这种方法可以在保留图结构的同时减少计算和存储成本。然而，子图采样因为仅考虑了部分节点及其邻居节点，可能会导致一些信息的丢失。

3. 池化模块

在计算机视觉中，卷积层之后通常会有一个池化层以获取更具一般性的特征。而图本身就有着丰富的层次结构，能够为节点分类任务和图分类任务提供丰富信息，面对如何将特征信息进行层级组合的难题，研究者自然而然地想到通过池化操作来解决这一问题，于是研究者对于在图结构上的池化操作展开广泛研究。接下来主要介绍两种池化方法：直接池化和分层池化。

（1）直接池化　直接池化方法在图结构上直接应用池化操作，主要目的是通过对节点特征进行聚合，以生成更高层次的表示。这类方法的核心思想是将图的全局信息编码到节点表示中，从而捕获更为抽象和全局的图结构特征。

常见的直接池化方法有最大池化、平均池化和全局池化。最大池化选取邻居节点特征中的最大值作为聚合结果，平均池化计算邻居节点特征的平均值作为聚合结果。全局池化将整个图的节点特征聚合为一个全局表示，例如通过求和、求平均值或求最大值。直接池化方法的优点在于其简单易实现，但可能无法充分考虑图结构的局部特性和邻域信息。

（2）分层池化　分层池化是一种通过分层的方式逐步提取图结构特征的方法，分层池化方法示例如图 7-8 所示。这种方法通常首先将图划分为多个子图或簇，以反映图中的局部结构。接着，在这些子图或簇上进行局部池化操作，从而提取子图或簇内的关键特征。然后，子图或簇之间的关系被进一步聚合，以形成更高层次的表示，从而捕捉到全局的图结构信息。分层池化可以逐步捕捉图结构的多尺度特性，从而更好地保留图结构的局部信息和全局信息。

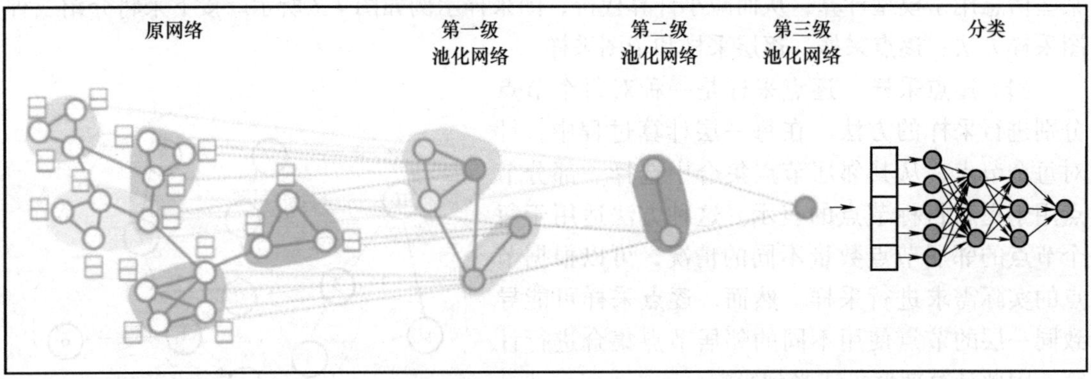

图 7-8　分层池化方法示例

分层池化的优点在于其能够充分利用图结构的层次信息，以及在多尺度上捕捉局部和全局特征。然而，实现分层池化方法相对复杂，可能导致计算效率较低。尽管如此，分层池化方法在许多图神经网络应用中已经取得了显著的性能提升。

7.2　图卷积神经网络

图卷积网络是将卷积概念扩展到图领域。鉴于卷积神经网络在深度学习领域已取得显著成果，因此自然希望能将卷积操作应用于图结构数据。这一领域的研究进展主要可以分为两大类别：基于谱的方法和基于空间的方法，由于每种方法都可能存在许多变体，本节仅列举了一些经典模型作为示例。

7.2.1 基于谱的方法

谱方法基于图信号处理理论，将图结构信息表示为一种谱形式，从而实现平移不变性的近似，其核心思想是通过图的谱表示来定义卷积操作。在谱方法中，图的结构信息通常通过图拉普拉斯矩阵来表示，图拉普拉斯矩阵是由图的邻接矩阵和度矩阵组合而成的矩阵，对图拉普拉斯矩阵进行谱分解(即计算特征值和特征向量)可以得到图的谱表示。

谱方法利用卷积定理，将图卷积操作转换为谱域中的逐元素乘积。具体而言，谱方法先将节点特征表示转换到谱域(通过拉普拉斯矩阵的特征向量实现，如图 7-9 所示)，然后在谱域执行卷积操作(即逐元素乘以谱滤波器)，最后将结果转换回原始空间(通过逆变换)。这样一来，谱方法就实现了在图结构数据上的卷积操作。

标号图	度矩阵	邻接矩阵	拉普拉斯矩阵
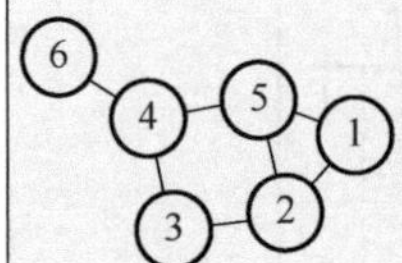	$\begin{pmatrix}2&0&0&0&0&0\\0&3&0&0&0&0\\0&0&2&0&0&0\\0&0&0&3&0&0\\0&0&0&0&3&0\\0&0&0&0&0&1\end{pmatrix}$	$\begin{pmatrix}0&1&0&0&1&0\\1&0&1&0&1&0\\0&1&0&1&0&0\\0&0&1&0&1&1\\1&1&0&1&0&0\\0&0&0&1&0&0\end{pmatrix}$	$\begin{pmatrix}2&-1&0&0&-1&0\\-1&3&-1&0&-1&0\\0&-1&2&-1&0&0\\0&0&-1&3&-1&-1\\-1&-1&0&-1&3&0\\0&0&0&-1&0&1\end{pmatrix}$

图 7-9 拉普拉斯矩阵

基于谱方法的图卷积网络都遵循这样一个通用的模式，其中关键区别在于所选滤波器的设计。接下来，介绍采用不同滤波器设计的经典方法。

Spectral Networks 是最早提出在图上构建卷积神经网络的方法，该方法利用卷积定理在每一层定义图卷积算子，在损失函数指导下通过梯度反向回传学习卷积核，并堆叠多层组成神经网络。Spectral Networks 第 m 层的结构如下：

$$\boldsymbol{X}_j^{m+1}=\boldsymbol{h}\left(\boldsymbol{U}\sum_{i=1}^{p}\boldsymbol{F}_{i,j}^{m}\boldsymbol{U}^{\mathrm{T}}\boldsymbol{X}_i^{m}\right),\ j=1,\cdots,q \tag{7-7}$$

式中，p、q 分别是输入特征和输出特征的维度；$\boldsymbol{X}_i^m\in\mathbf{R}^m$ 表示图上节点在第 m 层的第 i 个输入特征；$\boldsymbol{F}_{i,j}^m$ 表示谱空间下卷积核；$\boldsymbol{h}$ 表示非线性激活函数。

在谱卷积神经网络中，这样一层结构将特征从 p 维转化到 q 维，且基于卷积定理通过学习卷积核实现了图卷积。

Spectral Networks 通过在谱空间中应用卷积核于输入信号，并利用卷积定理实现图卷积来完成节点间的信息聚合，接着在聚合结果上应用非线性激活函数，并通过堆叠多层卷积层构建神经网络。图卷积神经网络的设计初衷是利用图结构来表征相邻节点间的信息聚合，然而 Spectral Networks 并未满足局部性要求，这意味着进行信息聚合的节点可能并非相邻节点，因此模型在捕捉邻近节点信息聚合方面存在局限性。

为了解决局部性问题，研究人员提出了一系列改进方案，其中比较有名的是小波神经网络(Graph Wavelet Neural Network，GWNN)。小波神经网络提出用小波变换代替傅里叶变换实现卷积定理，与傅里叶变换相似，小波变换也定义了一种将信号从节点域变换到谱域的方法，小波变换的基底表示为：

$$\boldsymbol{\Psi}_s=\{\psi_{s1},\psi_{s2},\cdots,\psi_{sn}\} \tag{7-8}$$

式中，ψ_{si}表示从第 i 个节点出发的能量扩散，刻画了第 i 个节点的局部结构。

小波基底的定义依赖于拉普拉斯矩阵的特征向量，即：

$$\boldsymbol{\Psi}_s=\boldsymbol{U}\boldsymbol{G}_s\boldsymbol{U}^{\mathrm{T}} \tag{7-9}$$

$$\boldsymbol{G}_s=\mathrm{diag}(\{g_s(\boldsymbol{\lambda}_i)\}_{i=1}^{m}) \tag{7-10}$$

式中，对角线元素由 g 函数作用到特征值上得到，不同的 g 函数赋予小波基底不同的性质。

和傅里叶变换相比，小波变换的基底具有几个很好的性质：第一，小波变换的基底可以通过切比雪夫多项式近似得到，避免拉普拉斯矩阵特征分解的高昂代价；第二，小波变换的基底具有局部性；第三，小波基底的局部性使得小波变换矩阵非常稀疏，这大大降低了小波逆变换的计算复杂度，使计算过程更加高效。小波变换过程如图 7-10 所示。

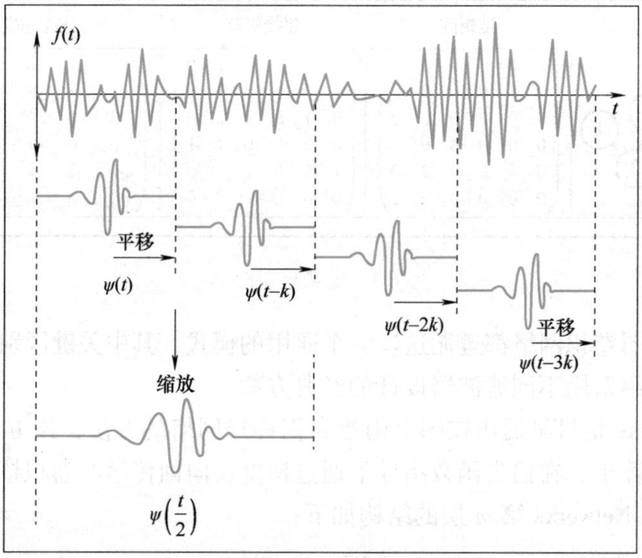

图 7-10　小波变换过程

总的来说，与 Spectral Network 相比，小波神经网络用小波变换代替傅里叶变换，在小波基底下，图卷积神经网络满足了局部性，且由于小波基底的可加速计算以及稀疏性，图卷积神经网络的计算复杂度也大大降低。

除了小波神经网络之外，许多研究工作也在努力实现图卷积神经网络的局部性和计算加速。比如，Li 等人提出了自适应图卷积网络（Adaptive Graph Convolutional Network，AGCN），该模型引入自适应度量来学习顶点之间的潜在关系，其核心思想是根据任务和输入特征，自适应调整顶点之间特征距离的度量方式，为了表示不同的拓扑结构，AGCN 为每个样本定制一个拉普拉斯矩阵，使过滤器能够根据图的拓扑结构整合邻居节点的特征，从而将组内节点特征与组间节点特征关联起来。

Li 等人认为，图上的卷积器无法保证提取所有有意义的特征，因此 AGCN 训练了一个残差图来探索图中的残差子结构，同时为了减少训练多个拉普拉斯矩阵所需的时间，AGCN

采用马氏距离(Mahalanobis Distance)来学习矩阵间最优距离度量参数，将原本与节点数量相关的计算复杂度降低至与网络层维度相关。

谱方法的优点在于具有扎实的数学理论基础(基于图信号处理理论，利用图拉普拉斯矩阵和傅里叶变换)；能够捕获图的全局结构特征，有助于学习图的整体性质和长距离依赖关系；卷积操作在频域中进行，无需显式定义空间域上的滤波器，设计的复杂性较低。然而，谱方法在计算复杂度、图结构变化敏感性等方面存在一定的局限性，这导致了研究者们在很多应用场景中转向使用空间方法，空间方法直接在图的空间域上执行卷积操作，通过聚合邻居节点的信息来捕捉图的局部结构特征。

7.2.2　基于空间的方法

空间图卷积以图结构数据的空间特征为基础，研究邻居节点的表达方式，使得每个节点的邻居节点表达更加统一且规范，便于进行卷积计算。空间图卷积方法主要面临三个核心问题：首先，如何选择合适的中心节点；其次，确定合适的感受域大小，也就是选取适当数量的邻居节点；最后，探讨如何处理邻居节点的特征，即构建恰当的邻居节点特征聚合函数。

针对上述三个核心问题，参考文献[11]首先提出了一种基于空间的卷积操作方法PATCHY-SAN，该方法的处理流程可分为三个阶段：节点中心性度量、节点邻域集合构建和子图标准化。在节点中心性度量阶段，通过计算节点的中心性指标来确定节点的优先级，进而按照预设的间隔从排名中选取节点；在节点邻域集合构建阶段，利用广度优先搜索策略扩展中心节点的邻居节点，与中心节点共同组成一个固定大小的邻域集合，若某节点的邻居节点数量不足，则基于其一阶邻居节点继续扩展，直至达到所需的邻域集合节点数量；在子图标准化阶段，对邻域集合中的节点按照特定的标号函数进行排序，从而生成标准化子图。通过这种方法，PATCHY-SAN 实现了空间图卷积神经网络中的有效信息提取和特征处理，PATCHY-SAN 模型架构如图 7-11 所示。

PATCHY-SAN 的优点表现在有序地组织中心节点和邻居节点，并充分利用它们的特征，此外子图标准化使得每个子图具有固定的大小，便于参数共享。然而，PATCHY-SAN 也存在一些局限性。首先，节点中心性度量函数的选择可能影响模型性能，因为中心节点排序的好坏与模型的效果密切相关。其次，邻居节点的数量需要根据训练数据量和图结构进行调整，这使得模型在较小规模的图数据中可能出现过拟合现象。因此，在实际应用中需要权衡这些优缺点，以便更好地利用模型进行图卷积神经网络的构建和优化。

除了 PATCHY-SAN 构造规则欧氏结构数据的方法，参考文献[12]提出扩散卷积神经网络(Diffusion-Convolutional Neural Networks，DCNNs)。DCNNs 基于扩散核的思想，考虑节点之间链接重要性的不同，将中心节点的邻居节点特征进行映射，扩散卷积核的操作使得同质图的输入得到同一个预测结果，因而具有平移不变性。对于图 t 中每一个节点 i，每跳 j 后的特征 k，其激励函数可以概括为：

$$\boldsymbol{Z}_{tijk}=\boldsymbol{f}\left(\boldsymbol{W}_{jk}^{c}\cdot\sum_{l=1}^{N_t}\boldsymbol{P}_{tijl}^{*}\boldsymbol{X}_{tlk}\right) \tag{7-11}$$

式中，$\boldsymbol{P}_t$ 为节点概率转移矩阵，$\boldsymbol{X}_t$ 为特征矩阵，$\boldsymbol{W}^c$ 为权值矩阵。

DCNN 的核心概念是概率转移矩阵，它在一定程度上能够识别同构图，但在处理稠密图时，DCNN 面临一些挑战。首先，由于每跳内访问的节点数量可能非常大，需要存储大量的

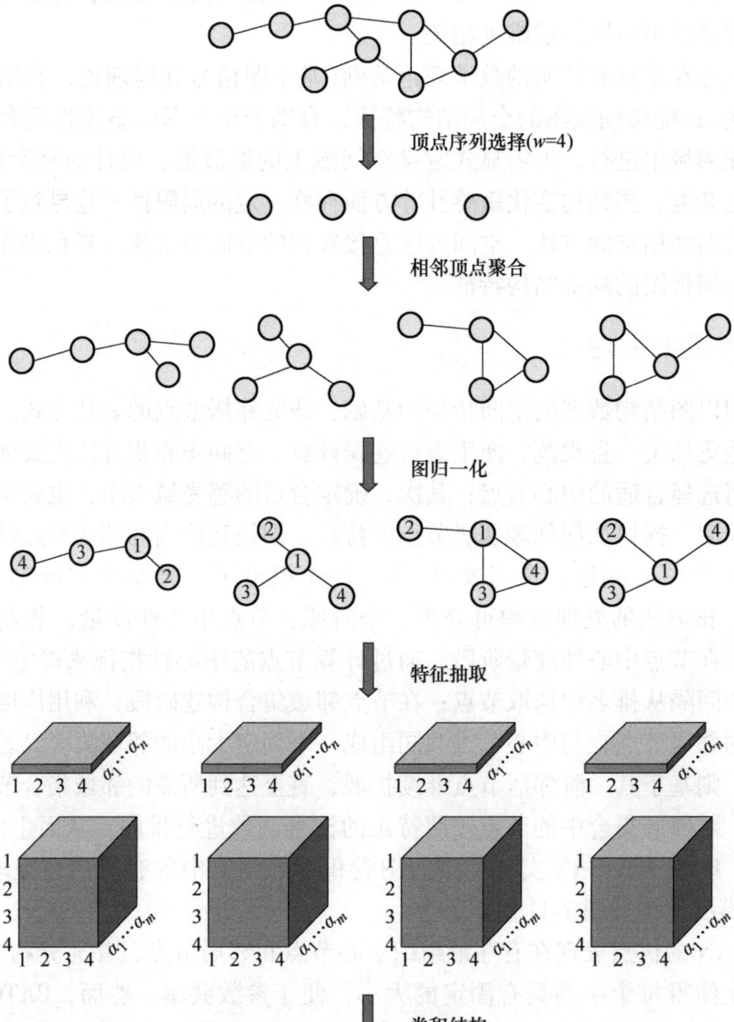

图 7-11 PATCHY-SAN 模型架构

张量，这对计算机内存空间提出了较高的需求。其次，尽管 DCNN 能够较好地提取图的局部信息，但在捕获长距离节点关系方面存在局限性。因此，在实际应用中需要考虑这些问题，以便更有效地利用 DCNN 进行图卷积神经网络的构建和优化。

感受域大小一直是空间图卷积中的关键参数，它主要涉及邻居节点数量的选取。空间图卷积通常通过递归计算邻居节点的方式来进行，这导致在网络层数线性增加时，感受域的大小呈指数级增长。为了降低训练的复杂性，相应的采样方法得到了发展。目前，主流的采样方法主要分为两类：一类是修改邻居节点的采样策略，另一类是修改中心节点的采样策略。

在邻居节点采样上，参考文献[13]提出一种归纳式节点嵌入算法（Graph SAmple and aggreGatE，GraphSAGE），GraphSAGE 方法示例如图 7-12 所示。GraphSAGE 中心节点的感受域由多轮迭代产生，在每轮迭代中抽取不同标准数目的邻居节点。对于邻居节点数目不足的，采取重复采样策略，并生成中心节点的特征聚集向量。相较于传统直推式节点嵌入算法，

GraphSAGE 并不是为图中每个节点生成固定的表示，而是学习一个为节点产生嵌入表示的映射函数。

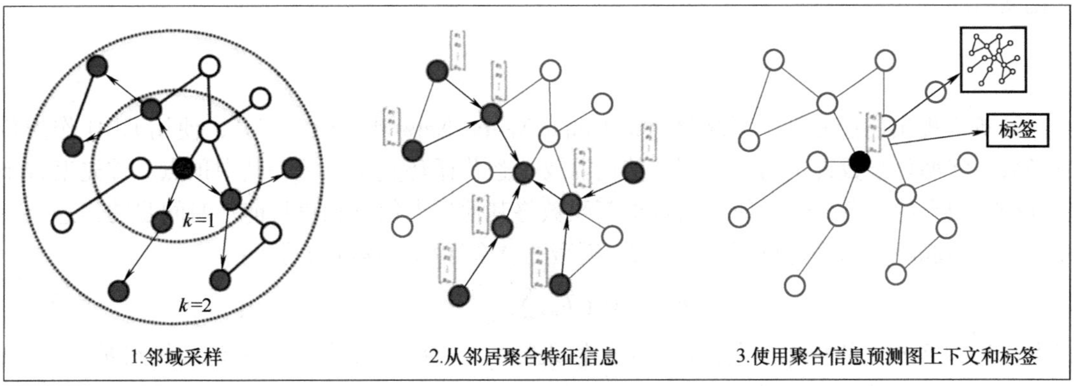

图 7-12　GraphSAGE 方法示例

图卷积网络的核心原理在于利用边的连接属性对原始节点信息进行聚合和整理，从而生成新的节点表示。本质上，谱分解图卷积和空间图卷积都是对邻居节点特征的聚合，生成具有固定维度大小的输出表示，以实现邻居节点信息的传播。基于谱分解的方法在数学上提供了卷积操作的严格定义和公式证明，但存在一定局限性。首先，傅里叶变换对于每个图都是唯一的，谱分解方法仅适用于固定的图，导致其对图结构的依赖性较强。其次，由于拉普拉斯矩阵中的邻接矩阵和度矩阵基于无向图定义，谱分解方法无法直接应用于有向图和带权图，除非将有向图转换为无向图。另外，谱分解图卷积对图中所有节点同时进行变换，计算和存储空间要求较高，难以适应大规模图数据集的分析需求。

与谱分解图卷积相比，空间图卷积通过按照一定顺序直接对图中的每个节点进行操作，由于在节点上执行局部卷积，卷积核权值可以共享。此外，空间图卷积采用特定的采样策略，支持并行批量计算，从而降低计算时间和存储空间需求。然而，空间图卷积也存在一定的局限性，如中心节点顺序需要确定，导致其具有位置依赖性。同时，邻居节点数目的选择是一个不确定的过程，不同方法构造的感受域大小通常各不相同，这给不同网络的参数比较带来一定挑战。

7.3　图循环网络

图循环网络(Graph Recurrent Network，GRN)是图神经网络中最早出现的一种模型。与其他 GNN 算法相比，GRN 通常将图数据转换为序列，在训练过程中，这些序列会不断地递归演进和变化。GRN 模型通常采用门控循环单元(Gated Recurrent Unit，GRU)和长短期记忆网络(Long Short-Term Memory Network，LSTM)作为其网络架构。

在图循环网络中，LSTM 或 GRU 用于更新节点的隐藏状态。具体来说，在每个循环步骤中，首先对每个节点的所有邻居节点的隐藏状态进行聚合，然后将聚合后的邻居节点状态与当前节点状态输入到 LSTM 或 GRU 中，以更新当前节点的隐藏状态。通过多个循环步骤，节点之间的信息得以传递和整合，最终形成节点的表示向量。

值得注意的是，图循环网络并非主流 GNN 模型之一，现今的 GNN 研究和应用主要集中在图卷积网络、图注意力网络等模型上，这些模型在处理图结构数据方面具有更好的性能和泛化能力。

7.3.1 基于门控循环单元的方法

Li 等人提出门控图神经网络(Gated Graph Neural Network，GG-NNs)，使用 GRU 作为传播函数，将循环步数设定为一个固定值而非反复迭代循环直至收敛，其中顶点 v 首先聚合来自其相邻顶点的信息，然后使用信息更新函数将其他顶点信息和自身前一时间步的信息融合并对顶点的隐藏状态进行更新。GG-NNs 模型的整个计算过程可简写为：

$$h_v^t = GRU\left(h_v^t, \sum_{k \in N_v} W h_k^{t-1}\right) \tag{7-12}$$

式中，N_v 是顶点 v 的相邻顶点，顶点 v 的输入特征 x_v 为其第 0 时间步的隐藏状态 h_v^0。

Li 等人在此基础上还提出了门控图序列神经网络(Gated Graph Sequence Neural Network，GGS-NNs)，GGS-NNs 模型架构如图 7-13 所示。GGS-NNs 通过编码图序列特征来生成隐含表示向量，利用节点注释初始化网络的隐层状态，图中不同的边决定了节点信息传递的方向和内容。在信息传播之后，节点根据邻域的变化更新自身状态。此外，还设定了一个全局状态表示，该全局状态的聚合输出值取决于所有节点的状态。

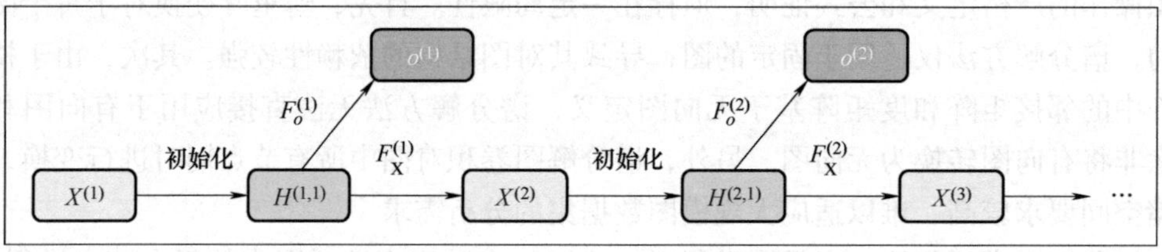

图 7-13　GGS-NNs 模型架构

GGS-NNs 采用两种训练设置：第一种是在给定所有节点注解表示后进行训练；第二种是仅在给定单个节点注解表示上进行端到端训练。与 LSTM 等纯序列模型相比，GGS-NNs 模型在归纳偏差方面表现出良好的性能，在程序验证等人工智能推理的图任务上展现出灵活的学习能力和较强的泛化能力。

Johnson 等人在 GGS-NNs 的基础上，提出了门控图变换神经网络(Gated Graph Transformer Neural Network，GGT-NN)。相较于 GGS-NNs，GGT-NN 引入了新的节点状态更新函数，并根据节点对的状态和外部输入来更新边属性。此外，GGT-NN 利用注意力机制来选择不同节点并输出一个全局图。

针对问答任务，GGT-NN 在输入问题序列中寻找隐藏状态，用以构造内部图。同时，它构建了简单的细胞自动机和具有四个不同状态的图灵机，以便在问题中寻找潜在规则。与 GGS-NNs 相比，GGT-NN 在对话问答任务上表现出更优的性能。但是它的缺点在于时间复杂度和空间复杂度较高，随着对话问题任务复杂性的增加，所需计算资源的增长程度也会更加明显。

7.3.2 基于长短期记忆网络的方法

Tai 等人针对 LSTM 模型提出了两种基于树结构的拓展方法(树是一种特殊的图形结构)：

Child-Sum Tree-LSTM 和 N-ary Tree-LSTM。与 LSTM 不同，Tree-LSTM 中的每个顶点仅从其子节点聚合信息。此外，在 Tree-LSTM 中，顶点需要为每个子节点分配一个遗忘门，而不是像 LSTM 那样只有一个遗忘门。关于 Child-Sum Tree-LSTM 的计算步骤如下所示。

$$\boldsymbol{i}_v^t=\boldsymbol{\sigma}(\boldsymbol{W}^i\boldsymbol{x}_v^t+\boldsymbol{h}_{N_v}^{ti}+\boldsymbol{b}^i) \tag{7-13}$$

$$\boldsymbol{f}_{vk}^t=\boldsymbol{\sigma}(\boldsymbol{W}^f\boldsymbol{x}_v^t+\boldsymbol{h}_{N_v k}^{tf}+\boldsymbol{b}^f) \tag{7-14}$$

$$\boldsymbol{o}_v^t=\boldsymbol{\sigma}(\boldsymbol{W}^o\boldsymbol{x}_v^t+\boldsymbol{h}_{N_v}^{to}+\boldsymbol{b}^o) \tag{7-15}$$

$$\boldsymbol{u}_v^t=\tanh(\boldsymbol{W}^u\boldsymbol{x}_v^t+\boldsymbol{h}_{N_v}^{tu}+\boldsymbol{b}^u) \tag{7-16}$$

$$\boldsymbol{c}_v^t=\boldsymbol{i}_v^t\odot\boldsymbol{u}_v^t+\sum\nolimits_{k\in N_v}\boldsymbol{f}_{vk}^t\odot\boldsymbol{c}_k^{t-1} \tag{7-17}$$

$$h_v^t=o_v^t\odot\tanh(\boldsymbol{c}_v^t) \tag{7-18}$$

式中，$\boldsymbol{i}_v^t$、$\boldsymbol{o}_v^t$ 和 $\boldsymbol{c}_v^t$ 分别是输入门、输出门和记忆单元的计算结果，$\boldsymbol{x}_v^t$ 是 t 时刻的输入向量。N-ary Tree-LSTM 是针对一种特殊形式的树结构设计的模型：在该结构中，每个顶点最多拥有 N 个子节点，并且子节点之间具有顺序性。与 Child-Sum Tree-LSTM 相比，N-ary Tree-LSTM 为每个子节点分配独立的参数矩阵，这使得模型在对子节点进行信息聚合的过程中，能够实现更精细的表示学习。

Zhang 等研究者提出了一种名为 Sentence-State LSTM(S-LSTM)的方法，用于文本语义向量生成任务。该模型首先将文本转换为图结构，并运用 Graph-LSTM 来学习文本的语义表示，在 S-LSTM 模型中，每个单词被视为图中的一个节点，并额外添加一个超节点，在每一层(时间步)中，单词节点可以从其相邻单词以及超节点中汇集信息。与此同时，超节点可以聚合所有单词节点和自身的信息，图 7-14 展示了不同节点之间的连接情况。

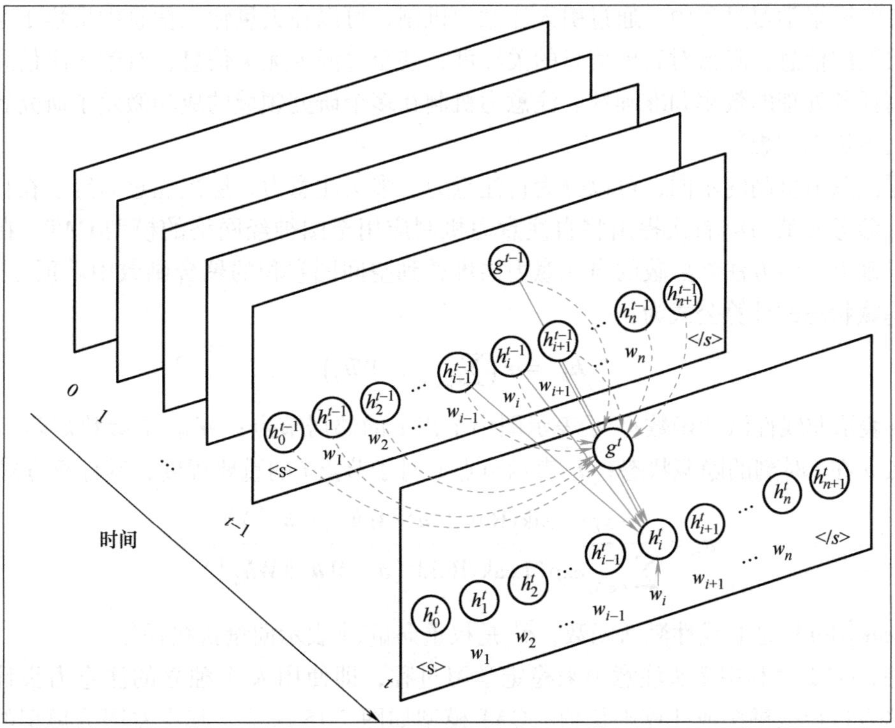

图 7-14　S-LSTM 模型不同节点之间的连接情况

通过这种设计，超节点能够提供全局信息，从而解决长距离依赖问题，而单词节点则可以通过汇集相邻单词的信息来建模上下文信息，这样 S-LSTM 模型实现了局部信息与全局信息的同时建模。

7.4 图注意力网络

注意力机制使神经网络只关注与任务学习相关的信息，并选择特定的输入信息。这一机制已在多种基于序列的任务中取得成功，如机器翻译和机器阅读等。因此，将注意力机制融入图神经网络是非常直观的。图注意力网络(Graph Attention Networks，GAT)通过学习注意力权重来汇集邻近节点的特征，使神经网络更关注与任务相关的节点和边，进而更有效地捕捉图结构中的局部信息，有助于提高训练效果和测试精度。本节主要根据注意力机制的不同来介绍图注意力网络模型。

7.4.1 基于自注意力的方法

人类视觉能够以高分辨率聚焦于图像中的特定区域，同时以较低分辨率感知周围区域，同时视点会随着时间而发生变化。在这个过程中，人眼通过快速扫描整个图像，识别出需要关注的目标区域，并将更多的注意力分配给这个区域，以获取更多细节信息并抑制其他无关信息。神经网络中的注意力机制正是对这一人类视觉注意力机制的仿生。在计算能力受限的情况下，注意力机制能够将计算资源分配给更为重要的任务，实现一种有效的资源分配策略。

在神经网络学习过程中，通过引入注意力机制，可以在大量输入信息中聚焦于对当前任务更为关键的信息，降低对其他信息的关注度，甚至过滤掉无关信息，有效解决信息过载问题，提高任务处理的效率和准确性。注意力机制在多个研究领域的成功激发了研究者在图数据上应用该机制的想法。

根据注意力机制的不同，可以分为自注意力、多头注意力、层次注意力等。在自注意力使用上，参考文献[18]首次提出将自注意力机制应用至图神经网络的模型 GAT，在空间图卷积的基础上，该方法将屏蔽的自注意力层堆叠到空间图卷积的聚合函数中。顶点 v 在 $t+1$ 时刻的隐藏状态的计算公式为：

$$\boldsymbol{h}_v^{t+1}=\boldsymbol{\sigma}\left(\sum\nolimits_{u\in N_v}\boldsymbol{a}_{vu}\boldsymbol{W}\boldsymbol{h}_u^t\right) \tag{7-19}$$

式中，$\boldsymbol{\sigma}$ 表示非线性激活函数；N_v 表示图中节点 v 的邻居节点；$\boldsymbol{W}$ 表示参数矩阵；$\boldsymbol{h}_u^t$ 表示邻居节点 u 在 t 时刻的隐藏状态；$\boldsymbol{a}_{vu}$ 表示节点 u 对于节点 i 的重要程度，其计算方式为：

$$\boldsymbol{a}_{vu}=\frac{\exp(\mathrm{LeakyReLU}(\boldsymbol{a}^{\mathrm{T}}[\boldsymbol{W}\boldsymbol{h}_v\parallel\boldsymbol{W}\boldsymbol{h}_u]))}{\sum_{k\in N_v}\exp(\mathrm{LeakyReLU}(\boldsymbol{a}^{\mathrm{T}}[\boldsymbol{W}\boldsymbol{h}_v\parallel\boldsymbol{W}\boldsymbol{h}_k]))} \tag{7-20}$$

式中，LeakyReLU 是非线性激活函数，$\boldsymbol{a}^{\mathrm{T}}$ 是权重向量，$\parallel$ 表示向量拼接操作。

此外，GAT 也利用多头注意力来稳定学习过程，即使用 K 个独立的注意力头计算隐藏状态，然后将特征拼接或计算平均值。GAT 模型如图 7-15 所示，其中左图为模型的注意力机制；右图为节点隐藏状态计算图例，其中不同深浅的线条表示不同的注意力头。

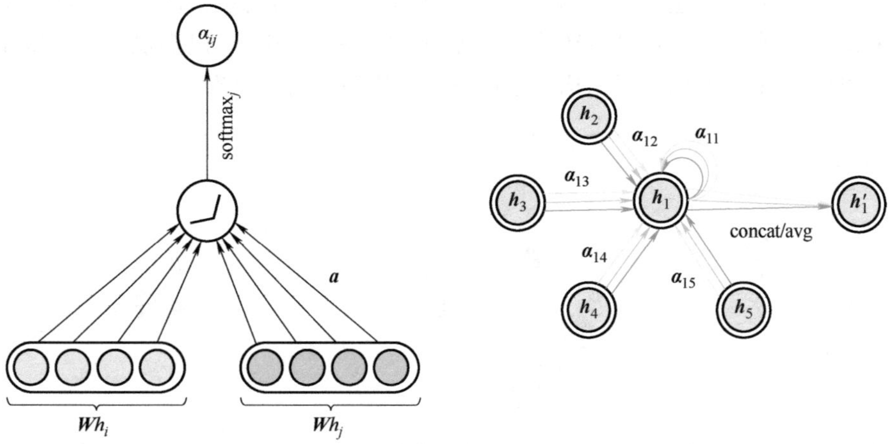

图 7-15 GAT 模型

GAT 模型的优势在于其不需要预先了解图的拓扑结构，并且能够并行计算节点与其邻居间的关系，同时也避免了高昂计算代价的矩阵运算，如求逆等。然而，GAT 模型在操作上仅适用于二阶张量，这在处理包含多个图的数据集时，可能会限制网络的批处理能力，从而影响 GPU 的处理性能。此外，当某些图的邻域存在高度重叠时，其并行化处理过程可能导致额外的计算成本增加。因此，虽然 GAT 模型具有一定的优势，但在实际应用中仍需考虑其潜在的限制和挑战。

除了 GAT 之外，门控注意力网络(Gated Attention Network，GaAN)也使用多头注意力机制，但 GaAN 中的注意力聚合算子与 GAT 中的存在区别：GaAN 采用键-值注意力以及点积注意力，而 GAT 则采用全连接层来计算注意力系数。此外，GaAN 使用了一个额外门(Soft Gate)来为不同的注意力头分配不同的权重，这种设计使得 GaAN 在处理多源信息聚合的能力上可能会超越 GAT。

7.4.2 基于层注意力的方法

在层次注意力机制方面，Do 等学者提出了一种用于多标签学习的图注意力模型(Graph Attention Model for Multi-Label Learning，GAML)。在多标签分类问题中，准确性和可解释性的提升是一项挑战，这与标签和子图的未发掘关系之间存在联系。因此 GAML 模型将所有标签视为独立的节点，称为标签节点，并将普通的图节点称为数据节点。在神经网络的输入端，将标签节点与数据节点一起作为输入，然后运用消息传递算法构建消息传递图神经网络(Message Passing Graph Neural Network，MPGNN)，这种方法有助于提高多标签分类任务的准确性和可解释性，从而在处理复杂问题时具有更高的实用价值。

在更新每个节点的局部结构过程中，MPGNN 在标签节点和数据节点之间传递子结构信息，并采用一种分层注意力机制，以探寻不同子结构信息的重要性。这种分层注意力机制利用中间注意力因子来保存计算结果，并作用于标签节点，从而使其能够抽取最相关的子结构以更新状态，此状态随后被用于预测标签节点的最合适类别。通过这种方式，MPGNN 能够更有效地处理复杂的多标签分类问题，进一步提升模型的预测准确性和解释性。

在状态更新过程中，Do 等人使用了高速网络(Highway Network)来获取数据之间的长距离依赖特征，更方便地表达标签和输入子图在不同尺度上的关系，使得 GAML 具有优良的表现，GAML 中的消息传递如图 7-16 所示。更重要的是 GAML 可以提供较为直观的可视化结果，这有助于了解不同标签子结构关系以及解释模型的内在原理。

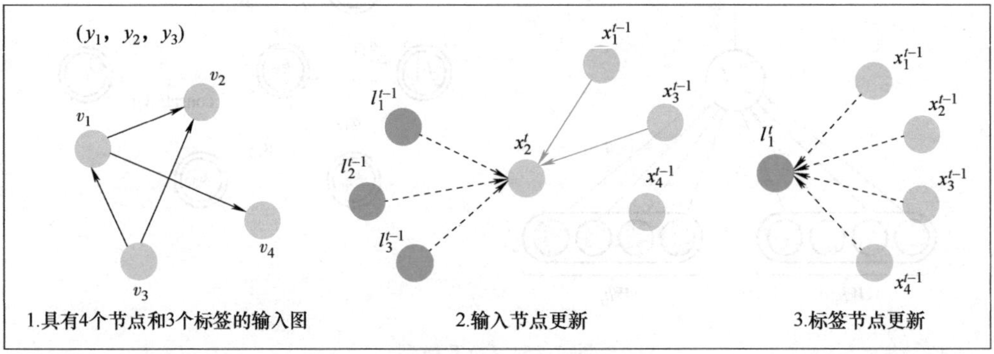

图 7-16　GAML 中的消息传递

7.5　图神经网络实例

本节将介绍一个具有代表性的图神经网络实例，即基于 Cora 数据集的节点分类。

码 7-1　图神经网络实例

7.5.1　实例背景

节点分类任务是图机器学习中典型的分类任务，它旨在根据图中的节点属性、边的信息、边的属性、已知的节点预测标签，对图中未知标签的节点做类别预测。在节点分类任务中通常会有一个部分节点已经被标记了类别的图，图的节点可代表用户、网页等实体，而图中的边则代表了实体间的关系，如社交关系、交互关系或引用关系等。基于这些已知的节点及其类别信息，节点分类算法可以预测图中其他未标记节点的类别。

节点分类任务之所以需要应用图神经网络技术，主要包含如下原因：

便于处理不规则数据：与图像或文本数据不同，图数据是不规则的，每个节点的邻居数量可能不同。而图神经网络能够处理任意形状的图数据或不定长的输入数据，包括社交网络、分子结构、交通网络等复杂的拓扑结构，为每个节点生成固定维度的表示。这使得图神经网络在处理实际问题时更加灵活，可以更加有效地处理复杂的图结构，能够适应不同领域、不同规模和结构的输入需求。

有效捕捉图结构信息：图结构数据的一个重要特点是节点之间的关系。图神经网络通过学习节点之间的关系，能够更好地挖掘数据中的潜在规律。在节点分类任务中，图神经网络能够充分利用节点之间的连接关系，通过邻居节点的特征来增强目标节点的表示，再结合节点的属性信息，实现准确的分类。这种能力对于分类任务非常有用，使得图神经网络在社交网络分析、生物信息学等领域具有广泛的应用价值。

高度灵活性：图神经网络自身的结构简单，可拓展性强，可以很容易地与其他类型的神经网络结合使用，如卷积神经网络(CNN)和循环神经网络(RNN)，以处理更复杂的数据和任务。此外，图神经网络也可以与分类层(如 softmax 层)结合，实现端到端的训练，从而优化整个分类任务的性能。

综上所述，使用图神经网络解决节点分类任务具有诸多优势。例如，能更方便处理不规则的数据、能有效捕捉图结构信息、具有高度灵活性等，这些优势使得图神经网络能保持高分类准确度，在节点分类任务上具有更出色的表现，并在其他领域也能得到广泛应用。

7.5.2　数据准备

1. 数据收集

本次示例选用 Cora 数据集，该数据集由 2708 篇文章以及它们之间的引用关系构成的 5429 条边构成。这些文章根据主题划分为 7 类，分别是神经网络、强化学习、规则学习、概率方法、遗传算法、理论研究、案例相关。每篇文章的特征(向量)由一个 0/1 值的词向量表示，通过词袋模型得到，维度为 1433(词典大小)，每一维表示一个词，1 表示该词在该论文中出现，0 表示未出现。

2. 数据集划分

Cora 数据集可直接下载，在对数据进行处理之前，数据集中包含以下文件：

1）ind. cora. x。训练集节点特征向量，保存对象为：scipy. sparse. csr. csr_matrix，实际展开后大小为：(140，1433)。

2）ind. cora. tx。测试集节点特征向量，保存对象为：scipy. sparse. csr. csr_matrix，实际展开后大小为：(1000，1433)。

3）ind. cora. allx。包含有标签和无标签的训练节点特征向量，保存对象为：scipy. sparse. csr. csr_matrix，实际展开后大小为：(1708，1433)，可以理解为除测试集以外的其他节点特征集合，训练集是它的子集。

4）ind. cora. y。训练节点的标签，保存对象为：numpy. ndarray。

5）ind. cora. ty。测试节点的标签，保存对象为：numpy. ndarray。

6）ind. cora. ally。ind. cora. allx 对应的标签，保存对象为：numpy. ndarray。

7）ind. cora. graph。保存节点之间边的信息，保存格式为：{index:[index_of_neighbor_nodes]}。

8）ind. cora. test. index。保存测试集节点的索引，保存对象为：List，用于后面的归纳学习设置。

根据数据集内文件内容可知，数据集整体包含 2708 条数据，即 2708 篇文章。每一条数据都包含其对应的标签向量。数据集整体可划分为训练集、验证集以及测试集三部分，其中训练集包含 140 条数据，验证集包含 500 条数据，测试集包含 1000 条数据。另外，数据集中还包括上述三部分之外的其他数据，这些数据并不参与验证、测试和训练梯度更新的过程，但也会以特征的方式作为整张图输入的一部分。

3. 数据预处理

通过定义类 CoraData 来对数据进行预处理，主要包括规范化数据并进行缓存加载。当数据的缓存文件存在时，将使用缓存文件以备重复使用，否则将在规范化处理后再将数据缓存到磁盘。

最终处理过后的数据可通过属性 . data 获得，它将返回一个数据对象，得到的数据形式包括如下几个部分：

1）X。图中节点的特征矩阵，维度为 2708 * 1433，类型为 numpy. ndarray，每个节点表示一条数据（文章）。

2）Y。节点对应的标签，总共包括 7 个类别，类型为 numpy. ndarray。

3）adjacency。邻接矩阵，维度为 2708 * 2708，类型为 scipy. sparse. coo. coo_matrix。

4）train_mask。训练集掩码向量，维度为 2708，当节点属于训练集时，相应位置设为 True，否则为 False。

5）val_mask。验证集掩码向量，维度为 2708，当节点属于验证集时，相应位置设为 True，否则为 False。

6）test_mask。测试集掩码向量，维度为 2708，当节点属于测试集时，相应位置设为 True，否则为 False。

数据处理后，可通过 train_mask、val_mask 和 test_mask 三个掩码向量区分数据集中的训练集、验证集和测试集。

经过上述数据集划分和数据预处理的过程，可以确保模型能有效地学习到数据中的特征，并避免模型在训练过程中出现过拟合，从而更好地提升模型的分类精确度和泛化能力。

7.5.3 模型构建与训练

模型训练主要分成以下几个步骤：

1. 特征提取

使用预训练的 Xception 模型作为特征提取器，提取验证码图像的特征。这可以通过加载预训练的 Xception 模型，并冻结其除全连接层外的所有层来实现。

2. 模型构建和训练

模型的构建和训练具体分成以下几个步骤：

1）加载预训练模型。选择并加载 Xception 模型作为预训练模型，因为它在图像分类任务上表现出色，且其深度可分离卷积的结构使得模型在保持性能的同时，具有较小的计算复杂度。

2）修改模型结构。需要移除 Xception 模型的原始全连接层（通常是最后的分类层），因为需要重新设计以适应验证码识别的多分类任务。同时添加一个新的全连接层，其输出神经元的数量应等于验证码可能的字符类别数。如果需要，还可以添加一层 Dropout 层来防止过拟合。

3）冻结预训练层。冻结 Xception 模型中除新添加的全连接层外的所有层。这样，在训练过程中，这些层的权重将保持不变，只更新新添加的全连接层的权重。

4）设置损失函数和优化器。选择适当的损失函数，如交叉熵损失（Categorical Cross-entropy），用于衡量模型预测结果与真实标签之间的差异。选择优化器，如 Adam 或 SGD，用于在训练过程中更新模型的权重。

5）训练过程。使用训练集对模型进行训练。在每个训练迭代中，将一批数据输入模型，计算损失函数值，并通过反向传播算法更新模型的权重。使用验证集来监控模型的性能，并在验证集上评估模型的准确率、损失等指标。这有助于在训练过程中调整超参数，如学习率、批次大小等。

在训练过程中，可以保存性能最好的模型权重，以便后续使用。

3. 模型评估

模型评估需要进行以下两个步骤：

1）在测试集上评估模型。使用测试集对训练好的模型进行评估，计算准确率、精确率、召回率等指标，以全面评估模型的性能。

2）调整与改进。根据评估结果对模型进行调整和改进，如调整模型结构、增加数据多样性等，以进一步提高模型的性能。

相关代码可在数字资源中查询。

模型的构建和训练过程主要分为以下步骤：

1. 导入必要的库

```
1. import itertools
2. import os
3. import os.path as osp
4. import pickle
5. import urllib
6. from collections import namedtuple
7. import numpy as np
8. import scipy.sparse as sp
9. import torch
10. import torch.nn as nn
11. import torch.nn.functional as F
12. import torch.nn.init as init
13. import torch.optim as optim
14. import matplotlib.pyplot as plt
```

2. 构建图卷积层

按照图卷积网络的定义构建图卷积层，代码直接依据定义实现，需要注意的是，由于邻接矩阵是系数矩阵，为了提高运算效率可使用稀疏矩阵的乘法。

```
1. class GraphConvolution(nn.Module):
2.     def __init__(self,input_dim,output_dim,use_bias=True):
3.         super(GraphConvolution,self).__init__()
4.         self.input_dim=input_dim
5.         self.output_dim=output_dim
6.         self.use_bias=use_bias
7.         self.weight=nn.Parameter(torch.Tensor(input_dim,output_dim))
8.         if self.use_bias:
9.             self.bias=nn.Parameter(torch.Tensor(output_dim))
10.        else:
```

```
11.            self.register_parameter('bias',None)
12.        self.reset_parameters()
13.
14.    def reset_parameters(self):
15.        init.kaiming_uniform_(self.weight)
16.        if self.use_bias:
17.            init.zeros_(self.bias)
18.
19.    def forward(self,adjacency,input_feature):
20.        support=torch.mm(input_feature,self.weight)
21.        output=torch.sparse.mm(adjacency,support)
22.        if self.use_bias:
23.            output+=self.bias
24.        return output
25.
26.    def __repr__(self):
27.        return self.__class__.__name__+'(' \
28.            +str(self.input_dim)+'->' \
29.            +str(self.output_dim)+')'
```

3. 定义模型

构建包含多层图神经层的网络模型，示例中定义了包含两层图神经层的模型，其中输入维度设置为节点特征向量的维度 1433，隐藏层维度设置为 16，最后一层输出层维度设置为分类结果的类别数 7，使用 ReLU 作为激活函数。读者可根据实验结果自行修改模型结构。

```
1. class GcnNet(nn.Module):
2.    def __init__(self,input_dim=1433):
3.        super(GcnNet,self).__init__()
4.        self.gcn1=GraphConvolution(input_dim,16)
5.        self.gcn2=GraphConvolution(16,7)
6.
7.    def forward(self,adjacency,feature):
8.        h=F.relu(self.gcn1(adjacency,feature))
9.        logits=self.gcn2(adjacency,h)
10.       return logits
```

4. 模型训练

训练开始之前，读者可自行设计模型中需要用到的超参数，例如学习率、正则化系数、完整遍历次数等，并定义模型的损失函数和优化器。示例中使用多分类交叉熵损失和 Adam 优化器。加载数据集并将数据转换为 torch.Tensor 形式后，可构建模型训练的主体函数。

```
def train():
    loss_history=[]
    val_acc_history=[]
    model.train()
    train_y=tensor_y[tensor_train_mask]
    for epoch in range(EPOCHS):
        logits=model(tensor_adjacency,tensor_x)
        train_mask_logits=logits[tensor_train_mask]
        loss=criterion(train_mask_logits,train_y)
        optimizer.zero_grad()
        loss.backward()
        optimizer.step()
        train_acc,_,_=test(tensor_train_mask)
        val_acc,_,_=test(tensor_val_mask)
        loss_history.append(loss.item())
        val_acc_history.append(val_acc.item())
        print("Epoch {:03d}:Loss {:.4f},TrainAcc {:.4},ValAcc {:.4f}".format(
            epoch,loss.item(),train_acc.item(),val_acc.item()))
    return loss_history,val_acc_history
```


5. 模型评估

训练结束后，构建测试函数在测试集上对训练好的模型进行测试，以在测试集上的准确率作为测试函数的结果可以最直观地体现模型的性能。

```
def test(mask):
    model.eval()
    with torch.no_grad():
        logits=model(tensor_adjacency,tensor_x)
        test_mask_logits=logits[mask]
        predict_y=test_mask_logits.max(1)[1]
        accuarcy=torch.eq(predict_y,tensor_y[mask]).float().mean()
    return accuarcy,test_mask_logits.cpu().numpy(),tensor_y[mask].cpu().numpy()
```

模型在训练过程中可保存每一轮训练在训练集上的损失值和在验证集上的准确率，通过绘制折线图，如图 7-17 所示，以可视化的方式观察训练集损失值和验证集准确率的变化。

绘制测试数据的 TSNE 降维图（见图 7-18）展示模型在测试集上的聚类结果。

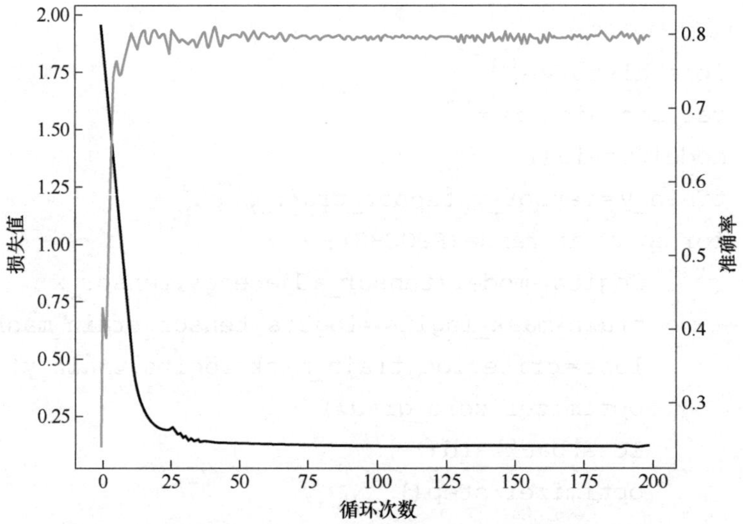

图 7-17 损失值和准确率变化图

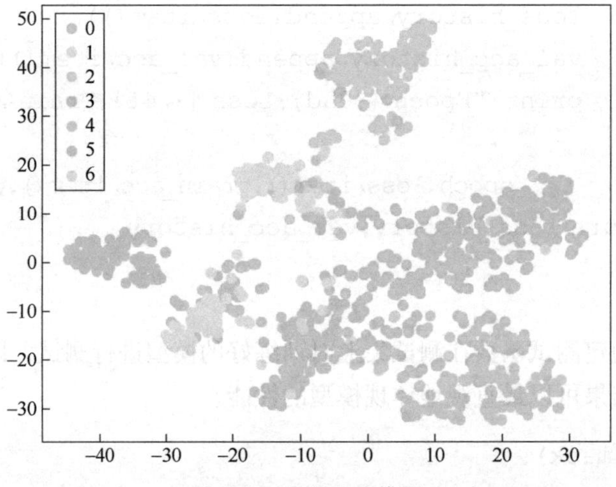

图 7-18 TSNE 降维图

图 7-18 彩图

本章小结

图神经网络已经成为处理图领域机器学习任务的强有力工具。这一重大突破的实现，主要归功于模型表达能力的增强，模型结构的灵活性提升，以及训练算法的创新与进步。本章深入解读了图神经网络的核心概念和运行机制。在针对图神经网络模型的讨论中，详尽阐述了其多种变体，包括图卷积神经网络、图循环网络和图注意力网络，并对各类模型进行系统性的介绍。

思考题与习题

7-1 什么是图?

7-2 什么是图神经网络?

7-3 图循环网络与传统的循环神经网络相比有何优势?

7-4 图神经网络在计算机视觉中的主要优势是什么?

参考文献

[1] SPERDUTI A, STARITA A. Supervised neural networks for the classification of structures[J]. IEEE Transactions on Neural Networks, 1997, 8(3): 714-735.

[2] WU Z, PAN S, CHEN F, et al. A comprehensive survey on graph neural networks[J]. IEEE Transactions on Neural Networks and Learning Systems, 2020, 32(1): 4-24.

[3] GORI M, MONFARDINI G, SCARSELLI F. A new model for learning in graph domains[C]. //Proceedings of IEEE International Joint Conference on Neural Networks, Piscataway: IEEE, 2005, 2: 729-734.

[4] SCARSELLI F, GORI M, TSOI A C, et al. The graph neural network model[J]. IEEE Transactions on Neural Networks, 2008, 20(1): 61-80.

[5] CHUNG F R K. Spectral graph theory[M]. RI, USA: American Mathematical Soc., 1997.

[6] BRONSTEIN M M, BRUNA J, LECUN Y, et al. Geometric deep learning: going beyond euclidean data [J]. IEEE Signal Processing Magazine, 2017, 34(4): 18-42.

[7] MICHELI A. Neural network for graphs: a contextual constructive approach[J]. IEEE Transactions on Neural Networks, 2009, 20(3): 498-511.

[8] BRUNA J, ZAREMBA W, SZLAM A, et al. Spectral networks and locally connected networks on graphs[Z/OL]. 2013. [2024-08-01]. https://arxiv.org/abs/1312.6203.

[9] XU B, SHEN H, CAO Q, et al. Graph wavelet neural networks[Z/OL]. 2019. [2024-08-01]. https://arxiv.org/abs/1904.07785.

[10] LI R, WANG S, ZHU F, et al. Adaptive graph convolutional neural networks[C]. //Proceedings of the AAAI conference on artificial intelligence, Palo Alto: AAAI, 2018: 3546-3553.

[11] NIEPERT M, AHMED M, KUTZKOV K. Learning convolutional neural networks for graphs[C]. //International Conference on Machine Learning, New York: ACM, 2016: 2014-2023.

[12] ATWOOD J, TOWSLEY D. Diffusion-convolutional neural networks[J]. Advanced in neural information processing systems, 2016: 2001-2009.

[13] HAMILTON W, YING Z, LESKOVEC J. Inductive representation learning on large graphs[J]. Advanced in Neural Information Processing Systems, 2017: 1025-1035.

[14] LI Y, TARLOW D, BROCKSCHMIDT M, et al. Gated graph sequence neural networks[Z/OL]. 2015. [2024-08-01]. https://arxiv.org/abs/1511.05493.

[15] JOHNSON D D. Learning graphical state transitions[C]//International Conference on Learning Representations, Washington DC: ICLR, 2017: 1-19.

[16] TAI K S, SOCHER R, MANNING C D. Improved semantic representations from tree-structured long short-term memory networks[C]//Proceedings of the 53rd Annual Meeting of the Association for Computational Linguistics and the 7th International Joint Conference on Natural Language Processing (Volume 1: Long Papers), Stroudsburg: ACL, 2015: 1556-1566.

[17] ZHANG Y, LIU Q, SONG L. Sentence-state LSTM for text representation[C]//Proceedings of the 56th Annual Meeting of the Association for Computational Linguistics (Volume 1: Long Papers), Stroudsburg: ACL, 2018: 317-327.

[18] VELIČKOVIĆ P, CUCURULL G, CASANOVA A, et al. Graph attention networks[Z/OL]. 2017. [2024-

08-01]. https://arxiv. org/abs/1710. 10903.

[19] ZHANG J, SHI X, XIE J, et al. Gaan: Gated attention networks for learning on large and spatiotemporal graphs[Z/OL]. 2018. [2024-08-01]. https://arxiv. org/abs/1803. 07294.

[20] DO K, TRAN T, NGUYEN T, et al. Attentional multilabel learning over graphs: a message passing approach[J]. Machine Learning, 2019, 108(10): 1757-1781.

[21] WANG X, YE Y, GUPTA A. Zero-shot recognition via semantic embeddings and knowledge graphs[C]// Proceedings of the IEEE/CVF Conference on Computer Vision and Pattern Recognition, New York: IEEE, 2018: 6857-6866.

[22] KAMPFFMEYER M, CHEN Y, LIANG X, et al. Rethinking knowledge graph propagation for zero-shot learning[C]//Proceedings of the IEEE/CVF Conference on Computer Vision and Pattern Recognition, New York: IEEE, 2019: 11487-11496.

[23] MARINO K, SALAKHUTDINOV R, GUPTA A. The more you know: using knowledge graphs for image classificatio[Z/OL]. 2016. [2024-08-01]. https://arxiv. org/abs/1612. 04844.

[24] LEE C W, FANG W, YEH C K, et al. Multi-label zero-shot learning with structured knowledge graphs [C]//Proceedings of the IEEE Conference on Computer Vision and Pattern Recognition, New York: IEEE, 2018: 1576-1585.

[25] TENEY D, LIU L, VAN DEN HENGEl A. Graph-structured representations for visual question answering [C]//Proceedings of the Conference on Computer Vision and Pattern Recognition, New York: IEEE, 2017: 1-9.

[26] NARASIMHAN M, LAZEBNIK S, SCHWING A. Out of the box: reasoning with graph convolution nets for factual visual question answering[J]. Advacned in Neural Information Processing Systems, 2018: 2659-2670.

[27] QI X, LIAO R, JIA J, et al. 3d graph neural networks for rgbd semantic segmentation[C]. //Proceedings of the IEEE International Conference on Computer Vision, New York: IEEE, 2017: 5199-5208.

第 8 章　注意力机制

深度学习中的注意力机制(Attention Mechanism)是一种模仿人类视觉和认知系统的方法，它允许神经网络在处理输入数据时集中注意力于相关的部分。通过引入注意力机制，神经网络能够自动地学习并选择性地关注输入中的重要信息，提高模型的性能和泛化能力。本章首先介绍注意力机制的基本概念和发展历程，讨论注意力机制的分类，最后结合代表性论文介绍应用于不同场景的不同类型的注意力机制。

8.1　注意力机制简介

8.1.1　基本概念

注意力机制源于人类视觉系统，当人类观察外界事物的时候，一般不会把事物当成一个整体去看，往往倾向于根据需要选择性地去获取被观察事物的某些重要部分。比如，看到一个人时，往往先注意到这个人的脸，然后再把不同区域的信息组合起来，形成一个对被观察事物的整体印象。

注意力机制可以帮助模型对输入的每个部分赋予不同的权重，抽取出更加关键及重要的信息，使模型做出更加准确的判断，同时不会对模型的计算和存储带来更大的开销，这也是注意力机制应用如此广泛的原因，尤其在 Seq2Seq 模型中应用广泛，如机器翻译、语音识别、图像释义(Image Caption)等领域。注意力机制既简单，又可以赋予模型更强的辨别能力，还可以用于解释神经网络模型(例如机器翻译中输入和输出文字对齐、图像释义中文字和图像不同区域的关联程度)等。

8.1.2　发展历程

在深度学习领域，注意力机制的雏形最早应用于计算机视觉领域。受早期灵长目视觉系统的神经元结构启发，提出了一种视觉注意力系统 SBVA，SBVA 模型架构，如图 8-1 所示，可以将多尺度的图像特征组合成单一的显著性图。最后，利用一个动态神经网络，并按照显著性的顺序来高效地选择重点区域。

谷歌 DeepMind 于 2014 年从机器模拟人的“视觉观察”角度出发，来探讨视觉注意的 recurrent 模型，开发了一个新的基于注意力的任务驱动的神经网络视觉处理框架 RAM，该框架的出现使注意力机制真正走进了广大学者的视野。

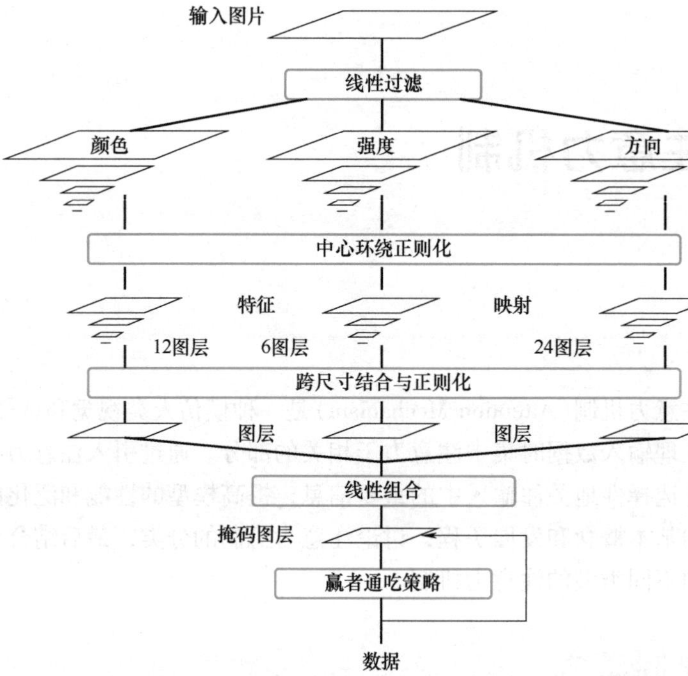

图 8-1　SBVA 模型架构图

RAM 模型为一个按照时间顺序处理输入的循环神经网络模型。RAM 模型架构如图 8-2 所示，图 8-2a 是一个 Glimpse 传感器，图 8-2b 是 Glimpse 的工作网络，图 8-2c 是总体的 RNN 模型线路。

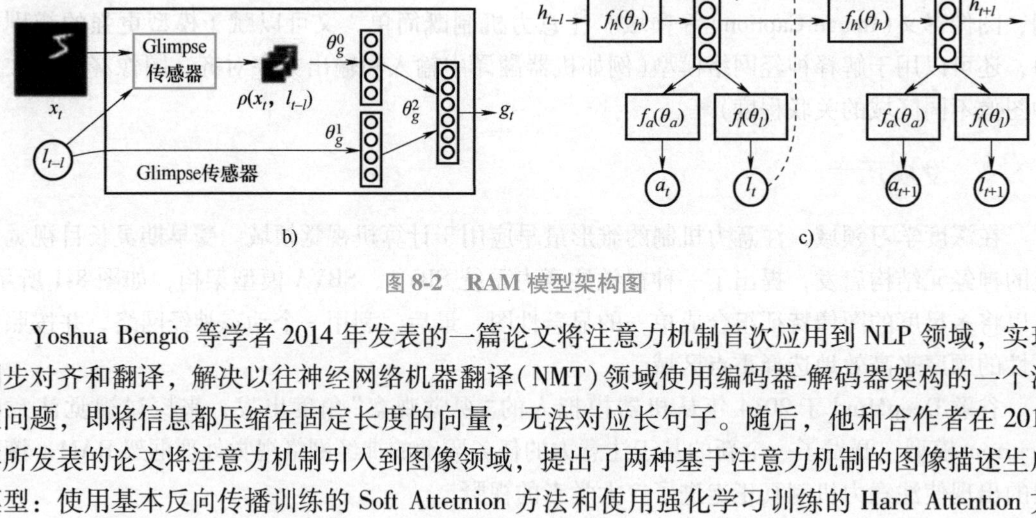

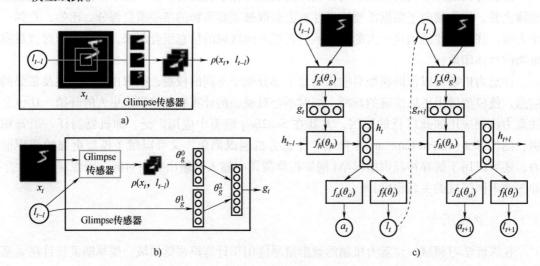

图 8-2　RAM 模型架构图

Yoshua Bengio 等学者 2014 年发表的一篇论文将注意力机制首次应用到 NLP 领域，实现同步对齐和翻译，解决以往神经网络机器翻译（NMT）领域使用编码器-解码器架构的一个潜在问题，即将信息都压缩在固定长度的向量，无法对应长句子。随后，他和合作者在 2015 年所发表的论文将注意力机制引入到图像领域，提出了两种基于注意力机制的图像描述生成模型：使用基本反向传播训练的 Soft Attetnion 方法和使用强化学习训练的 Hard Attention 方法。2017年Jianlong Fu提出了一种基于CNN的注意力机制循环注意力卷积神经网络(Recurrent Attention Convolutional Neural Network，RA-CANN)，该网络可以递归地分析局部信息，并从所获取的局部区域中提取细粒度信息。此外，作者还引入了一个注意力生成子网络(Attenion Proposal Sub-Network，APN)，迭代地对整图操作以生成对应的子区域，最后再将各个子区域的预测结果整合起来，从而获得整张图片最终的分类预测结果。

2017年，Transformer架构被提出，该论文的最大贡献便是抛弃了以往机器翻译基本都会应用的RNN或CNN等传统架构，以编码器-解码器为基础，创新性地提出了Transformer。该架构可以有效地解决RNN无法并行处理以及CNN无法高效地捕捉长距离依赖的问题，近期更是被进一步地应用到了计算机视觉领域，同时在多个计算机视觉(CV)任务上取得了最新技术水平(State of the art，SOTA)性能，挑战CNN在CV领域多年的霸主地位。

至此，注意力机制的优势开始显著展现，一系列以Transformer为基础模型的改进工作大量出现。这些工作充分挖掘了注意力机制在不同维度上应用的潜能，取得了一系列令人振奋的进展。

8.2　注意力模型基本架构

在深度学习领域，注意力机制因其强大的建模能力而备受关注。它可以有效地聚焦于最相关的信息，从而提高模型的性能。本节将介绍典型的注意力模型架构。

注意力机制的核心思想是根据输入的相关性来加权不同部分的信息。其基本公式为：

$$\text{attention}(\boldsymbol{Q},\boldsymbol{K},\boldsymbol{V})=\text{softmax}\left(\frac{\boldsymbol{Q}\boldsymbol{K}^{\mathrm{T}}}{\sqrt{d_k}}\right)\boldsymbol{V} \tag{8-1}$$

式中，$\boldsymbol{Q}$(查询)、$\boldsymbol{K}$(键)和$\boldsymbol{V}$(值)是输入向量的线性变换；$\sqrt{d_k}$是键向量的维度。

一个典型的注意力模型由以下几个主要部分组成。

1）输入嵌入层。将离散的输入数据(如单词或图像像素)转换为连续的向量表示。在自然语言处理中，常用的嵌入方法包括Word2Vec、GloVe和预训练模型如BERT等。

2）注意力计算层。注意力计算层是模型的核心部分，通过计算查询和键之间的相似度来决定值向量的加权方式。缩放点积注意力(Scaled Dot-Product Attention)是常见的计算方法。

3）前馈神经网络。在多头注意力层之后，通常会接一个前馈神经网络(FFN)。FFN由两个线性变换层和一个非线性激活函数(如ReLU)组成，用于进一步处理注意力层的输出。

4）残差连接与层归一化。为了缓解深层网络训练中的梯度消失问题，注意力模型采用了残差连接(Residual Connection)和层归一化(Layer Normalization)技术。这些技术可以帮助模型更有效地训练，并提高收敛速度和稳定性。

8.3　注意力机制分类

从不同的角度，注意力机制可以划分为不同的类别。例如，从注意力机制的作用范围，它可以划分为局部注意力和全局注意力；从注意力机制的内容，它可以划分为自注意力、交叉注意力等。

本节依据注意力机制的一般作用机理，将其划分为一般模式注意力、键值对模式注意力、多头注意力。

8.3.1 一般模式注意力

首先对基本概念进行定义：

$\boldsymbol{X}$：待查询内容(通常是图像、文本的特征表征)；

$\boldsymbol{q}$：和任务有关的查询向量；

$z \in [1,N]$：注意力变量，表示被选择信息的索引位置。即 $z=i$ 表示选择了第 i 个输入信息；

a_i：在给定 $\boldsymbol{q}$ 和 X 下，选择第 i 个输入信息的概率，也即注意力分布；

$s(x_i,\boldsymbol{q})$：注意力打分函数。

根据上述定义，一般形式的注意力分布计算公式如下：

$$\begin{aligned} a_i &= p(z=i \mid X,\boldsymbol{q}) \\ &= \mathrm{softmax}(s(x_i,\boldsymbol{q})) \\ &= \frac{\exp(s(\boldsymbol{x}_i,\boldsymbol{q}))}{\sum_{j=1}^{N}\exp(s(\boldsymbol{x}_j,\boldsymbol{q}))} \end{aligned} \tag{8-2}$$

注意力分布 a_i 可以解释为在给定任务相关的查询 $\boldsymbol{q}$ 时，第 i 个信息受关注的程度。常见的注意力打分函数包括：

$$\begin{aligned} &\text{加性模型} \quad s(\boldsymbol{x}_i,\boldsymbol{q}) = \boldsymbol{v}^{\mathrm{T}}\tanh(\boldsymbol{W}_i+\boldsymbol{U}\boldsymbol{q}) \\ &\text{点积模型} \quad s(\boldsymbol{x}_i,\boldsymbol{q}) = \boldsymbol{x}_i^{\mathrm{T}}\boldsymbol{q} \\ &\text{缩放点积模型} \quad s(\boldsymbol{x}_i,\boldsymbol{q}) = \frac{\boldsymbol{x}_i^{\mathrm{T}}\boldsymbol{q}}{\sqrt{d}} \\ &\text{双线性模型} \quad s(\boldsymbol{x}_i,\boldsymbol{q}) = \boldsymbol{x}_i^{\mathrm{T}}\boldsymbol{W}\boldsymbol{q} \end{aligned} \tag{8-3}$$

式中，$\boldsymbol{W}$，$\boldsymbol{U}$ 为可学习的网络参数；d 为输入信息的维度。

理论上，加性模型和点积模型的复杂度差不多，但是点积模型在实现上可以更好地利用矩阵乘积，从而计算效率更高。但当输入信息的维度 d 比较高，点积模型的值通常有比较大的方差，从而导致 softmax 函数的梯度会比较小。因此，缩放点积模型可以较好地解决这个问题，双线性模型可以看做是一种泛化的点积模型。假设 $\boldsymbol{W}=\boldsymbol{U}^{\mathrm{T}}\boldsymbol{V}$，双线性模型可以写为 $s(\boldsymbol{x}_i,\boldsymbol{q})=\boldsymbol{x}_i^{\mathrm{T}}\boldsymbol{U}^{\mathrm{T}}\boldsymbol{V}\boldsymbol{q}=(\boldsymbol{U}\boldsymbol{X}_i)^{\mathrm{T}}\boldsymbol{V}\boldsymbol{q}$，即分别对 $\boldsymbol{X}$ 和 $\boldsymbol{q}$ 进行线性变换后计算点积。相比于点积模型，双线性模型在计算相似度时引入了非对称性。

1. 软性注意力

软性注意力机制(Soft Attention Mechanism)是采用一种“软性”的信息选择机制对输入信息进行汇总，其选择的信息是所有输入信息在注意力分布下的期望：

$$\mathrm{att}(X,q) = \sum_{i=1}^{N}\alpha_i x_i = \mathrm{E}_{z\sim p(z \mid X,q)}[X] \tag{8-4}$$

有选择地对所有输入施加注意力，并进行后续的信息整合，能够有效避免信息遗漏，但有可能关注冗余的信息。

2. 硬性注意力

如果只关注到某一个位置的信息，而忽略其他输入，则称该类注意力机制为硬性注意力：

$$\mathrm{att}(X,q)=x_j$$
$$j=\operatorname*{argmax}_{i=1}^{N}\alpha_i \tag{8-5}$$

该类注意力计算方式能够有效过滤噪声信息，但是也可能会造成关键信息的遗漏。特别是当需要关注的内容较多时，该类硬性注意力并不适用。在实际应用中，软性注意力更为常见。

8.3.2 键值对模式注意力

键值对模式注意力指用键值对(Key-value Pair)格式来表示输入信息，其中“键”用来计算注意力分布 a_i，“值”用来计算聚合信息，其中：

$(K,V)=((k_1,v_1),\cdots,(k_N,v_N))$：$N$ 个输入信息；

q：给定相关任务的查询向量；

$s(k_i,q)$：打分函数

键值对模式注意力计算公式如下：

$$\begin{aligned}\mathrm{att}((K,V),q)&=\sum_{i=1}^{N}\alpha_i v_i\\&=\sum_{i=1}^{N}\frac{\exp(s(k_i,q))}{\sum_j\exp(s(k_j,q))}v_i\end{aligned} \tag{8-6}$$

需要注意的是，当 $K=V$ 时，键值对模式就等价于一般的注意力机制。

8.3.3 多头注意力

多头注意力模式是指利用多个查询 $\boldsymbol{Q}=(\boldsymbol{q}_1,\cdots,\boldsymbol{q}_M)$，来平行地计算从输入信息中选取的多个信息。每个注意力关注输入信息的不同部分：

$$\mathrm{att}((\boldsymbol{K},\boldsymbol{V}),\boldsymbol{Q})=\mathrm{att}((\boldsymbol{K},\boldsymbol{V}),\boldsymbol{q}_1)\oplus\cdots\oplus\mathrm{att}((\boldsymbol{K},\boldsymbol{V}),\boldsymbol{q}_M) \tag{8-7}$$

式中，$\oplus$表示向量拼接。

8.4 注意力模型

本节重点围绕通道注意力、空间注意力、混合注意力、自注意力、类别注意力、时间注意力、频率注意力、全局注意力等多个维度介绍著名的注意力模型。

8.4.1 通道 & 空间注意力

通道注意力旨在显示建模的不同通道之间的相关性，通过网络学习的方式来自动获取到每个特征通道的重要程度，最后再为每个通道赋予不同的权重系数，从而来强化重要的特征抑制非重要的特征。

空间注意力旨在提升关键区域的特征表达，本质上是将原始图片中的空间信息通过空间转换模块，变换到另一个空间中并保留关键信息，为每个位置生成权重掩膜(Mask)并加权输出，从而增强感兴趣的特定目标区域同时弱化不相关的背景区域。

1. SE-Net

SE-Net(图 8-3)发表于 2018 年的 CVPR 会议，这篇会议论文是计算机视觉领域将注意力机制应用到通道维度的代表作，后续大量基于通道域的工作均基于此进行改进。SE-Net 是 ImageNet 2017 大规模图像分类任务的冠军，结构简单且效果显著，可以通过特征重标定的方式来自适应地调整通道之间的特征响应。

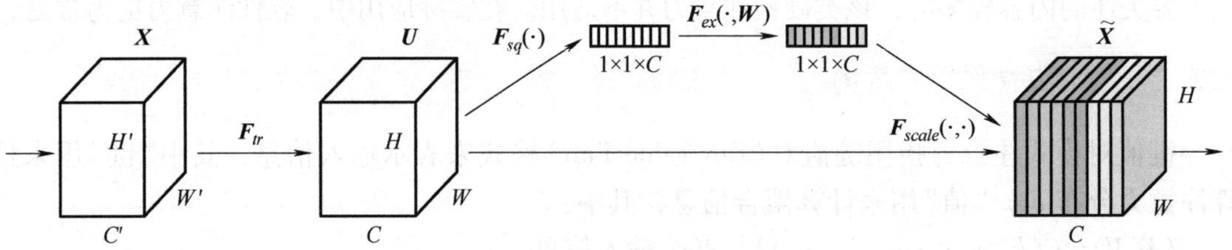

图 8-3　SE-Net 模型架构图

1）squeeze 利用全局平均池化（Global Average Pooling，GAP）操作来提取全局感受野，将所有特征通道都抽象为一个点；

2）excitation 利用两层的多层感知机（Multi-Layer Perceptron，MLP）网络来进行非线性的特征变换，显式地构建特征图之间的相关性；

3）transform 利用 Sigmoid 激活函数实现特征重标定，强化重要特征图，弱化非重要特征图。

2. GE-Net

GE-Net（图 8-4）发表于 2018 年的 NIPS 会议，从上下文建模的角度出发，提出了一种比 SE-Net 更一般的形式。GE-Net 充分利用空间注意力来更好地挖掘特征之间的上下文信息。它包含两个主要的操作：

1）gather 用于从局部的空间位置上提取特征；

2）excite 用于将特征缩放至原始尺寸。

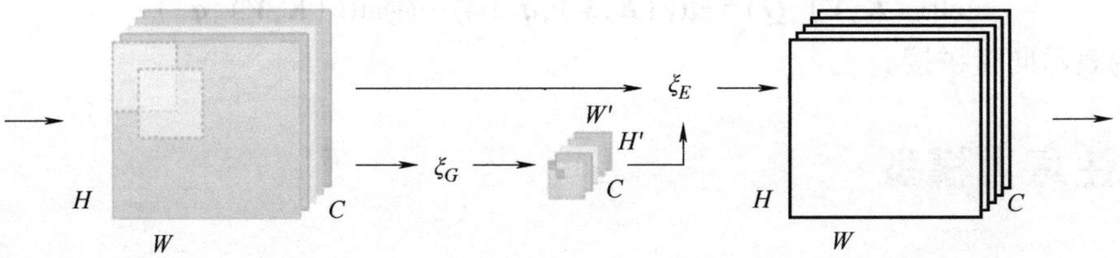

图 8-4　GE-Net 模型架构图

3. RA-Net

RA-Net（图 8-5）发表于 2017 年 CVPR 会议，利用下采样和上采样操作提出了一种基于空间注意力机制的残差注意力网络。

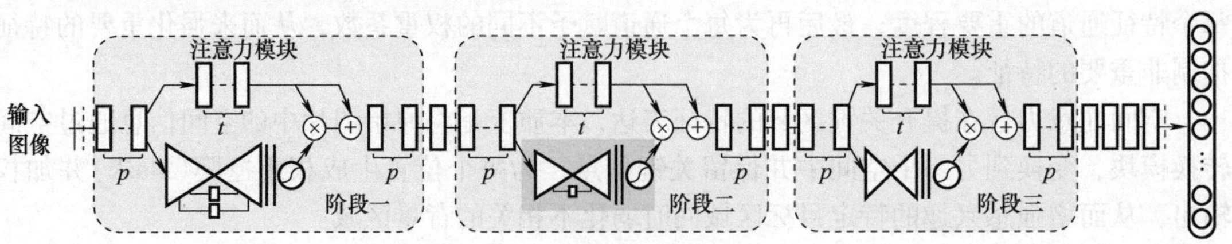

图 8-5　RA-Net 模型架构图

以往的注意力模型大多应用于图像分割和显著性检测任务，出发点在于将注意力集中在部分感兴趣区域或显著区域上。这里尝试在常规的分类网络中引入侧边分支，该分支同样是由一系列卷积和池化操作来逐渐地提取高级语义特征并增大网络的感受野，最后再将该分支直接上采样为原始分辨率尺寸作为特征激活图叠加回原始输入。

4. SK-Net

SK-Net(图 8-6)发表于 2019 年的 CVPR 会议，原 SE-Net 的作者 Momenta 公司也参与到这篇会议论文中。SK-Net 主要灵感来源于 Inception-Net 的多分支结构以及 SE-Net 的特征重标定策略，研究的是卷积核之间的相关性，并进一步地提出了一种选择性卷积核模块。SK-Net 从多尺度特征表征的角度出发，引入多个带有不同感受野的并行卷积核分支来学习不同尺度下的特征图权重，使网络能够挑选出更加合适的多尺度特征表示，不仅解决了 SE-Net 中单一尺度的问题，而且也结合了多分支结构的思想从丰富的语义信息中筛选出重要的特征。其突出特征在于：

1）拆分采用不同感受野大小的卷积核捕获多尺度的语义信息。

2）Fuse 融合多尺度语义信息，增强特征多样性。

3）选择在不同向量空间(代表不同尺度的特征信息)中进行 softmax 操作，为合适的尺度通道赋予更高的权重。

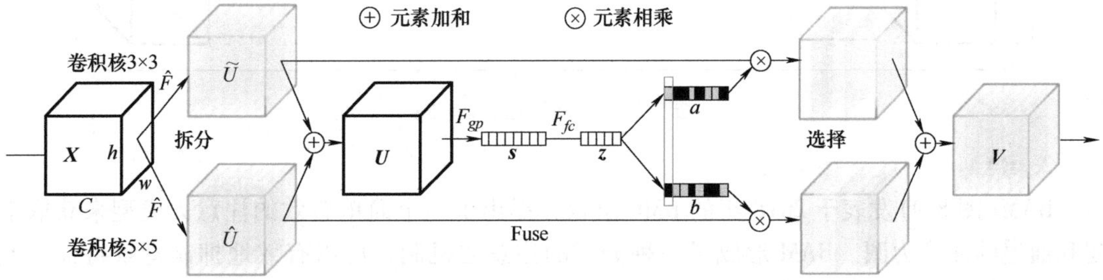

图 8-6　SK-Net 模型架构图

5. SPA-Net

SPA-Net(图 8-7)发表于 2020 年的 ICME 会议，这篇论文获得了最佳学生论文。考虑到 SE-Net 这种利用 GAP 去建模全局上下文的方式会导致空间信息的损失，SPA-Net 另辟蹊径，利用多个自适应平均池化(Adaptive Averatge Pooling，AAP）组成的空间金字塔结构来建模局部和全局的上下文语义信息，使得空间语义信息被更加充分地利用到。

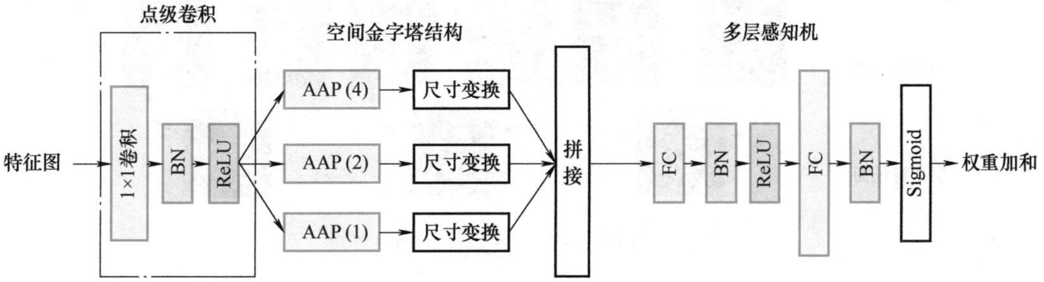

图 8-7　SPA-Net 模型架构图

8.4.2 混合注意力

空间注意力将每个通道中的特征都做同等处理，忽略了通道间的信息交互；通道注意力则是将一个通道内的信息直接进行全局处理，容易忽略空间内的信息交互；混合注意力是结合了通道域、空间域等注意力的形式来形成一种更加综合的特征注意力。

1. CBAM

CBAM(图 8-8)发表于 2018 年的 CVPR 会议，在原有通道注意力的基础上，衔接了一个空间注意力模块(Spatial Attention Modul，SAM)。SAM 是基于通道进行全局平均池化以及全局最大池化操作，产生两个代表不同信息的特征图，合并后再通过一个感受野较大的 7×7 卷积进行特征融合，最后再通过 Sigmoid 操作来生成权重图叠加回原始的输入特征图，从而使得目标区域得以增强。

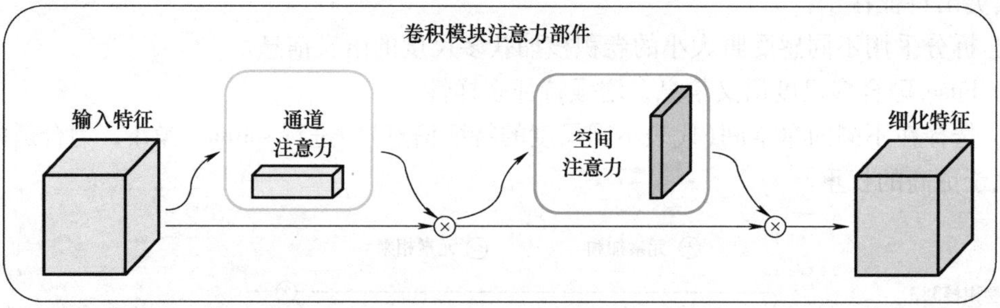

图 8-8　CBAM 模型架构图

2. BAM

BAM(图 8-9)发表于 2018 年的 BMC 会议，提出了一个简单有效的注意力模型来获取空间和通道的注意力图。BAM 形成了一种分层的注意力机制，可以有效地抑制背景特征，使模型更加聚焦于前景特征，从而加强高级语义，实现更高的性能。不同于 CBAM 并联的方式，BAM 以串联的方式来相继提取不同域的注意力图。

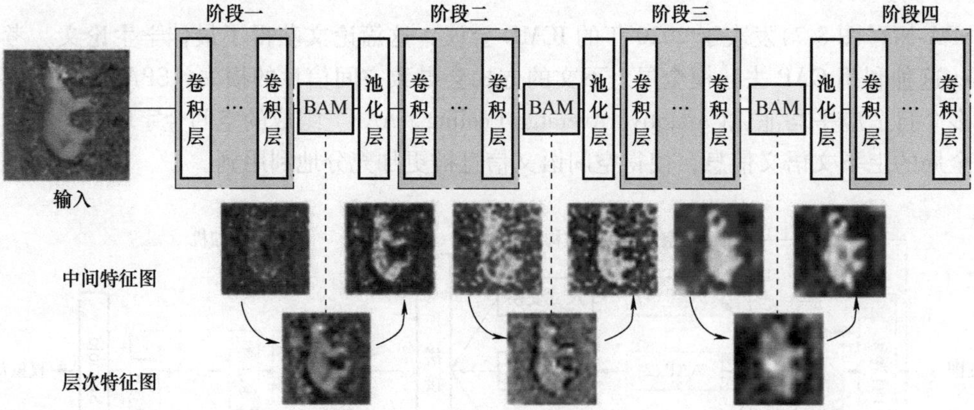

图 8-9　BAM 模型架构图

3. scSE

scSE(图 8-10)发表于 2018 年的 MICCAI 会议，是一种更轻量化的 SE-Net 变体，在 SE

的基础上提出了 cSE、sSE、scSE 这三个变种。cSE 和 sSE 分别是根据通道和空间的重要性来校准采样。scSE 则是同时进行两种不同采样校准，得到一个更优异的结果。

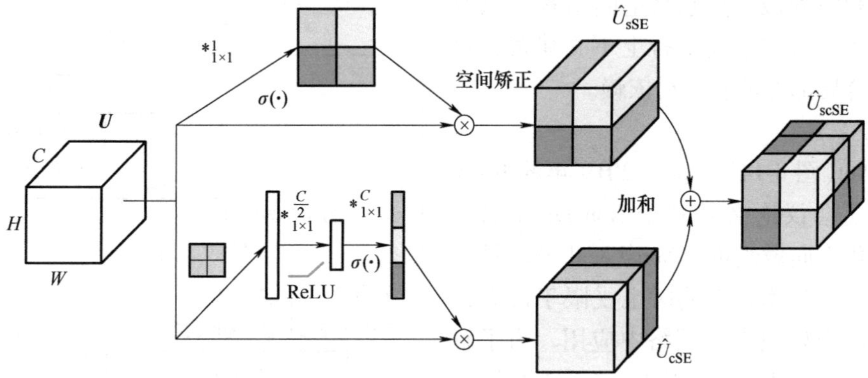

图 8-10　scSE 模型架构图

4. A2-Nets

A2-Nets(图 8-11)发表于 2018 年的 NIPS 会议，这篇会议论文提出了一种双重注意力网络。该网络首先使用二阶的注意力池化(Second-order Attention Pooling，SAP)将整幅图的所有关键特征归纳到一个集合当中，然后再利用另一种注意力机制将这些特征分别应用到图像中的每个区域。

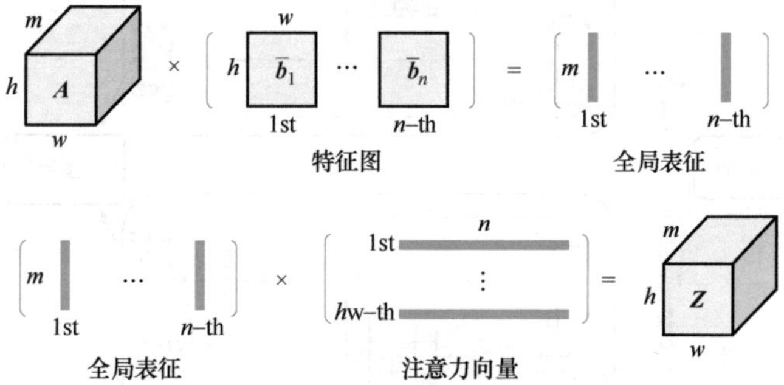

图 8-11　A2-Nets 模型架构图

8.4.3　自注意力

自注意力是注意力机制的一种变体，其目的是减少对外部信息的依赖，尽可能地利用特征内部固有的信息进行注意力的交互。

1. Non-Local

Non-Local(图 8-12)发表于 2018 年的 CVPR 会议，这篇会议论文是第一篇将自注意力机制引入图像领域的文章。文中提出了经典的 Non-Local 模块，通过自注意力机制对全局上下文进行建模，有效地捕获长距离的特征依赖。后续许多基于自注意力的方法都是根据 Non-Local 来改进的。

自注意力流程一般是通过将原始特征图映射为三个向量分支，即 Query、Key 和 Value。

1）计算 $\boldsymbol{Q}$ 和 $\boldsymbol{K}$ 的相关性权重矩阵系数。

2）通过软操作对权重矩阵进行归一化。

3）再将权重系数叠加到 V 上，以实现全局上下文信息的建模。

2. DA-Net

DA-Net(图 8-13)发表于 2019 年的 CVPR 会议，该论文将 Non-Local 的思想同时引入到了通道域和空间域，分别将空间像素点以及通道特征作为查询语句进行上下文建模，自适应地整合局部特征和全局依赖。

3. ANLNet

ANLNet(图 8-14)发表于 2019 年的 ICCV 会议，这篇会议论文是基于 Non-Local 的思路往轻量化方向做改进。Non-Local 模块是一种效果显著的技术，但同时也受限于过大计算量而难以很好地嵌入网络中应用。为了解决以上问题，ANLNet 基于 Non-Local 结构并融入了金字塔采样模块，在充分考虑了长距离依赖的前提下，融入了不同层次的特征，从而在保持性能的同时极大地减少计算量。

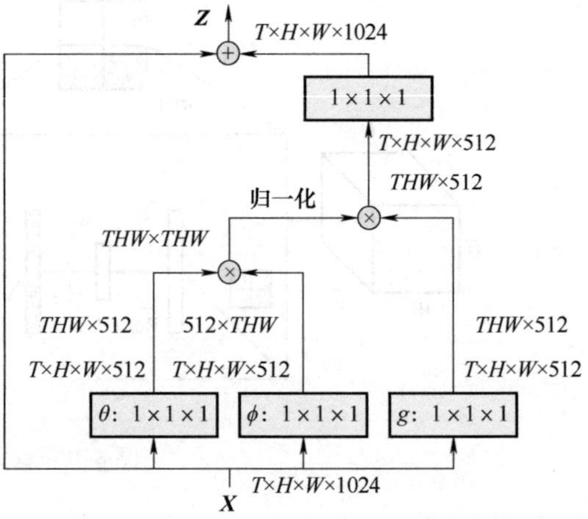

图 8-12 Non-Local 模块示意图

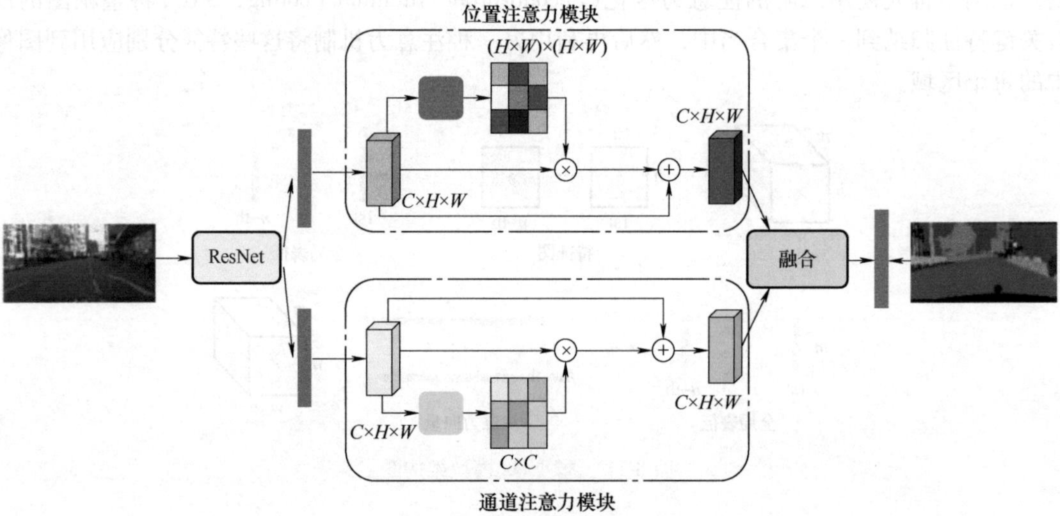

图 8-13 DA-Net 模型架构图

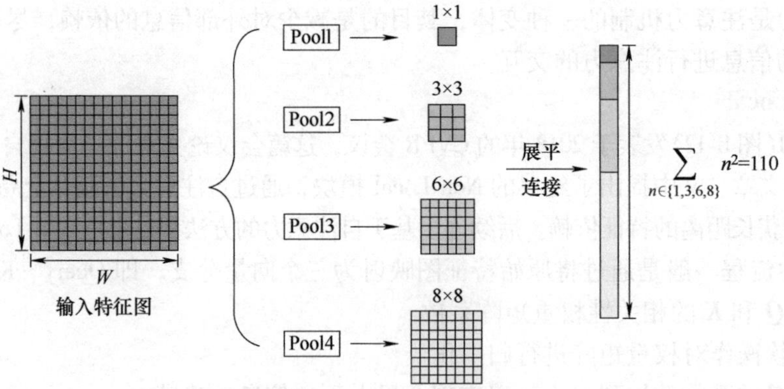

图 8-14 ANLNet 模型架构图

4. GCNet

GCNet(图 8-15)发表于 2019 年的 ICCV 会议，受 SE-Net 和 Non-Local 思想的启发提出了一种更简化的空间自注意力模块。Non-Local 采用自注意力机制来建模全局的像素对关系，建模长距离依赖，但这种基于全局像素点对(Pixel-to-Pixel)的建模方式其计算量无疑是巨大的。SE-Net 则利用 GAP 和 MLP 完成通道之间的特征重标定，虽然轻量，但未能充分利用到全局上下文信息。因此，提出了 GCNet 可以高效地建模全局的上下文信息。

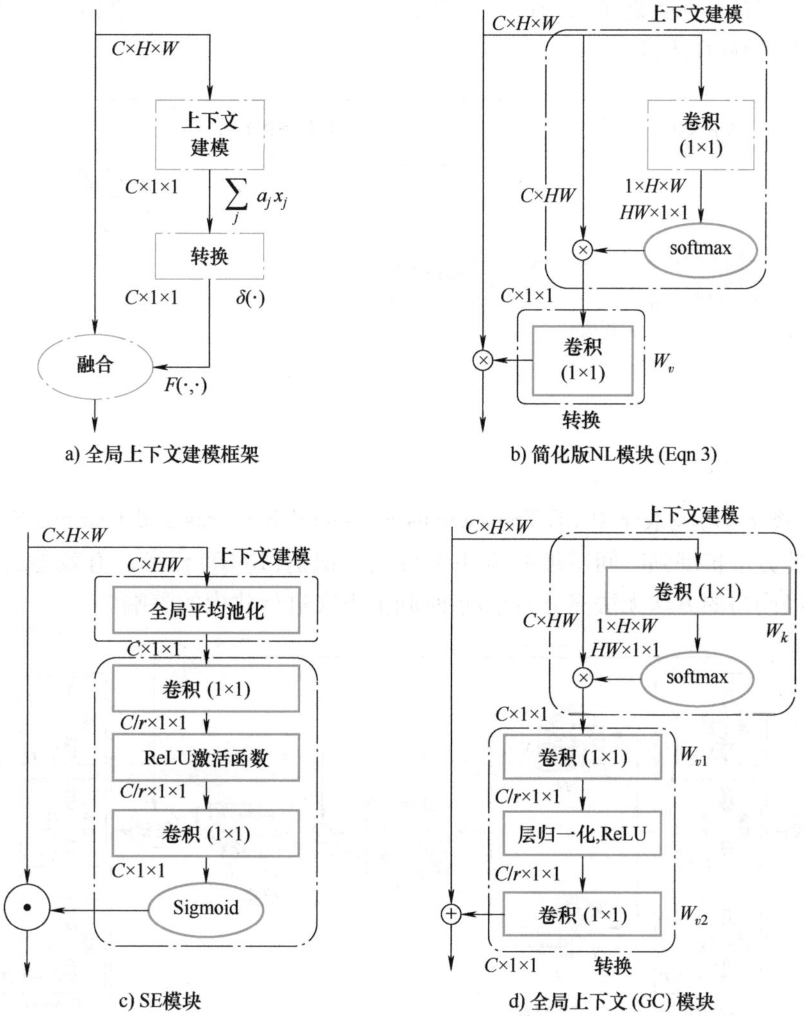

图 8-15　GCNet 模型架构图

8.4.4　类别注意力

OCR-Net(图 8-16)发表于 2020 年的 ECCV 会议，这篇会议论文是一种基于自注意力对类别信息进行建模的方法。与先前的自注意力对全局上下文建模的角度(通道和空间)不同，OCR-Net 是从类别的角度进行建模，利用粗分割的结果作为建模的对象，最后加权到每一个查询点，这是一种轻量并有效的方法。其特点在于：

1）软性对象区域（Soft Object Region）对主干（Backbone）倒数第二层所输出的粗分割结果进行监督。

2）对象区域表征（Object Region Representation）融合粗分割和 Backbone 网络最后一层所输出的高级语义特征图生成对象区域语义，每一条向量代表不同的类别信息。

3）像素-区域相关性（Pixel-Region Relation）结合最后一层的高级语义特征图以及对象区域语义信息，建模像素与对象区域之间的相关性。

4）对象上下文表征（Object Contextual Representation）将像素-区域相关性加权到对象区域信息中，完成加权目标类别信息到每一个像素上；不难发现，这种类别信息的建模方式完全遵循自注意力机制（Q,K,V）。

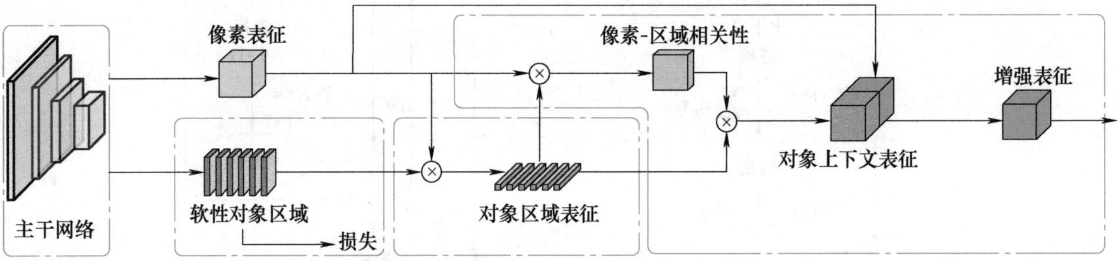

图 8-16　OCR-Net 模型架构图

8.4.5　时间注意力

IAUNet（图 8-17）发表于 IEEE Transactions on Neural Networks and Learning Systems，将自注意力机制的方法扩展到时间维度并应用于行人重识别（ReID）任务，有效地解决了大多数基于卷积神经网络的方法无法充分对空间-时间上下文进行建模的弊端。

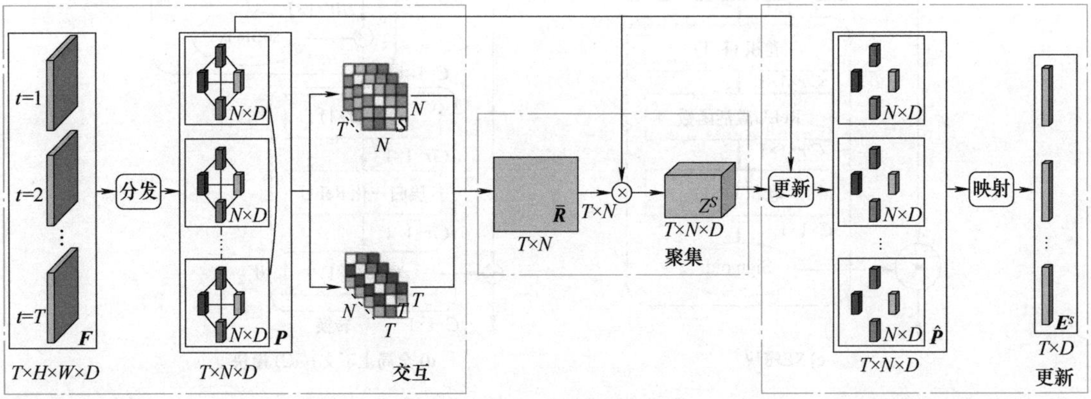

图 8-17　IAUNet 模型架构图

1）交互聚合更新（Interaction-Aggregation-Update，IAU）模块同时包含全局空间、时间和频道上下文信息，可用于高性能的 ReID。

2）空间-时间 IAU（Spatial-Temporal IAU，STIAU）可有效地融合两种类型的上下文依赖。

3）通道 IAU（Channel IAU，CIAU）模块旨在模拟信道特征之间的语义上下文交互，以增强特征表示，尤其是对于小型视觉线索和身体部位。

8.4.6　频率注意力

FcaNet 从频域角度切入，证明了 GAP 是 DCT 的特例，弥补了现有通道注意力方法中特征信息不足的缺点，将 GAP 推广到一种更为一般的表示形式，即二维的离散余弦变换(Discrete Cosine Transform，DCT)，并提出了多光谱通道注意力 FcaNet(图 8-18)，通过引入更多的频率分量来充分地利用信息。

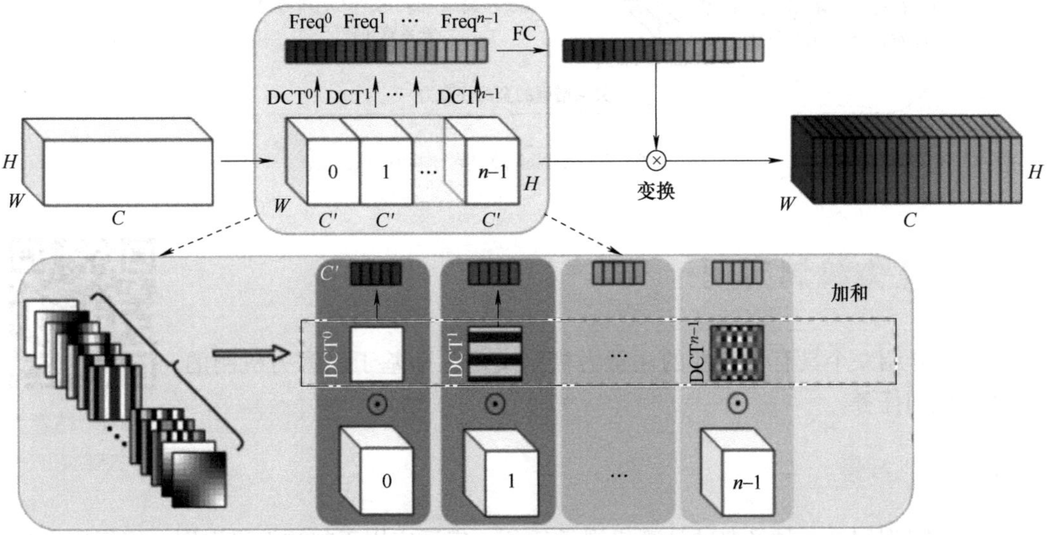

图 8-18　FcaNet 模型架构图

8.4.7　全局注意力

RGA-Net(图 8-19)发表于 2020 年的 CVPR 会议，是针对行人重识别任务提出的一种基于关系感知的全局注意力方法。要直观地判断一个特征节点是否重要，首先要知道其全局范围的特征信息，以便在决策的过程中更好地探索每个特征节点各自的全局关系，从而学习出更鲁棒的注意力特征。

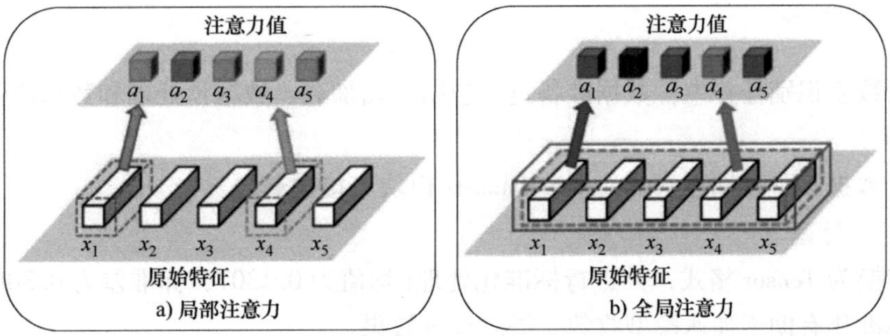

图 8-19　RGA-Net 模型架构图

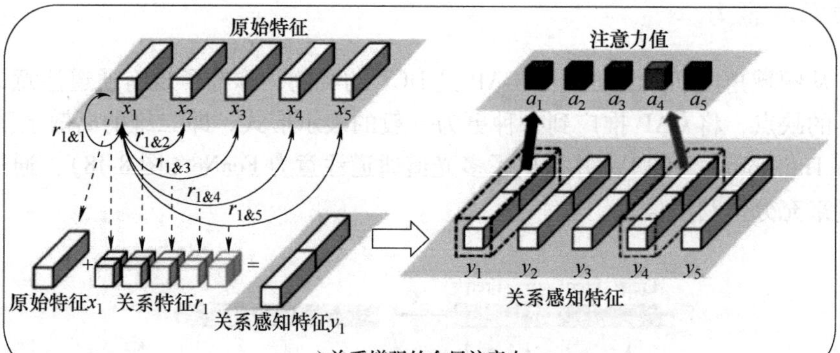

c) 关系增强的全局注意力

图 8-19 RGA-Net 模型架构图(续)

8.5 注意力机制实例

码 8-1 注意力机制实例

本节将介绍一个具有代表性的注意力机制实例，即基于注意力机制的手写数字识别任务。

8.5.1 实例背景

手写数字识别是一种经典的计算机视觉任务，广泛应用于邮政编码识别、银行票据处理等领域。该任务的目标是对输入的手写数字图像进行分类，将其正确识别为 0~9 之间的某个数字。

MNIST 数据集是手写数字识别任务中的标准数据集，包含 60，000 张训练图像和 10，000 张测试图像，每张图像为 28×28 的灰度图，分别对应一个数字标签(0~9)。

传统的卷积神经网络(CNN)已经在手写数字识别任务中取得了很好的效果。近年来，注意力机制(Attention Mechanism)被引入到各种任务中，通过聚焦于输入中的重要部分，显著提升了模型的性能。在手写数字识别任务中，注意力机制能够帮助模型更好地识别图像中的关键特征，提升识别准确率。

8.5.2 数据准备

在手写数字识别任务中，数据准备过程包括数据加载、数据预处理和数据增强等步骤。

1. 数据加载

MNIST 数据集可以通过 torchvision. datasets 模块直接加载。

2. 数据预处理

图像转换为 Tensor 格式，并进行标准化处理(均值为 0. 1307，标准差为 0. 3081)。

数据标准化有助于加速模型收敛，提高训练效果。

3. 数据增强

为了增加数据的多样性，可以对图像进行随机旋转、裁剪、翻转等操作。然而，对于 MNIST 数据集，这些操作通常不是必需的，因为数据集已经足够大且多样。

8.5.3 模型构建与训练

模型构建与训练是实现注意力机制在手写数字识别任务中的关键步骤。该部分主要包括以下内容：

1）特征提取。使用卷积神经网络（CNN）提取图像中的局部特征。CNN 通过卷积层、激活函数和池化层的堆叠，可以自动学习图像中的空间层次特征。

2）构建模型。在 CNN 的基础上，引入注意力机制模块，通过计算输入特征的权重，聚焦于重要特征，提高模型的分类性能。

3）训练模型。定义损失函数和优化器，通过前向传播、计算损失、反向传播和更新参数的迭代过程，不断优化模型权重。训练过程中需要定期评估模型在验证集上的性能，以防止过拟合并调整超参数。

具体步骤如下：

1. 定义注意力机制模块

注意力机制模块的设计灵感来源于人类视觉系统，可以自动聚焦于输入中的重要部分。该模块通过查询、键和值的计算，生成注意力权重，并对输入特征进行加权求和，从而突出重要特征。

187

```
1.  # 定义注意力机制模块
2.  class AttentionBlock(nn.Module):
3.      def __init__(self,in_channels):
4.          super(AttentionBlock,self).__init__()
5.          # 定义查询、键、值的卷积层,缩小通道数
6.          self.query_conv=nn.Conv2d(in_channels,in_channels // 8,
kernel_size=1)
7.          self.key_conv=nn.Conv2d(in_channels,in_channels // 8,
kernel_size=1)
8.          self.value_conv=nn.Conv2d(in_channels,in_channels,
kernel_size=1)
9.          # 定义 softmax 层用于计算注意力权重
10.         self.softmax=nn.softmax(dim=-1)
11.     def forward(self,x):
12.         batch_size,C,width,height=x.size()
13.         # 计算查询、键和值
14.         query=self.query_conv(x).view(batch_size,-1,width * height).
permute(0,2,1)
15.         key=self.key_conv(x).view(batch_size,-1,width * height)
16.         value=self.value_conv(x).view(batch_size,-1,width * height)
17.         # 计算注意力权重
```

```
18.        attention=self.softmax(torch.bmm(query,key))
19.        # 应用注意力权重
20.        out=torch.bmm(value,attention.permute(0,2,1))
21.        out=out.view(batch_size,C,width,height)
22.        # 返回输入加上注意力机制输出
23.        return out+x
```

2. 构建包含注意力机制的卷积神经网络模型

模型构建包括卷积层、池化层、注意力机制模块和全连接层。通过层层堆叠，实现从图像像素到数字类别的映射。

```
1.  # 构建包含注意力机制的卷积神经网络模型
2.  class AttentionModel(nn.Module):
3.      def __init__(self):
4.          super(AttentionModel,self).__init__()
5.          # 定义第一层卷积层,输入通道数为1,输出通道数为32,卷积核大小为3*3
6.          self.conv1=nn.Conv2d(1,32,kernel_size=3,padding=1)
7.          # 定义第二层卷积层,输入通道数为32,输出通道数为64,卷积核大小为3*3
8.          self.conv2=nn.Conv2d(32,64,kernel_size=3,padding=1)
9.          # 定义注意力机制模块
10.         self.attention=AttentionBlock(64)
11.         # 定义全连接层,输入为64*7*7,输出为10(对应10个类别)
12.         self.fc=nn.Linear(64*7*7,10)
13.     def forward(self,x):
14.         # 应用第一个卷积层和 ReLU 激活函数
15.         x=nn.ReLU()(self.conv1(x))
16.         # 应用最大池化层,窗口大小为2*2
17.         x=nn.MaxPool2d(2)(x)
18.         # 应用第二个卷积层和 ReLU 激活函数
19.         x=nn.ReLU()(self.conv2(x))
20.         # 应用第二个最大池化层,窗口大小为2*2
21.         x=nn.MaxPool2d(2)(x)
22.         # 应用注意力机制模块
23.         x=self.attention(x)
24.         # 将特征图展平
25.         x=x.view(x.size(0),-1)
26.         # 应用全连接层
27.         x=self.fc(x)
28.         return x
```

3. 训练模型

训练模型包括前向传播、计算损失、反向传播和更新参数等步骤。训练过程中，需要监控训练集和验证集上的损失和准确率，以防止过拟合。

```
1.  # 训练函数
2.  def train(model,device,train_loader,optimizer,epoch):
3.      # 设置模型为训练模型
4.      model.train()
5.      for batch_idx,(data,target) in enumerate(train_loader):
6.          # 将数据和标签发送到指定设备(CPU 或 GPU)
7.          data,target=data.to(device),target.to(device)
8.          # 梯度清零
9.          optimizer.zero_grad()
10.         # 前向传播
11.         output=model(data)
12.      # 计算损失
13.         loss=nn.CrossEntropyLoss()(output,target)
14.      # 反向传播
15.         loss.backward()
16.      # 更新参数
17.         optimizer.step()
18.      # 每 100 个批次输出一次训练状态
19.         if batch_idx % 100==0:
20.             print(f'Train Epoch:{epoch}[{batch_idx * len(data)}/
    {len(train_loader.dataset)}
21.             ({100. * batch_idx / len(train_loader):.0f}%)]\tLoss:
    {loss.item():.6f}')
```

在训练模型过程中，可以对训练集和测试集上的模型性能进行监控，并在训练结束后对模型进行评估。通过观察训练集和测试集上的损失和准确率，可以了解模型的训练效果，并根据需要调整模型结构或训练参数。

8.5.4 模型评估与调整

在训练模型后，进行详细的性能评估。使用测试集来评测模型的准确率、精确率和召回率等指标。根据测试结果调整模型参数或结构，以进一步优化性能。

相关代码和模型细节已提供，可供参考和实施。通过这些步骤，能够建立一个基于注意力机制的健壮的手写数字识别系统，适用于多种实际应用场景。

8.5.5 实例运行结果

将所附实例代码进行本地运行，将会得到以下输出内容，如图 8-20 所示。

```
Train Epoch: 3 [0/60000 (0%)]    Loss: 0.032676
Train Epoch: 3 [6400/60000 (11%)]    Loss: 0.005013
Train Epoch: 3 [12800/60000 (21%)]    Loss: 0.020870
Train Epoch: 3 [19200/60000 (32%)]    Loss: 0.018930
Train Epoch: 3 [25600/60000 (43%)]    Loss: 0.045984
Train Epoch: 3 [32000/60000 (53%)]    Loss: 0.006348
Train Epoch: 3 [38400/60000 (64%)]    Loss: 0.010767
Train Epoch: 3 [44800/60000 (75%)]    Loss: 0.045570
Train Epoch: 3 [51200/60000 (85%)]    Loss: 0.015721
Train Epoch: 3 [57600/60000 (96%)]    Loss: 0.052914

Test set: Average loss: 0.0000, Accuracy: 9895/10000 (99%)
```

图 8-20　注意力机制示例运行结果

本章小结

本章系统介绍了深度学习领域的注意力机制的概念、原理、分类及应用。注意力机制符合人类世界的直观理解，在自然语言处理、计算机视觉等领域都有着广泛的应用。从不同的角度进行划分，注意力机制能够进行多种归类。总体而言，注意力机制是深度学习领域的一项基本技术，蕴含在诸如 Transformer 等经典架构之中，在未来也将持续发挥重要作用。

思考题与习题

8-1　注意力机制的主要应用领域有哪些?
8-2　早期提出注意力机制的研究有哪些重要贡献?
8-3　什么是注意力机制?
8-4　一般模式注意力机制的基本组成部分有哪些?
8-5　什么是软性注意力和硬性注意力?
8-6　什么是多头注意力机制?
8-7　注意力机制最早应用于哪个领域?
8-8　注意力机制可以分为哪些类型?
8-9　多头注意力的优点是什么?
8-10　SE-Net 的主要特点是什么?

参考文献

[1] ITTI L. A model of saliency-based visual attention for rapid scene analysis[J]. IEEE Transactions on Pattern Analysis and Machine Intelligence, 1998, 20(11): 1254-1259.

[2] MNIH V, HEESS N, GRAVES A, et al. Recurrent models of visual attention[Z/OL]. 2014 [2024-08-01]. https://arxiv.org/abs/1406.6247.

[3] BAHDANAU D, CHO K, BENGIO Y. Neural machine translation by jointly learning to align and translate [Z/OL]. 2014 [2024-08-01]. https://arxiv.org/abs/1409.0473.

[4] XU K, BA J, KIROS R, et al. Show, Attend and tell: neural image caption generation with visual attention [Z/OL]. 2015 [2024-08-01]. https://arxiv.org/abs/1502.03044.

[5] FU J, ZHENG H, MEI T. Look closer to see better: recurrent attention convolutional neural network for fine-grained image recognition [C]//IEEE Conference on Computer Vision and Pattern Recognition, Honolulu: IEEE, 2017: 4438-4446.

[6] VASWANI A, SHAZEER N, PARMAR N, et al. Attention is all you need[Z/OL]. 2017 [2024-08-01]. https://arxiv.org/abs/1706.03762.

[7] HU J, SHEN L, SUN G. Squeeze-and-excitation networks[C]//IEEE Conference on Computer Vision and Pattern Recognition, Salt Lake City: IEEE, 2018: 7132-7141.

[8] HU J, SHEN L, ALBANIE S, et al. Gather-excite: exploiting feature context in convolutional neural networks[Z/OL]. 2018 [2024-08-01]. https://arxiv.org/abs/1810.12348.

[9] WANG F, JIANG M, QIAN C, et al. Residual attention network for image classification[C]//IEEE Conference on Computer Vision and Pattern Recognition, Honolulu: IEEE, 2017: 3156-3164.

[10] LI X, WANG W, HU X, et al. Selective kernel networks[C]//IEEE Conference on Computer Vision and Pattern Recognition, Long Beach: IEEE, 2019: 510-519.

[11] GUO J, MA X, SANSOM A, et al. Spanet: Spatial pyramid attention network for enhanced image recognition[C]//IEEE International Conference on Multimedia and Expo, London: IEEE, 2020: 1-6.

[12] WOO S, PARK J, LEE J Y, et al. CBAM: Convolutional block attention module[Z/OL]. 2018 [2024-08-01]. https://arxiv.org/abs/1807.06521.

[13] PARK J, WOO S, LEE J Y, et al. BAM: bottleneck attention module[Z/OL]. 2018 [2024-08-01]. https://arxiv.org/abs/1807.06514.

[14] ROY A, NAVAB N, WACHINGER C. Concurrent spatial and channel squeeze & excitation in fully convolutional networks [C]//IEEE Conference on Computer Vision and Pattern Recognition, Salt Lake City: IEEE, 2018: 421-429.

[15] CHEN Y, KALANTIDIS Y, LI J, et al. A2-Nets: double attention networks[Z/OL]. 2018 [2024-08-01]. https://arxiv.org/abs/1810.11579.

[16] WANG X, GIRSHICK R, GUPTA A, et al. Non-local neural networks[C]//IEEE Conference on Computer Vision and Pattern Recognition, Salt Lake City: IEEE, 2018: 7794-7803.

[17] FU J, LIU J, TIAN H, et al. Dual attention network for scene segmentation[C]//IEEE Conference on Computer Vision and Pattern Recognition, Long Beach: IEEE, 2019: 3146-3154.

[18] ZHU Z, XU M, BAI S, et al. Asymmetric non-Local neural networks for semantic segmentation[C]//IEEE International Conference on Computer Vision, Seoul: IEEE, 2019: 593-602.

[19] CAO Y, XU J, LIN S, et al. GCNet: Non-local networks meet squeeze-excitation networks and beyond [C] //IEEE International Conference on Computer Vision Workshop, Seoul: IEEE, 2019: 1971-1980.

[20] YUAN Y, CHEN X, WANG J. Object-contextual representations for semantic segmentation[C] //IEEE European Conference on Computer Vision, Glasow: IEEE, 2020: 173-190.

[21] HOU R, MA B, CHANG H, et al. IAUnet: global context-aware feature learning for person re-identification [J]. IEEE Transactions on Neural Networks and Learning Systems, 2020, 32(10): 4460-4474.

[22] QIN Z, ZHANG P, WU F, et al. FcaNet: frequency channel attention networks[C] //IEEE International Conference on Computer Vision, Montreal: IEEE, 2021: 783-792.

[23] ZHANG Z, LAN C, ZENG W, et al. Relation-aware global attention for person re-identification[C]//IEEE Conference on Computer Vision and Pattern Recognition, Seattle: IEEE, 2020: 3186-3195.

第 9 章 深度强化学习

许多人工智能应用都需要算法在每个时刻做出决策和执行动作，以实现预期目标。如围棋需要在棋盘的位置放置棋子以获胜，自动驾驶需要根据路况选择行驶路径保证安全，机械手需要控制手臂抓取目标物体。这些问题都需要强化学习算法(Reinforcement Learning, RL)，即根据当前条件选择最佳决策和行动，以实现预期目标。强化学习又称再励学习、评价学习或增强学习，是机器学习的范式和方法论之一，用于描述和解决智能体(Agent)在与环境的交互过程中通过学习策略以达成回报最大化或实现特定目标的问题。虽然传统的强化学习理论已经不断完善了几十年，但是在解决现实世界中的复杂问题方面仍存在挑战。

强化学习是智能体以“试错”的方式进行学习，通过与环境进行交互获得奖励指导动作，目标是使智能体获得最大的奖励。强化学习理论受到行为主义心理学启发，侧重在线学习并试图在探索-利用(Exploration-Exploitation)间保持平衡。不同于监督学习和非监督学习，强化学习主要表现在强化信号(奖励或惩罚)上。强化学习由环境提供的强化信号对产生的动作做评价，从而获得学习信息并更新模型参数，而不是告诉系统如何产生正确的动作。由于外部环境提供的信息很少，强化学习强调靠自身的经历进行学习，在行动-评价的环境中获得知识，改进行动方案以适应环境。强化学习系统学习的目标是动态地调整参数，以达到强化信号最大。

近些年来，深度强化学习(Deep Reinforcement Learning, DRL)逐渐兴起，它结合了深度学习和强化学习的优势，实现了端到端的学习。深度强化学习融合了深度学习在视觉等感知问题上的强大理解能力和强化学习的决策能力，成为强化学习技术得以真正应用于复杂实际场景中的推手。自2013年的DQN(深度Q网络，Deep Q Network)问世以来，深度强化学习领域涌现了大量的算法和论文。深度强化学习的核心在于通过深度神经网络来逼近和优化强化学习中的值函数或策略函数。值函数描述了在不同状态下采取不同动作的价值，而策略函数则直接决定了在给定状态下应采取的动作。智能体通过观察环境的状态，选择执行某种动作，并通过环境的回馈来优化行为策略。通过不断试错，利用梯度下降算法来优化价值函数和动作策略的参数，从而获得最优的行为策略。

9.1 强化学习基本概念

9.1.1 强化学习基础框架

受生物的环境适应性启发，强化学习是一种通过试错的机制与环境交互来最大化累积奖励，从而学习最优策略的技术。该学习模式重视如何做出基于环境的行动，以实现最大的预期利益。强化学习模型由五个关键元素构成，包括智能体(Agent)、环境(Environment)、奖励(Reward)、状态(State)和动作(Action)。在强化学习的框架中，算法称之为智能体(Agent)，它与环境(Environment)发生交互，智能体(Agent)从环境中获取状态(State)，并决定要做出的动作(Action)，环境会根据自身的逻辑给智能体(Agent)予以奖励(Reward)。奖励可以是正面的也可以是负面的，如图 9-1 所示。比如在游戏中，每击中一个敌人就是正向的奖励，掉血或者游戏结束就是反向的奖励。

智能体(Agent)是强化学习系统的主体。它能够感知环境的状态(State)并根据来自环境的奖励信号(Reward)来选择与之对应的动作(Action)，以便最大化其长期的奖励值。简单来说，智能体通过学习环境提供的奖励反馈来确定状态(State)和动作(Action)之间的关系，其主要目标是最大化未来产生的总奖励的可能性。所选择的动作不仅会影响当前的奖励，同时还会影响未来的奖励，因此智能体在学习过程中的基本原则是：如果某个动作(Action)已经产生了积极的奖励，那么该动作将会被强化，否则将会被逐渐减弱，这与物理学中的条件反射原理十分相似。

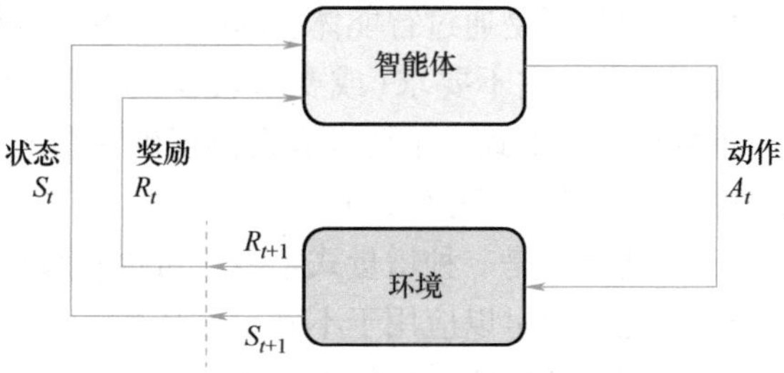

图 9-1　强化学习框架

环境(Environment)在强化学习中起着关键性作用。环境接收智能体执行的一系列的动作(Action)，并且对这一系列的动作的好坏进行评价，并转换成一种可量化的(标量信号)Reward 反馈给智能体，而不会告诉智能体应该如何去学习动作。智能体(Agent)只能靠自己的历史(History)经历去学习。同时，环境还向智能体(Agent)提供它所处的状态(state)信息。环境有完全可观测(Fully Observable)和部分可观测(Partial Observable)两种情况。

奖励(Reward)是在智能体执行一个动作之后，环境提供给智能体(Agent)的一个可量化的标量反馈信号，用于评价智能体(Agent)在某一个时间步(Time Step)所做动作(Action)的好坏。奖励往往根据需求来定义，奖励定义得好坏非常影响强化学习的结果。强化学习就是基于一种最大化累计奖励假设：强化学习中，智能体(Agent)进行一系列的动作选择的目标是最大化未来的累计奖励(Maximization of Future Expected Cumulative Reward)。

历史(History)是智能体(Agent)过去的一系列观测、动作和奖励(Reward)的序列信息 $H_t=S_1, R_1, A_1, \cdots, S_t, R_t, A_t$。智能体(Agent)根据历史的动作选择，和选择动作之后，环境给出的反馈和状态，决定如何选择下一个动作。

状态(State)是指智能体(Agent)所处的环境信息，包含了智能体用于进行动作(Action)选择的所有信息，它是历史(History)的一个函数：$S_t=f(H_t)$。

可见，强化学习的主体是智能体(Agent)和环境(Environment)。智能体(Agent)为了适应环境，最大化未来累计奖励，做出的一系列的动作，这个学习过程称为强化学习。智能体(Agent)在与环境交互时，每一时刻循环发生如下事件序列：

① 智能体(Agent)感知当前的环境状态；

② 根据当前的状态和奖励，智能体(Agent)选择一个动作执行；

③ 当智能体(Agent)选择的动作作用于环境时，环境状态转移至新的状态，并给出新的

奖励；

④ 奖励反馈给智能体(Agent)。

强化学习不同于监督学习。监督学习给出有标签的训练数据，对于每个样例都有一个标签或者动作。系统的主要动作是判断数据属于哪一类别。强化学习也不同于无监督学习。无监督学习是从无标签的数据中找出其中的结构化信息，而强化学习是去最大化一个奖励信息而不是去寻找隐藏的结构化信息。

强化学习具有如下特点：

1）强化学习是通过智能体(Agent)与环境不断地试错交互来进行学习，奖励可能是稀疏且合理延迟的，它不要求(或要求较少)先验知识，智能体(Agent)在学习中所使用的反馈是一种数值回报形式，不要求有提供正确答案的教师，即环境返回的奖励是 r，而不像监督学习中给出的教师信号 (s,a)。

2）强化学习是一种增量式学习，可以在线使用。

3）强化学习可以应用于不确定性环境。

4）强化学习的体系可扩展。强化学习系统已扩展到规划的合并、智能探索、结构控制，以及监督学习的任务中。

9.1.2 强化学习关键要素

一个强化学习系统，除了智能体和环境之外，还包括两个关键要素：策略与回报。

策略(Policy)的意思是根据观测到的状态，如何做出决策，即如何从动作空间中选取一个动作。

强化学习的目标就是得到一个策略函数，在每个时刻根据观测到的状态做出决策。策略可以是确定性的，也可以是随机性的，两种都非常有用。现在具体讨论策略函数，首先假设策略仅仅依赖于当前状态，而不依赖于历史状态。

随机策略。把状态记作 S 或 s，动作记作 A 或 a，随机策略函数 π：$S\times A\rightarrow[0,1]$ 是一个概率密度函数：

$$\pi(a|s)=\mathbb{P}(A=a|S=s) \tag{9-1}$$

策略函数的输入是状态 s 和动作 a，输出是一个 0~1 之间的概率值确定策略。确定策略记作 μ：$S\rightarrow A$，它把状态 s 作为输入，直接输出动作 $a=\mu(s)$，而不是输出概率值。对于给定的状态 s，做出的决策 a 是确定的，没有随机性。可以把确定策略看做随机策略的一种特例，即概率全部集中在一个动作上：

$$\pi(a|s)=\begin{cases}1, & \mu(s)=a\\0, & \text{其他}\end{cases} \tag{9-2}$$

智能体与环境交互(Agent Environment Interaction)是指智能体观测到环境的状态 s，做出动作 a，动作会改变环境的状态，环境反馈给智能体奖励 r 以及新的状态 s'。

强化学习中常提到回合(Episodes)，特别常见于游戏类的场景。“回合”的概念来自游戏，指智能体从游戏开始到通关或者结束的过程。强化学习对样本数量的要求很高，即便是个简单的游戏，也需要玩上万回合游戏才能学到好的策略。epoch 是一个类似而又有所区别的概念，常用于监督学习。一个 epoch 意思是用所有训练数据进行前向计算和反向传播，而且每条数据恰好只用一次。

回报(Return)是从当前时刻开始到本回合结束的所有奖励的总和，所以回报也叫做累计奖励(Cumulative Future Reward)。把 t 时刻的回报记作随机变量 U_t。设本回合在时刻 n 结束。定义回报为：

$$U_t=R_t+R_{t+1}+R_{t+2}+R_{t+3}+\cdots+R_n \tag{9-3}$$

回报是未来获得的奖励总和，所以智能体的目标就是让回报尽量大。强化学习的目标就是寻找一个策略，使得回报的期望最大化。这个策略称为最优策略（Optimum Policy）。强化学习的目标是最大化回报，而不是最大化当前的奖励。

思考一个问题：在 t 时刻，请问奖励 R_t 和 R_{t+1} 同等重要吗？假如我给你两个选项：第一，现在我立刻给你 100 元钱；第二，等一年后我给你 100 元钱。你选哪个？理性人应该都会选现在得到 100 元钱。这是因为未来的不确定性很大，即使我现在答应明年给你 100 元，你也未必能拿到。大家都明白这个道理：明年得到 100 元不如现在立刻拿到 100 元。

要是换一个问题，现在我立刻给你 80 元钱，或者是明年我给你 100 元钱。你选哪一个？或许大家会做不同的选择，有的人愿意拿现在的 80，有的人愿意等一年拿 100。如果两种选择一样好，那么就意味着一年后的奖励的重要性只有今天的 $\gamma=0.8$ 倍。这里的 $\gamma=0.8$ 就是折扣率(Discount Factor)。这些例子都隐含奖励函数是平稳的。

同理，在 MDP 中，通常使用折扣回报(Discounted Return)，给未来的奖励做折扣。这是折扣回报的定义：

$$U_t=R_t+\gamma\cdot R_{t+1}+\gamma^2\cdot R_{t+2}+\gamma^3\cdot R_{t+3}+\cdots \tag{9-4}$$

这里的 $\gamma\in[0,1]$ 叫作折扣率。对待越久远的未来，给奖励打的折扣越大。在有限期 MDP 中，折扣可以被吸收到奖励函数中，即把 $\gamma_i\cdot R_{t+1}$ 当作一个新奖励函数 R_{t+1}。注意此时新奖励函数不再是平稳的，即使原来奖励函数是平稳的。在无限期 MDP 中，折扣因子起着重要作用，它和奖励函数有界性一起能保证上面无穷求和级数的收敛性。无论是有限期 MDP 还是无限期 MDP，只要当假定奖励函数是平稳的，本书总是考虑折扣奖励。

9.1.3　马尔可夫决策过程

在强化学习中，智能体(Agent)与环境(Environment)进行交互。在时刻 t，智能体(Agent)会接收到来自环境的状态 s，基于这个状态 s，智能体(Agent)做出动作 a，然后这个动作作用在环境上，于是智能体(Agent)可以接收到奖励，并且智能体(Agent)到达新的状态。智能体(Agent)与环境(Environment)之间的交互产生了一个序列，称为序列决策过程。而马尔可夫决策过程就是一个典型的序列决策过程的一种公式化。

马尔可夫过程(Markov Process)是一类随机过程。它的原始模型马尔可夫链，由俄国数学家 Andrey Andreyevich Markov 提出。马尔可夫过程是研究离散事件动态系统状态空间的重要方法，它的数学基础是随机过程理论。

定义 9.1：马尔可夫性．设 $\{X(t),t\in T\}$ 为一随机过程，E 为其环境，若对任意的 $\{t_1<t_2<\cdots<t_n<t\}$，任意的 x_1，$x_2\cdots$，x_n，$x_t\in E$，随机变量 $X(t)$ 在已知变量 $\{X(t_1)=x_1,\cdots,X(t_n)=x_n\}$ 之下的条件分布函数只与 $X(t_n)=x_n$ 有关，而与 $X(t_1)=x_1,\cdots,X(t_{n-1})=x_{n-1}$ 无关，即条件分布函数满足等式 $F(x,t|x_n,x_{n-1},\cdots,x_2,x_1,t_n,t_{n-1},\cdots,t_1)=F(x,t|x_n,t_n)$，即 $P\{X(t)\leqslant x|X(t_n)=x_n,\cdots,X(t_1)=x_1\}=P\{X(t)\leqslant x|X(t_n)=x_n\}$，则此性质称为马尔可夫性，亦称无后效性或无记忆性。若 $X(t)$ 为离散型随机变量，则马尔可夫性亦满足等式 $P\{X(t)=$

$x|X(t_n)=x_n,\cdots,X(t_1)=x_1\}=P\{X(t)=x|X(t_n)=x_n\}$。

定义 9.2： 马尔可夫过程. 若随机过程$\{X(t),t\in T\}$满足马尔可夫性，则称为马尔可夫过程。

马尔可夫决策过程(Markov Decision Process，MDP)根据环境是否可感知的情况，可分为完全可观测 MDP 和部分可观测 MDP。这里主要使用可观测的马尔可夫决策过程介绍相关基本原理。

马尔可夫决策过程是一个在环境中模拟智能体的随机性策略与回报的数学模型，通过六元组(S,A,D,P,r,J)表示，其中 S 表示有限的环境状态空间；A 表示有限的系统动作空间；D 表示初始状态概率分布，当初始状态确定时，D 的概率为 1，当初始状态是以相等的概率从所有状态中选择时，D 可以忽略；$P(s,a,s')\in[0,1]$为状态转移概率函数，表示在状态 s 下采取动作 a 后转移到状态 s'的概率；$r(s,a,s')$：$S\times A\times S\to J$ 为系统从状态 s 执行动作 a 后转移到状态 s'所获得的立即回报(奖励)函数；J 为决策优化目标函数。马尔可夫决策过程的特点是当前状态 s 向下一个状态 s'转移的概率和奖励只取决于当前状态和当前状态下采取的动作 a，而与历史状态和动作无关，因此 MDP 的转移概率 P 和立即回报 r 也只取决于当前状态和当前状态下采取的动作，与历史状态和历史动作无关。若转移概率函数 $P(s,a,s')$和回报函数 $r(s,a,s')$与决策时间 t 无关，这时的 MDP 称为平稳 MDP。

MDP 具有 3 种类型的决策优化目标函数 J：有限阶段总回报目标、无限折扣总回报目标

和平均回报目标。

有限阶段总回报目标如(9-5)所示：

$$J=E\left[\sum_{t=0}^{N}r_{t+1}\right] \tag{9-5}$$

式中，r_t 为时刻 t 得到的立即回报；N 表示智能体的生命长度。通常智能体学习的生命长度是不可知的，且当 $N\to\infty$ 时，函数存在发散的可能性。因此，有限阶段总回报目标很少使用。

无限折扣总回报目标如公式(9-6)所示：

$$J=E\left[\sum_{t=0}^{\infty}\gamma^t r_{t+1}\right] \tag{9-6}$$

式中，$\gamma\in(0,1)$为折扣因子，用于权衡立即回报和将来长期回报之间的重要性。其他参数的含义与式(9-5)相同。

最后的平均回报目标如式(9-7)所示

$$J=\lim_{N\to\infty}\frac{1}{N}E\left[\sum_{t=0}^{N}r_{t+1}\right] \tag{9-7}$$

通过观察式(9-6)和式(9-7)发现：当折扣因子为 1 时，无限折扣总回报目标函数与平均回报目标函数等价，因此平均回报可以看作是折扣回报的一个特例。折扣回报目标函数和平均回报目标函数在强化学习研究中均得到广泛应用，折扣总回报目标函数在性能方面近似于平均回报目标函数，但不同形式的优化目标函数产生的优化结果不同。下面将以具有折扣回报目标函数的 MDP 为例介绍相关算法。

在马尔可夫决策过程中，智能体(Agent)根据决策函数(即策略)来选择动作。策略(Policy)决定了智能体(Agent)的行为方式。一个平稳随机性策略定义为 π：$S\times A\to[0,1]$。一个平稳

确定性策略定义为从状态空间到动作空间的一个映射，π：$S \to A$，表示在状态 s 下选择动作 $\pi(s)$ 的概率为 1，其他动作的选择概率均为 0，是随机性策略的一种特例。

MDP 对应的值函数有状态值函数 $V^{\pi}(s)$ 和状态-动作值函数（又称动作值函数）$Q^{\pi}(s,a)$ 两种。其中状态值函数 $V^{\pi}(s)$ 表示学习系统从状态 s 根据策略 π 选择动作所获得的期望总回报，可用式(9-8)表示。

$$V^{\pi}(s)=E^{\pi}\left[\sum_{k=0}^{\infty}\gamma^{k}r_{t+k+1}\middle|s_t=s\right] \tag{9-8}$$

式中，E^{π} 表示在状态转移概率和策略 π 分布上的数学期望。

对于策略 π 和状态 s，式(9-8)可以表示为式(9-9)，即贝尔曼(Bellman)方程：

$$\begin{aligned}V^{\pi}(s)&=E^{\pi}\{r_{t+1}+\gamma r_{t+2}+\gamma^{2}r_{t+3}+\cdots|s_t=s\}\\&=E^{\pi}\{r_{t+1}+\gamma V^{\pi}(s_{t+1})|s_t=s\}\\&=\sum_{a}\pi(s,a)\sum_{s'}P(s,a,s')(R(s,a,s')+\gamma V^{\pi}(s'))|s_t=s,s_{t+1}=s'\end{aligned} \tag{9-9}$$

式中，$R(s,a,s')=E[r_{t+1}+\gamma r_{t+2}+\gamma^{2}r_{t+3}+\cdots|s_t=s,a=a_t=\pi(s_t),s_{t+1}=s']$ 表示在状态 s 下采取动作 a 后转移到状态 s' 期望获得的回报。

从 Bellman 方程可知：已知状态转移概率和回报函数模型时，容易求得 $V^{\pi}(s)$。

MDP 的动作值函数 $Q^{\pi}(s,a)$ 表示学习系统从状态-动作对 (s,a) 出发，根据策略 π 选择动作所获得的期望回报，如式(9-10)所示：

$$Q^{\pi}(s,a)=E^{\pi}\left[\sum_{t=0}^{\infty}\gamma^{k}r_{t+k+1}\middle|s_t=s,a_t=a\right] \tag{9-10}$$

通过式(9-9)和式(9-10)可以看出，$V^{\pi}(s)$ 和 $Q^{\pi}(s,a)$ 之间存在一定的关联性。对于一个确定性策略 π，$V^{\pi}(s)=Q^{\pi}(s,\pi(s))$；对于一个随机性策略 π，$V^{\pi}(s)=\sum_{a\in A}\pi(s,a)Q^{\pi}(s,a)$。因此，给定一个策略，无论是确定性策略还是随机性策略，动作值函数 $Q^{\pi}(s,a)$ 和状态值函数 $V^{\pi}(s)$ 存在以下的关系：

$$Q^{\pi}(s,a)=R(s,a)+\gamma\sum_{s'\in S}P(s,a,s')V^{\pi}(s') \tag{9-11}$$

式中，$R(s,a)=\sum_{s'\in S}P(s,a,s')R(s,a,s')$ 为在状态 s 下选择动作 a 的期望回报。

状态值 V^{π}（或动作值 Q^{π}）是对回报函数的一种预测，目的是获得最多的回报。因此，选择动作时通常是依据值函数做出决策而不是依据立即回报：选择那些能带来最大值函数的动作。

智能体(Agent)的最终目标是发现最优策略 π^*，对于任意 MDP，至少存在一个平稳确定性的最优策略，显然，最优策略可以不唯一。最优策略 π^* 可以通过最优值函数获得，假设 π^* 对应的最优状态值函数和动作值函数分别为 V^* 和 Q^*，则对于任意 $s\in S$，任意 π' 都有式(9-12)所示的关系

$$V^*(s)\geqslant V^{\pi'},\ Q^*(s,\pi^*(s))\geqslant Q^{\pi'}(s,\pi'(s)) \tag{9-12}$$

最优状态值函数 V^{π} 也满足 Bellman 最优方程，定义为：

$$V^*(s)=\max_{\pi}V^{\pi}(s)=\max_{a\in A}\sum_{s'\in S}P(s,a,s')(R(s,a,s')+\gamma V^*(s')) \tag{9-13}$$

类似地，对于任意的 $s\in S$，$a\in A$，最优动作值函数 Q^* 定义为：

$$Q^*(s,a)=\max_{\pi}Q^{\pi}(s,a)$$
$$=\sum_{s'\in S}P(s,a,s')\left[R(s,a,s')+\gamma\max_{a'\in A}Q^*(s',a')\right] \tag{9-14}$$

由此，可以得出最优策略：

$$\pi^*(s)=\underset{a\in A}{\operatorname{argmax}}\sum_{s'\in S}P(s,a,s')(R(s,a,s')+\gamma V^*(s')) \tag{9-15}$$

$$\pi^*(s)=\underset{a\in A}{\operatorname{argmax}}Q^*(s,a) \tag{9-16}$$

根据式(9-15)可知，如果给定状态值函数 V^*，则需要已知 MDP 的状态转移概率和回报函数模型才能确定最优策略，而在式(9-16)中，只需要给定动作值函数 Q^*，就很容易确定最优策略。

部分可观测的马尔可夫决策过程(Partially Observable Markov Decision Process，POMDP)是一种通用的马尔可夫决策过程。POMDP 模拟智能体决策程序是假设系统动态由 MDP 决定，但是智能体无法直接观察目前的状态。相反的，它必须要根据模型的全域与部分区域观察结果来推断状态的分布。在 POMDP 模型中，智能体(Agent)必须利用随机环境中部分观察到的信息进行决策，在每个时间点上，智能体(Agent)都可能是众多可能状态中的某一状态，但是由于观察到的信息不完整或者是不可能直接知道自己的当前状态，它必须利用现有的部分信息、历史动作序列和立即报酬值来采用一种策略进行决策。

离散时间 POMDP 模拟智能体(Agent)与其环境之间的关系，POMDP 是七元组$(S,A,P,r,\Omega,O,\gamma)$表示，其中，$S$ 表示有限的环境状态空间；A 为有限的系统动作空间；P 表示状态之间的一组条件转移概率，$P_a(s'|s)=P(s'|s,a)$表示在时间 t 状态 s 采取动作 a 可以在时间 $t+1$ 转换到状态 s'的概率；r：$S\times A\rightarrow$是奖励函数。Ω 是一组观察，O 是一组条件观察概率，$\gamma\in[0,1]$是折扣因子。

在每个时间段，环境处于某种状态 $s\in S$；智能体(Agent)在 A 中采取动作 $a\in A$，这会导致转换到状态 s'的环境概率为 $P(s',s,a)$；同时，智能体(Agent)接收观察 $o\in\Omega$，它取决于环境的新状态，概率为 $O(os',a)$；智能体(Agent)接收奖励 r 等于 $R(s,a)$；然后重复该过程。目标是让智能体(Agent)在每个时间步骤选择最大化其预期未来折扣奖励的行动：$E\left[\sum_{t=0}^{\infty}\gamma^t r_t\right]$。折扣系数 γ 决定了对更远距离的奖励有多大的直接奖励。当 $\gamma=0$ 时，智能体(Agent)只关心哪个动作会产生最大的预期即时奖励；当 $\gamma=1$ 时，智能体(Agent)关心最大化未来奖励的预期总和。

POMDP 问题的求解转换为求解信念状态和 π 策略问题，可描述为：

SE：$O\times A\times B(s)\rightarrow B(s)$；

π：$B(s)\rightarrow A$

式中，B 表示智能体(Agent)的信念状态空间，用来描述智能体(Agent)所在状态的概率。

传统的 MDP 不需要历史记录就可以做出最有效策略，但是 POMDP 必须依赖于历史动作、观察和以前的状态。如果想知道状态 s'下的信念状态 b'，可以根据信念状态 b、行为 a 观察 o，具体的过程根据贝叶斯计算如下：

$$b'[s']=\Pr(s'|o,a,b)=\frac{\Pr(o|s',a,b)\Pr(s'|a,b)}{\Pr(o|a,b)}$$

$$=\frac{\Pr(o|s',a,b)\sum_{s\in S}\Pr(s'|a,b,s)\Pr(s|a,b)}{\Pr(o|a,b)}$$

$$=\frac{\Pr(o|s',a)\sum_{s\in S}\Pr(s'|a,s)\Pr(s|b)}{\Pr(o|a,b)}$$

$$=\frac{O(s',a,o)\sum_{s\in S}T(s,a,s')b(s)}{\Pr(o|a,b)} \tag{9-17}$$

$$\Pr(o|a,b)=\sum_{s'\in S}\Pr(o,s'|a,b)=\sum_{s'\in S}\Pr(s'|a,b)\Pr(o|s',a,b)$$

$$=\sum_{s'\in S}\sum_{s\in S}\Pr(s',s|a,b)\Pr(o|s',a)$$

$$=\sum_{s'\in S}\sum_{s\in S}\Pr(s|a,b)\Pr(s'|s,a,b)\Pr(o|s',a)$$

$$=\sum_{s'\in S}O(s',a,o)\sum_{s\in S}T(s,a,s')b(s) \tag{9-18}$$

非马尔可夫链解决 POMDP 问题时，必须知道历史动作才能决定当前的动作；但当引入信念状态空间后，POMDP 问题就可以转化为基于信念状态空间的马尔可夫链来求解。

通过信念状态空间的引入，POMDP 问题可以看成信念(Belief) MDP 问题。寻求一种最优策略将当前的信念状态映射到智能体(Agent)的行动上，根据当前的信念状态和行为就可以决定下一个周期的信念状态和行为，具体描述为：

状态转移函数，定义如下

$$\Gamma(b,a,b')=\Pr(b'|a,b)=\sum_{o\in\Omega}\Pr(b'|a,b,o)\Pr(o|a,b) \tag{9-19}$$

$$\Pr(b'|a,b,o)=\begin{cases}1 & \mathrm{SE}(a,b,o)=b' \\ 0 & \text{其他}\end{cases}$$

$\rho(b,a)$：信念状态报酬函数，其定义如下

$$\rho(b,a)=\sum_{s\in S}b(s)R(s,a) \tag{9-20}$$

POMDP 最优策略的选取和值函数的构建可以类似普通 MDP 决策进行：

$$\pi_t^*(b)=\underset{a}{\operatorname{argmax}}\left[\sum_{s\in S}b(s)R(s,a)+\gamma\sum_{o\in O}\Pr(o|b,a)V_t^*(b')\right] \tag{9-21}$$

$$V_t^*(t)=\max_a\left[\sum_{s\in S}b(s)R(s,a)+\gamma\sum_{o\in O}\Pr(o|b,a)V_{t-1}^*(b')\right] \tag{9-22}$$

9.2　深度价值学习

9.2.1　DQN

Q 学习是一种离线策略的算法，它学习在一个状态下采取动作的价值，通过学习 Q 值来选择如何在环境中行动。定义状态-动作值函数：在状态 s 下，执行动作 a，按照策略 π 所获得的期望回报。该值函数通常用表格来表示。根据 Q 学习，智能体会采用任何策略来估算 Q，从而最大化未来的奖励。Q 直接近似于 Q^*，智能体更新每个状态-动作对的值。

$$Q_{t+1}^{\pi}(s_t,a_t)=(1-\alpha)Q_t^{\pi}(s_t,a_t)+\alpha(R_t+\gamma\max_a Q_t^{\pi}(s_{t+1},a)) \tag{9-23}$$

对于非深度学习的方法，这个 Q 函数只是一个表格(见表 9-1)：

表 9-1　Q 函数表格

↑状态↓		a_1	a_2	a_3	a_4
	s_1	10	52	15	-2
	s_2	14	30	8	7
	s_3	42	0	-5	-10
	s_4	-3	-1	-7	-20

←动作→

在这个表格中，每个元素都是一个奖励值，这些值在训练过程中进行更新，使得在稳态下，它应该达到具有折现因子的预期奖励值，相当于 Q^* 值。在现实世界的场景下，价值迭代是不切实际的。

可以用神经网络近似最优动作价值函数 Q，这个神经网络称为深度 Q 网络(DQN)：

$$Q(s,a;\theta)\approx Q^*(s,a) \tag{9-24}$$

神经网络作为函数拟合器非常出色，该损失函数包含两个 Qs 函数：

$$L=E[(r+\gamma\max_{a'}Q(s',a';\theta_k)-Q(s,a;\theta_k))^2] \tag{9-25}$$

目标(Target)：采取特定状态下的行动的预测 Q 值。预测(Prediction)：当真正采取该行动时所得到的值(计算下一步的值，并选择使总损失最小化的值)。可以这样理解 DQN 的表达式。DQN 的输出是离散动作空间 A 上的每个动作的 Q 值，即给每个动作的评分，分数越高意味着动作越好。

参数更新：

$$\theta_{k+1}=\theta_k+\alpha(r+\gamma\max_{a'}Q(s',a';\theta_k)-Q(s,a;\theta_k))\nabla_{\theta_k}Q(s,a;\theta_k) \tag{9-26}$$

在训练 DQN 时，需要对 DQN 关于神经网络参数求梯度。在更新权重时，也会改变目标。由于神经网络的广义化/外推，状态-动作空间中会产生大的误差。因此，贝尔曼方程并不会以 1 的概率收敛。这个更新规则可能会导致误差传播(慢/不稳定等)。

DQN 算法可以在多种 Atari 游戏中在线上场景中获得强劲的表现，并直接从像素中学习。两个启发式方法可用于限制不稳定性：1. 目标 Q 网络的参数仅在每 N 次迭代后更新。这可以防止不稳定性快速传播并最小化发散的风险。2. 可使用经验回放存储技巧。

9.2.2　TD 算法

训练深度 Q 网络最常用的算法是时间差分(Temporal Difference，TD)。

时间差分方法由 Richard S. Sutton 等人提出的一种用于解决时间信度问题的方法。TD 结合了蒙特卡罗的采样方法和动态规划方法的自举(bootstrapping)方法(即利用后继状态的值函数估计当前值函数)，能直接从学习者的原始经验学起。与动态规划方法类似，TD 方法通过预测每个动作的长期结果来调整先前的动作奖励或惩罚，即依赖于后续状态的值函数来更新先前状态值函数，主要应用于预测问题。

TD 学习算法有许多种，其中最简单的是一步算法 TD(0)，其迭代公式如式(9-27)所示：

$$V(s_t)=V(s_t)+\alpha[r_t+\gamma V(s_{t+1})-V(s_t)] \tag{9-27}$$

式中，α 为学习率（或学习步长）；$V(s_t)$ 和 $V(s_{t+1})$ 指智能体（Agent）在 t 和 $t+1$ 时刻访问环境状态时估计的状态值函数。采用自举方法根据估计值 $V(s_{t+1})$ 来更新 $V(s_t)$ 的估计值。

算法 9.1：TD(0)算法

```
1  初始化：给定任意 V(s)，π 为待评估的策略
2  π 策略的值函数评估：
   repeat
         repeat
          对于 episode 的每一步：a←π(s_t)；
          执行动作 a，得到立即回报 r_t 和下一个状态 s_{t+1}
          V(s_t)=V(s_t)+α[r_t+γV(s_{t+1})-V(s_t)]；
          s_t←s_{t+1}；
     until s_t 是终态
   unti 所有的 V(s)收敛
得到最终的 V(s)
```

在式(9-27)中，算法 TD(0)的智能体获得立即回报时仅向后回溯了一步，仅迭代修改了相邻状态的估计值，这导致算法的收敛速度较慢。而 TD(λ)是改进的一种方法，在 TD(λ)中智能体获得立即回报后可以回溯任意步，其迭代公式如式(9-28)所示：

$$V(s_t)=V(s_t)+\alpha[r_t+\gamma V(s_{t+1})-V(s_t)]e(s_t) \tag{9-28}$$

式中，$e(s)$ 为状态的资格迹（Eligibility Traces）。对某一特定状态，其资格迹随状态被访问次数的增加而增加，表明该状态对值迭代的贡献越大。

资格迹是强化学习算法中的一个基本机制。比如 TD(λ)中的 λ 指的就是资格迹的使用。基本上所有的 TD 算法都能够和资格迹进行组合从而得到一个更通用的算法。资格迹把 TD 和 MC 方法统一。当 TD 算法和资格迹进行组合使用时，得到了一组从一步 TD 延伸到 MC 算法的算法家族。

通过引入资格迹，TD(λ)学习算法可以有效地实现在线、增量式学习。资格迹的定义方式主要分为增量式和替代式两类。状态的增量式资格迹的定义：

$$e_t(s)=\begin{cases}\gamma\lambda e_{t-1}(s), & s\neq s_t\\ \gamma\lambda e_{t-1}(s)+1, & s=s_t\end{cases} \tag{9-29}$$

式中，$\lambda(0<\lambda<1)$为常数。

状态的替代式资格迹的定义：

$$e_t(s)=\begin{cases}\gamma\lambda e_{t-1}(s), & s\neq s_t\\ 1, & s=s_t\end{cases} \tag{9-30}$$

9.2.3　噪声 DQN

本节简要介绍噪声网络（Noisy Net），这是一种简单而有效的方法，可以显著提升 DQN 的表现。噪声网络的应用范围不仅限于 DQN，还可以广泛用于几乎所有的深度强化学习方法。

噪声网络将神经网络中的参数 w 替换为 $\mu+\sigma\circ\xi$，其中 μ、σ、ξ 的形状与 w 完全相同。μ、σ 分别表示均值和标准差，它们是神经网络的参数，需要从训练数据中学习。ξ 是随机噪声，它的每个元素独立从标准正态分布中随机抽取。符号$\circ$表示逐项乘积。噪声网络的含义是参数 w 的每个元素 w_i 从均值 μ_i、标准差为 σ_i 的正态分布中抽取。训练噪声网络的方法与训练标准的神经网络完全相同，都是做反向传播计算梯度，然后用梯度更新神经参数。

噪声网络可以用于 DQN。标准的 DQN 记作 $Q(s,a;w)$，其中的 w 表示参数。把 w 替换成 $\mu+\sigma\circ\xi$，得到噪声 DQN，记作：$\widetilde{Q}(s,a,\xi;\mu,\sigma)\triangleq Q(s,a;\mu+\sigma\circ\xi)$。其中的 μ 和 σ 是参数，一开始随机初始化，然后从训练数据中学习；而 ξ 则是随机生成，每个元素都从 $N(0,1)$ 中抽取。噪声 DQN 的参数数量比标准 DQN 多一倍。

噪声 DQN 训练的过程中，参数包含噪声：$w=\mu+\sigma\circ\xi$。训练的目标是使 DQN 在带有噪声的参数下最小化 TD 误差，也就是迫使 DQN 容忍对参数的扰动。训练出的 DQN 具有鲁棒性：参数不严格等于 μ 也没关系，只要参数在 μ 的邻域内，DQN 做出的预测都应该比较合理。

9.3 深度策略学习

之前介绍的 Q 学习（Q-Learning）、DQN 算法都是基于价值（Value-Based）的方法，其中 Q-Learning 是处理有限状态的算法，而 DQN 可以用来解决连续状态的问题。在深度强化学习中，除了基于值函数的方法，还有一种非常经典的方法，那就是基于策略（Policy-Based）的方法。对比两者，基于值函数的方法主要是学习值函数，然后根据值函数导出一个策略，学习过程中并不存在一个显式的策略；而基于策略的方法则是直接显式地学习一个目标策略。策略梯度是基于策略的方法的基础，本章从策略梯度算法讨论。

9.3.1 策略梯度

基于策略的方法首先需要将策略参数化。假设目标策略是一个随机性策略，并且处处可微，其中 θ 是对应的参数。在深度强化学习中，可以用一个神经网络模型来为这样一个策略函数建模，输入某个状态，然后输出一个动作的概率分布。目标是要寻找一个最优策略并最大化这个策略在环境中的期望回报。策略学习的目标函数定义为：

$$J(\theta)=\sum_{s\in S}d^{\pi}(s)V^{\pi}(s)=\sum_{s\in S}d^{\pi}(s)\sum_{a\in A}\pi_{\theta}(a|s)Q^{\pi}(s,a) \tag{9-31}$$

式中，$d^{\pi}(s)$表示对于 π_{θ} 的马尔可夫链的平稳分布。

想象一下，你可以无限制地沿着马尔可夫链中的状态转移，随着时间的推移，最终你停留在某一个状态的概率不再改变——这就是该状态的稳态概率 π_{θ}。$d^{\pi}(s)=\lim\limits_{t\to\infty}P(s_t=s|s_0,\pi_{\theta})$是从 s_0 开始遵从策略 π_{θ} 进行 t 个步骤后 $s_t=s$ 的概率。

可以很自然地预计到，基于策略的方法在连续空间中更加有用，因为要估计的价值的状态和动作数是无限的，因此在连续空间中使用基于价值的方法在计算上可能会过于昂贵。例如，在广义策略迭代中，策略提升步骤$\arg\max\limits_{a\in A}Q^{\pi}(s,a)$需要对行动空间进行完整扫描，这会受到维度灾难的影响。

有了目标函数后，将目标函数对策略求导，得到导数后，就可以用梯度上升方法来最大化这个目标函数，从而得到最优策略。计算梯度 $\nabla_\theta J(\theta)$ 是棘手的，因为其同时取决于动作选择（由 π_θ 直接决定）以及遵循目标选择行为的状态的平稳分布（由 π_θ 间接决定），鉴于环境通常是未知的，很难通过策略更新来估计对状态分布的影响。

策略梯度定理提供了一个很好的目标函数导数的重构方式，使其不涉及状态分布 $d^\pi(.)$ 的导数，并简化了梯度 $\nabla_\theta J(\theta)$ 计算：

$$\begin{aligned}\nabla_\theta J(\theta) &= \nabla_\theta \sum_{s \in S} d^\pi(s) \sum_{a \in A} Q^\pi(s,a) \pi_\theta(a|s) \\ &\propto \sum_{s \in S} d^\pi(s) \sum_{a \in A} Q^\pi(s,a) \nabla_\theta \pi_\theta(a|s)\end{aligned} \tag{9-32}$$

9.3.2　策略梯度理论证明

本小节进行策略梯度理论的证明，并理解为什么其是正确的。首先从状态价值函数的导数开始：

$$\begin{aligned}&\nabla_\theta V^\pi(s) \\ &= \nabla_\theta \Big(\sum_{a \in A} \pi_\theta(a|s) Q^\pi(s,a)\Big) \\ &= \sum_{a \in A} (\nabla_\theta \pi_\theta(a|s) Q^\pi(s,a) + \pi_\theta(a|s) \nabla_\theta Q^\pi(s,a)) \\ &= \sum_{a \in A} \Big(\nabla_\theta \pi_\theta(a|s) Q^\pi(s,a) + \pi_\theta(a|s) \nabla_\theta \sum_{s',r} P(s',r|s,a)(r+V^\pi(s')) \Big) \\ &= \sum_{a \in A} \Big(\nabla_\theta \pi_\theta(a|s) Q^\pi(s,a) + \pi_\theta(a|s) \sum_{s',r} P(s',r|s,a) \nabla_\theta V^\pi(s') \Big) \\ &= \sum_{a \in A} \Big(\nabla_\theta \pi_\theta(a|s) Q^\pi(s,a) + \pi_\theta(a|s) \sum_{s'} P(s'|s,a) \nabla_\theta V^\pi(s') \Big)\end{aligned} \tag{9-33}$$

现在有：

$$\nabla_\theta V^\pi(s) = \sum_{a \in A} \Big(\nabla_\theta \pi_\theta(a|s) Q^\pi(s,a) + \pi_\theta(a|s) \sum_{s'} P(s'|s,a) \nabla_\theta V^\pi(s') \Big) \tag{9-34}$$

这个方程有一个优雅的递归形式，并且未来的状态价值函数 $V^\pi(s')$ 可以通过遵循相同的方程式不断展开重复。

考虑以下访问序列，并使用策略 π_θ 将经过 k 步从状态 s 转移到状态 x 的概率标记为 $\rho^\pi(s \to x, k)$。

$$S \overset{a\sim\pi\theta(.|s)}{\longrightarrow} S' \overset{a\sim\pi\theta(\cdot|s')}{\longrightarrow} S'' \overset{a\sim\pi\theta(\cdot|s'')}{\longrightarrow} \cdots \tag{9-35}$$

当 $k=0$：$\rho^\pi(s \to s, k=0)=1$；

当 $k=1$，遍历所有可能的行动，并将转移到目标状态的转移概率相加：$\rho^\pi(s \to s', k=1) = \sum_a \pi_\theta(a|s) P(s'|s,a)$；

假设目标是在遵循策略 π_θ 的情况下在 $k+1$ 步后从状态 s 到达状态 x。可以首先在 k 步后从 s 前往一个中间点 s'（任何状态都可以是中间点 $s' \in S$），然后在最后一步到达最终状态 x。通过这种方式，可以递归地更新访问概率：$\rho^\pi(s \to x, k+1) = \sum_{s'} \rho^\pi(s \to s', k) \rho^\pi(s' \to x, 1)$。

下面在递归表示中展开 $\nabla_\theta V^\pi(s)$。为了简化数学计算，令 $\phi(s) = \sum_{a \in A} \nabla_\theta \pi_\theta(a|s) Q^\pi(s,a)$。

如果继续无限扩展 $\nabla_\theta V^\pi(.)$，在展开过程中很容易发现，可以在任意步数后从起始状态 s 转移到任意状态，通过将所有访问概率相加来计算，因此可以得到 $\nabla_\theta V^\pi(s)$。

$$
\begin{aligned}
&\nabla_\theta V^\pi(s)\\
&=\phi(s)+\sum_a \pi_\theta(a|s)\sum_{s'} P(s'|s,a)\nabla_\theta V^\pi(s')\\
&=\phi(s)+\sum_{s'}\sum_a \pi_\theta(a|s)P(s'|s,a)\nabla_\theta V^\pi(s')\\
&=\phi(s)+\sum_{s'}\rho^\pi(s\to s',1)\nabla_\theta V^\pi(s')\\
&=\phi(s)+\sum_{s'}\rho^\pi(s\to s',1)\nabla_\theta V^\pi(s')\\
&=\phi(s)+\sum_{s'}\rho^\pi(s\to s',1)\left[\phi(s')+\sum_{s''}\rho^\pi(s'\to s'',1)\nabla_\theta V^\pi(s'')\right]\\
&=\phi(s)+\sum_{s'}\rho^\pi(s\to s',1)\phi(s')+\sum_{s''}\rho^\pi(s\to s'',2)\nabla_\theta V^\pi(s'');\\
&=\phi(s)+\sum_{s'}\rho^\pi(s\to s',1)\phi(s')+\sum_{s''}\rho^\pi(s\to s'',2)\phi(s'')+\sum_{s'''}\rho^\pi(s\to s''',3)\nabla_\theta V^\pi(s''')\\
&=\cdots;\text{反复展开}\nabla_\theta V^\pi(.)\\
&=\sum_{x\in S}\sum_{k=0}^{\infty}\rho^\pi(s\to x,k)\phi(x)
\end{aligned}
\tag{9-36}
$$

上面的重写方法能够排除 Q 值函数的导数 $\nabla_\theta Q^\pi(s,a)$。将其代入目标函数 $J(\theta)$ 中，得到以下结果：

$$
\begin{aligned}
\nabla_\theta J(\theta)&=\nabla_\theta V^\pi(s_0)\\
&=\sum_s \rho^\pi\rho^\pi(s_0,s,k)\phi(s)\\
&=\sum_s \eta(s)\phi(s)\\
&=\left(\sum_s \eta(s)\right)\sum_s \frac{\eta(s)}{\sum_s \eta(s)}\phi(s)\\
&\propto\sum_s \frac{\eta(s)}{\sum_s \eta(s)}\phi(s)\\
&=\sum_s d^\pi(s)\sum_a \nabla_\theta\pi_\theta(a|s)Q^\pi(s,a)
\end{aligned}
\tag{9-37}
$$

在随机过程的情形下，比例常数$\left(\sum_s \eta(s)\right)$是一个周期的平均长度，在连续情况下，它恒等于 1。当状态与动作分布都遵循策略 π_θ 时，梯度还可以进一步写成：

$$
\begin{aligned}
\nabla_\theta J(\theta)&\propto\sum_{s\in S} d^\pi(s)\sum_{a\in A} Q^\pi(s,a)\nabla_\theta\pi_\theta(a|s)\\
&=\sum_{s\in S} d^\pi(s)\sum_{a\in A}\pi_\theta(a|s)Q^\pi(s,a)\frac{\nabla_\theta\pi_\theta(a|s)}{\pi_\theta(a|s)}\\
&=E_\pi[Q^\pi(s,a)\nabla_\theta\ln\pi_\theta(a|s)]
\end{aligned}
\tag{9-38}
$$

其中，E_π 指代 $E_{s\sim d_\pi, a\sim\pi\theta}$。

策略梯度定理为各种策略梯度算法奠定了理论基础。这种基本策略梯度更新没有偏差，但方差很大。随后提出了许多算法来降低方差，同时保持偏差不变。

9.3.3 REINFORCE 算法

近年来已经提出了大量的策略梯度算法，REINFORCE 算法(蒙特卡罗策略梯度)是其中一种，其依赖于使用随机采样的周期样本通过蒙特卡罗方法估计回报，并更新策略参数 θ。REINFORCE 算法有效是因为样本梯度的期望等于实际梯度：

$$\begin{aligned}\nabla_\theta J(\theta) &= E_\pi[Q^\pi(s,a)\nabla_\theta \ln\pi_\theta(a|s)] \\ &= E_\pi[G_t \nabla_\theta \ln\pi_\theta(A_t|S_t)]\end{aligned} \tag{9-39}$$

因此，能够从真实样本轨迹中测量 G_t，并使用它来更新策略梯度。这种方法依赖于整个轨迹，因此是一种蒙特卡罗方法。

算法流程如下：

算法 9.2:REINFORCE

初始化:随机初始化策略参数 θ

在策略 π_θ 上生成一条轨迹:$S_1, A_1, R_2, S_2, A_2, \cdots, S_T$

for $t=1,2,\cdots,T$:

　a)估计回报 G_t

　b)更新策略参数:$\theta \leftarrow \theta + \alpha\gamma^t G_t \nabla_\theta \ln\pi_\theta(A_t|S_t)$

一种广泛使用的 REINFORCE 变种方法是从回报 G_t 中减去一个基准值，这种方法可以减少梯度估计的方差，同时保持偏差不变。例如，一个常见的基准是从行动值中减去状态值，将在梯度上升更新中使用优势函数 $A(s,a)=Q(s,a)-V(s)$。

9.3.4 Actor-Critic 学习

前面介绍了强化学习的两大类主要算法：基于值函数的方法(如深度 Q 学习)和基于策略的(如策略梯度)方法。这两大类方法可以归为两种类型：Actor-Only 方法和 Critic-Only 方法。Actor-Only 方法对应的是参数化的策略梯度方法，而 Critic-Only 方法对应于值函数方法。Actor-Only 方法的缺点就是在梯度估计中存在比较大的方差，导致收敛速度变得特别慢。Critic-Only 方法也存在一定的局限性，它不能保证一定收敛，同时也不够稳定，在函数近似过程中，对值函数的一个很小变化都可能导致一个动作的失误。

为了克服以上两种方法的弊端，Vijay R. Konda 等人结合两种方法提出了一种在线策略的 Actor-Critic 学习方法，即一种具有独立记忆结构的 TD 方法。策略梯度算法的两个主要组成部分是策略模型和价值函数。除了策略之外，学习价值函数也有很多意义，因为了解价值函数可以辅助策略更新，例如通过减少基本策略梯度的梯度方差，这正是 Actor-Critic 方法所做的。

Actor 是一个 Policy Network，采用奖惩信息来进行调节不同状态下采取各种动作的概率，在传统的 Policy Gradient 算法中，这种奖惩信息是通过走完一个完整的 Episode 来计算得到。这易导致学习速率慢。Critic 是以值为基础的学习法，可以进行单步更新，计算每一步的奖惩值。那么二者相结合同时对值函数和策略进行估计，Actor 用于进行策略估计，即根据 TD 误差来选择动作；Critic 用于值函数估计，即学习状态值函数并评价 Actor 的当前策略，告诉 Actor 它选择的动作是否合适。在这一过程中，Actor 不断迭代，得到每一个状态下选择每一动作的合理概率，Critic 也不断迭代，完善每个状态下选择每一个动作的奖惩值。Actor-Critic 学习框架如图 9-2 所示。

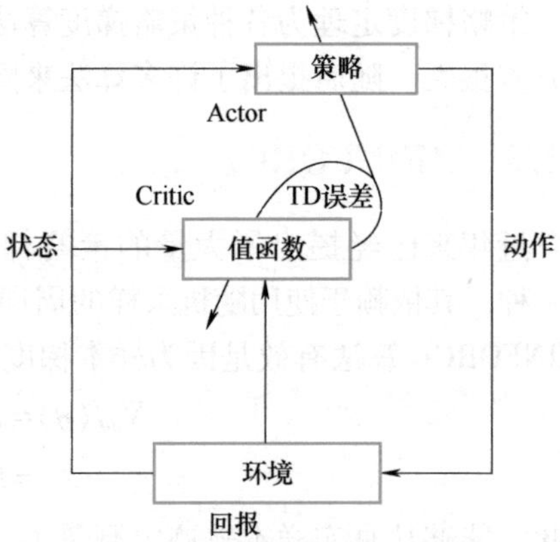

图 9-2 Actor-Critic 学习框架

Actor-Critic 框架下很多基于值函数的方法和策略都可以结合。值函数的引入减小了方差，使得 Actor-Critic 算法很快能收敛到最优策略。

9.3.5 带基线的策略梯度方法

策略学习通过最大化目标函数 $J(\theta)=E_S[V_\pi(S)]$，训练出策略网络 $\pi(a|s;\theta)$。可以用策略梯度 $\nabla_\theta J(\theta)$ 来更新参数 θ：

$$\theta_{\text{new}} \leftarrow \theta_{\text{now}} + \beta \cdot \nabla_\theta J(\theta_{\text{now}}) \tag{9-40}$$

策略梯度定理证明：

$$\nabla_\theta J(\theta)=E_S[E_{A\sim\pi(\cdot|S;\theta)}[Q_\pi(S,A)\cdot\nabla_\theta \ln\pi(A|S;\theta)]] \tag{9-41}$$

在前面的内容中，对策略梯度 $\nabla_\theta J(\theta)$ 做近似，推导出 REINFORCE 和 Actor-Critic，两种方法区别在于具体如何做近似，然而效果通常不好。只需对策略梯度公式(8-1)做一个小小的改动，就能显著提升表现：将动作价值函数用作基线(Baseline) b，用 $Q_\pi(S,A)-b$ 替换掉 Q_π。基线 b 可以是任意的函数，只要它不依赖于动作 A，例如，b 可以是状态价值函数 $V_\pi(S)$。

带基线的策略梯度方法有如下定理：

设 b 是任意的函数，但是 b 不依赖于 A。把 b 作为动作价值函数 $Q_\pi(S,A)$ 的基线，对策略梯度没有影响：

$$\nabla_\theta J(\theta)=E_S[E_{A\sim\pi(\cdot|S;\theta)}[(Q_\pi(S,A)-b)\cdot\nabla_\theta \ln\pi(A|S;\theta)]] \tag{9-42}$$

该定理说明 b 的取值不影响策略梯度的正确性。不论是让 $b=0$ 还是让 $b=V_\pi(S)$，对期望的结果毫无影响，期望的结果都会等于 $\nabla_\theta J(\theta)$。

9.4 模仿学习

模仿学习(Imitation Learning)不是深度强化学习，而是强化学习的一种替代品。模仿学习与强化学习有相同的目的：两者的目的都是学习策略网络，从而控制智能体。模仿学习与强化学习有不同的原理：模仿学习向人类专家学习，目标是让深度策略网络做出的决策与人类专家相同；而强化学习利用环境反馈的奖励改进策略，目标是让累计奖励(即回报)最大化。

9.4.1 模仿学习基础

通常来说，当专家演示期望的行为比指定一个能产生相同行为的奖励函数或直接学习策

略更容易时，模仿学习是非常有用的。模仿学习的主要组成部分是环境，本质上是一个马尔可夫决策过程(MDP)。这意味着环境具有一组状态 S，一组动作 A，一个转移模型 $P(s'|s,a)$(即在状态 s 下进行行动 a 导致状态 s'的概率)，以及一个未知的奖励函数 $R(s,a)$。代理在这个环境中根据其策略 π 执行不同的动作。还有专家的演示(也称为轨迹)$\tau=(s0,a0,s1,a1,\cdots)$，其中的动作基于专家的(“最优”)$\pi^*$ 策略。在某些情况下，甚至在训练时期“可以访问”专家，这意味着可以向专家查询更多的演示或评估。最后，损失函数和学习算法是两个主要组成部分，这些模仿学习方法在其中互相区别。

模仿学习的最简单形式是行为克隆(BC)，它关注的是使用深度监督学习来学习专家的策略。行为克隆的一个重要例子是 ALVINN，这是一辆装配了传感器的车辆，它学会了将传感器输入映射为转向角度并自主驾驶。这个项目是由 Dean Pomerleau 在 1989 年进行的，这也是模仿学习的第一次应用。

行为克隆的工作方式相当简单。给定专家的演示，将其划分为状态-动作对，并将这些对视为独立同分布(I. I. D)的示例，最后，应用监督学习。损失函数可以取决于应用。因此，算法如下：

算法 9.3:行为克隆算法

1. 从专家中收集示例(π^* 轨迹)
2. 将示例视为独立同分布(i. i. d)的状态 - 动作对 $(s_0^*, a_0^*), (s_1^*, a_1^*), \ldots$
3. 使用监督学习,通过最小化损失函数 $L(a^*, \pi_\theta(s))$ 学习策略 π_θ

在一些应用中，行为克隆可以工作得非常好。然而，在大多数情况下，行为克隆可能会有相当大的问题。主要原因在于独立同分布(i. i. d)的假设：虽然监督学习假设状态-动作对是独立同分布的，但在马尔可夫决策过程(MDP)中，给定状态的动作会引导下一个状态，这打破了之前的假设。这也意味着，不同状态下的错误会累积起来，因此，代理所犯的错误很容易将其置于专家从未访问过且代理从未在其上进行过训练的状态。在这样的状态下，行为是未定义的，这可能导致灾难性的失败，如图 9-3 所示。

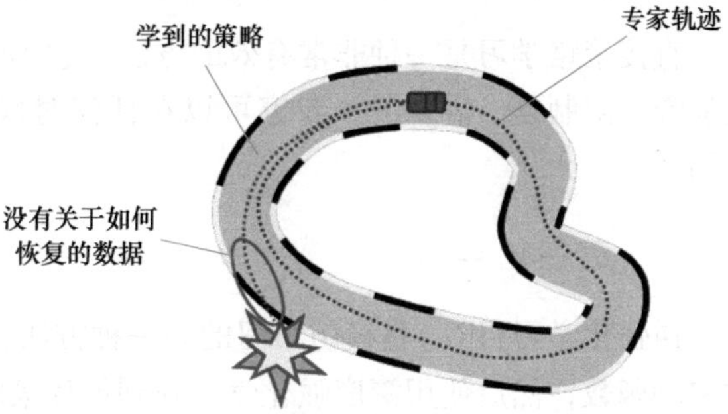

图 9-3　灾难性失败

尽管如此，在某些应用中，行为克隆仍然可以工作得相当好。它的主要优点是简单和有效。适合的应用可能是那些不需要长期计划，专家的轨迹可以覆盖状态空间，且犯错误不会导致致命后果的应用。然而，当存在任何这些特征时，应避免使用行为克隆。

直接策略学习(DPL)基本上是行为克隆的改进版本。这种迭代方法假设在训练时可以访问一个交互式的演示者，并可以向其询问。就像在 BC 中一样，从专家那里收集一些演示，并应用监督学习来学习策略。在环境中推出这个策略，并询问专家来评估推出的轨迹。通过这种方式，得到更多的训练数据，反馈给监督学习。这个循环持续进行，直到收敛。

通用的 DPL 算法的工作方式如下：首先，基于初始的专家演示开始一个初始的预测策略。然后，执行循环直到收敛。在每次迭代中，通过推出当前策略(在前一次迭代中获得)并使用这些来估计状态分布来收集轨迹。然后，对于每个状态，从专家那里收集反馈(他在同样的状态下会做什么)。最后，使用这个反馈来训练一个新的策略，如图 9-4 所示。

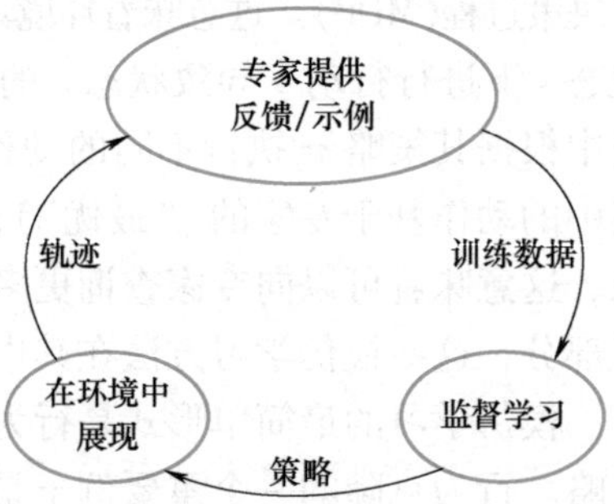

图 9-4 DPL 算法

为了使算法有效地工作，利用所有以前的训练数据进行训练是非常重要的，这样代理就可以“记住”它过去所犯的所有错误。有几种算法可以实现这一点，以下将介绍其中的两种：数据聚集和策略聚集。数据聚集在所有以前的训练数据上训练实际策略。与此同时，策略聚集在最后一次迭代收到的训练数据上训练一个策略，然后使用几何混合将这个策略与所有之前的策略结合起来。在下一次迭代中，在推出期间使用这个新获取的混合的策略。这两种方法都是收敛的，最后得到的策略不会比专家差很多。

完整的算法流程如下：

算法 9.4：直接策略学习算法

```
初始化 π_0
Repeat m=1:
    通过推出 π_{m-1} 收集轨迹 τ
    使用 s∈τ 估计状态分布 P_m
    收集交互反馈 {π*(s)|s∈τ}
    数据聚合(例如 Dagger)
        在 P_1∪…∪P_m 上训练 π_m
    策略聚合(例 SEARN & SMILe)
        在 P_m 上训练 π'_m
        π_m=βπ'_m+(1-β)π_{m-1}
```


直接策略学习是一种非常有效的方法，它不受到行为克隆所遇到的问题的困扰。这种方法的唯一限制是，需要一个专家可以在任何时候评估代理的行动，这在某些应用中是不可能的。

9.4.2 逆强化学习

逆强化学习(IRL)是模仿学习的另一种方法，其主要思想是根据专家的示范来学习环境的奖励函数，然后使用深度强化学习找到最优策略(即最大化这个奖励函数的策略)。

在这个方法中，从一套专家的示范开始(假设这些示范是最优的)，然后试图估计参数化的奖励函数，这将会导致专家的行为/策略。接着，重复以下过程，直到找到一个足够好的策略：

1) 更新奖励函数的参数。

2) 解决强化学习问题(给定奖励函数，试图找到最优策略)。

3) 将新学到的策略与专家的策略进行比较。

一般的逆强化学习算法如下：

```
算法 9.5:逆强化学习算法
初始化:收集专家示例集:D={τ1,τ2,…,τm}
Repeat
    学习奖励函数: rθ(st,at)
    根据奖励函数 rθ, 使用强化学习方法学习策略 π
    将 π 与 π*(专家策略)对比
Until 策略 π 收敛
```

根据实际问题的不同，逆强化学习(IRL)主要有两种方法：给定模型方法和模型无关方法。这两种方法的 IRL 算法是不同的，如图 9-5 所示。

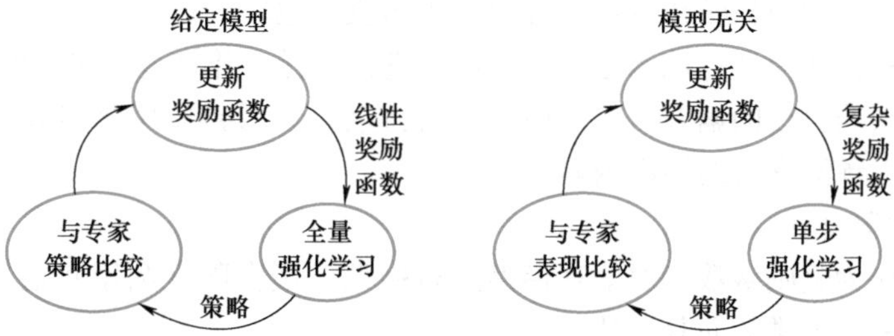

图 9-5　给定模型与模型无关 IRL 算法的差异

在给定的模型中，奖励函数是线性的。在每次迭代中，需要解决完整的强化学习问题，因此为了能够有效地做到这一点，假设环境(MDP)的状态空间很小。此外还假设知道环境的状态转移动态，这样才能有效地比较学到的策略和专家的策略。

模型无关方法是一个更普遍的情况。在这种情况下，假设奖励函数更加复杂，通常使用神经网络来建模。还假设 MDP 的状态空间较大或连续，因此在每次迭代中，只解决 RL 问题的单个步骤。在这种情况下，不知道环境的状态转移动态，但认为可以访问环境的模拟器。因此，比较自身策略与专家的策略更加复杂。

然而，在这两种情况下，学习奖励函数都是模糊的。原因在于，许多奖励函数可以对应于相同的最优策略(专家策略)。为了解决这个问题，可以使用 Ziebart 提出的最大熵原理：应该选择具有最大熵的轨迹分布。

9.5　基于人类反馈的强化学习

基于人类反馈的强化学习(Reinforcement Learning with Human Feedback，RLHF)是一种将强化学习与人类反馈相结合的技术，其中人类的偏好被用作奖励信号，引导模型生成高质量的语言输出。RLHF 是一种使用人类反馈训练模型的有效方法，可以提升大语言模型的性能。RLHF 可以利用多元化的反馈提供者，帮助模型学习生成更能代表不同观点的信息，使其在各种上下文中更为通用和有效。在生成式人工智能和大语言模型中，RLHF 在提高模型性能、根据行业内容进行微调、提高语言理解和生成质量以及避免幻觉(AI Hallucination)方面发挥了重要的作用。

在传统的强化学习中，模型通过与环境交互来学习并优化其行为。但是，这种方法需要大量的试错和实验，耗费时间和资源。相比之下，RLHF 则利用了人类专家的知识和反馈来加速训练过程。它通过与人类专家进行互动，收集专家的行为数据和评估反馈，然后使用这些反馈来指导模型的训练。这种方法可以显著减少试错过程，使模型更快地学习到高质量的策略。

RLHF 的工作流程：

1）收集人类生成的问题和回复的数据集（问答数据集），并微调语言模型。

这一步工作主要体现在问答生成。为此，需要人工编写或自动生成的问题和人工编写的回复或自动生成的回复制作数据集。这些问答对可以包括从产品描述到客户查询的任何内容。继而，根据问答数据集通过监督学习微调语言模型。

2）收集人类对机器回复的内容排名，并训练奖励模型。

针对每个问题，从模型对该问题的多个回复进行采样，并将这些回复提交人类反馈提供者。反馈提供者根据自己的偏好对这些回复进行排名，然后再使用排名数据训练奖励模型，使得奖励模型可以预测喜欢的输出内容。

3）执行强化学习。

将奖励模型作为奖励函数，对语言模型进行微调，最大限度利用奖励。通过这种方式，使语言模型的回复与人类的回复一致。

Proximal Policy Optimization（PPO）是一种强化学习算法，因其稳定性和性能而广泛应用于 RLHF。PPO 是策略梯度算法的一个变体，旨在克服策略梯度方法中的一些挑战，如训练不稳定和大步长更新。PPO 通过限制每次策略更新的幅度，确保训练过程更为稳定和高效。PPO 算法通过限制新旧策略之间的变化量来控制策略更新的幅度，防止策略更新过大而导致性能下降。PPO 的目标是最大化以下目标函数：

$$\max_{\theta} E_t[\min(r_t(\theta)\hat{A}_t, \mathrm{clip}(r_t(\theta), 1-\varepsilon, 1+\varepsilon)\hat{A}_t)] \tag{9-43}$$

式中，$r_t(\theta)=\dfrac{\pi_\theta(a_t|s_t)}{\pi_{\theta_{\text{old}}}(a_t|s_t)}$是新旧策略概率比；$\hat{A}_t$ 是优势函数；ε 是一个小的超参数，通常取值在 0.1 到 0.3 之间。

其优势为简单易实现，PPO 相比 TRPO 简化了实现过程，同时保持了类似的性能；其次稳定性高，通过裁剪概率比，防止策略更新过大，提高了训练的稳定性；适应性强，PPO 能够很好地适应各种强化学习任务，包括离散和连续动作空间。

RLHF 的优势主要体现在如下方面：一是 RLHF 能够使模型向多元化的反馈者学习，帮助模型生成更能代表不同观点和用户需求的回复。这点将有助于提高输出的质量和相关性。二是它可以帮助减少生成式人工智能模型中的偏见。通过使用人类反馈，RLHF 可以帮助模型学习生成更平衡、更具代表性的回复，从而降低产生偏见的风险。

RLHF 在许多领域都有着广泛的应用前景，例如：在无人驾驶领域，人类反馈可以帮助智能体更好地理解交通规则和驾驶习惯，从而提高行驶的安全性和舒适性。在机器人控制领域，人类反馈可以帮助智能体更好地理解人类的需求和意图，从而提高机器人的服务质量。在游戏，人类反馈可以帮助智能体更好地理解游戏规则和策略，从而提高游戏的挑战性和趣味性。

RLHF 作为一种强化学习方法，在很多实际问题中都取得了成功，然而 RLHF 仍然面临着许多挑战。

1）人类反馈的获取。如何有效地获取人类反馈是一个关键问题。在实际应用中，人类反馈可能是稀疏、噪声，甚至是有偏的。因此，如何设计更好的人类反馈获取机制是一个重要的研究方向。

2）人类反馈的利用。如何有效地利用人类反馈来指导智能体的学习过程是一个核心问题。在实际应用中，人类反馈可能与环境奖励存在冲突，因此，如何平衡人类反馈和环境奖励的关系是一个关键问题。

3）人类反馈的理解。如何更好地理解人类反馈的含义和目的是一个重要问题。在实际应用中，人类反馈可能是模糊、隐晦，甚至是矛盾的。因此，如何设计更好的人类反馈理解模型是一个有趣的研究方向。

9.6　深度强化学习实例

本节将通过一个具体的实例展示如何应用深度强化学习算法。使用深度 Q 网络(DQN)算法来解决经典的 CartPole 平衡杆问题。

9.6.1　实例背景

CartPole 平衡杆问题是一个经典的控制论问题，也是强化学习中的标准测试环境之一。该问题由一个倒立摆系统组成，一个杆子通过铰接点连接在一个可以左右移动的小车上。任务的目标是通过在水平方向上移动小车来保持杆子直立不倒。

码 9-1　深度强化学习实例

问题描述如下：

系统组成：小车：一个能够在轨道上左右移动的小车。杆子：通过铰接点连接在小车上的杆子。杆子可以绕铰接点旋转，但不能脱离小车。

状态空间：CartPole 问题的状态由四个连续变量描述：

小车的水平位置(Position of the Cart)

小车的速度(Velocity of the Cart)

杆子的角度(Angle of the Pole)

杆子角速度(Angular Velocity of the Pole)

动作空间：动作空间是离散的，通常包含两个动作：向左施加力与向右施加力。

奖励：在每个时间步，如果杆子仍然保持直立且小车没有移出轨道边界，则给出正奖励(通常为+1)。一旦杆子角度超过一定范围，或小车位置超出轨道边界，任务结束。

目标：通过连续的动作选择，使得杆子尽可能长时间地保持直立不倒。

在 CartPole 平衡杆问题中，不需要传统意义上的静态数据集，因为强化学习的训练数据是在与环境互动的过程中动态生成的。通过代理与环境的不断互动，收集到状态、动作、奖励等信息，并将这些信息存储在经验回放缓冲区中，用于训练深度 Q 网络(DQN)。

9.6.2　环境准备

首先，需要安装必要的库。使用 gym 库来创建 CartPole 环境，并使用 torch 库来实现深度 Q 网络。gym 是一个流行的强化学习库，提供了很多经典的强化学习环境。Pytorch 是一个深度学习框架，常用于构建和训练神经网络。

```
pip install gym torch torchvision numpy
```

在代码中，需要导入一些库来实现 DQN 算法。这些库包括用于创建和管理环境的 gym，用于数值计算的 numpy，用于深度学习的 torch 及其子模块，以及用于存储和采样经验的 deque。

```
import gym
import numpy as np
import torch
import torch.nn as nn
import torch.optim as optim
import random
from collections import deque
```

使用 gym 库创建 CartPole 环境。CartPole 是一个经典的控制问题，其中一根杆子通过一个铰接点连接在一个小车上。小车可以左右移动，目标是通过左右移动小车来保持杆子直立。


```
env=gym.make('CartPole-v1')
```

9.6.3 模型构建

定义深度 Q 网络：需要定义一个神经网络来近似 Q 值函数。这个网络接收环境的状态作为输入，并输出每个动作的 Q 值。这里定义了一个简单的三层全连接神经网络。输入层的大小是状态的维度（CartPole 的状态由 4 个值组成），输出层的大小是动作的维度（CartPole 有 2 个离散动作）。

```
class DQN(nn.Module):
    def__init__(self,state_dim,action_dim):
        super(DQN,self).__init__()
        self.fc1=nn.Linear(state_dim,24)
        self.fc2=nn.Linear(24,24)
        self.fc3=nn.Linear(24,action_dim)

    def forward(self,x):
        x=torch.relu(self.fc1(x))
        x=torch.relu(self.fc2(x))
        x=self.fc3(x)
        return x
```

定义经验回放缓冲区：为了稳定训练过程，使用经验回放缓冲区来存储训练数据。经验回放缓冲区存储代理的经历(状态、动作、奖励、下一个状态、是否结束)，以便可以在训练过程中从中随机采样一批数据。这样做的好处是可以打破数据的相关性，提高训练效果。

```
class ReplayBuffer:
    def __init__(self,capacity):
        self.buffer=deque(maxlen=capacity)

    def push(self,state,action,reward,next_state,done):
        self.buffer.append((state,action,reward,next_state,done))

    def sample(self,batch_size):
        state,action,reward,next_state,done=zip(*random.sample(self.buffer,batch_size))
        return np.array(state),action,reward,np.array(next_state),done

    def __len__(self):
        return len(self.buffer)
```


9.6.4 模型训练

定义训练函数：定义一个函数来训练 DQN 模型。该函数包括初始化 DQN 网络和优化器，设置 epsilon 贪心策略参数，执行多轮训练(episodes)。每轮训练中，代理与环境互动，收集数据，并通过经验回放缓冲区对网络进行更新。

```
def train_dqn(env,num_episodes,replay_buffer,batch_size,
              gamma,epsilon_start,epsilon_end,epsilon_decay):
    state_dim=env.observation_space.shape[0]
    action_dim=env.action_space.n
    dqn=DQN(state_dim,action_dim)
    optimizer=optim.Adam(dqn.parameters())
    criterion=nn.MSELoss()
    epsilon=epsilon_start

    for episode in range(num_episodes):
        state=env.reset()
        total_reward=0
        done=False

        while not done:
```

```
14.          if random.random()<epsilon:
15.              action=env.action_space.sample()
16.          else:
17.              with torch.no_grad():
18.                  state_tensor=torch.FloatTensor(state).unsqueeze(0)
19.                  q_values=dqn(state_tensor)
20.                  action=torch.argmax(q_values).item()

21.          next_state,reward,done,_=env.step(action)
22.          replay_buffer.push(state,action,reward,next_state,done)
23.          state=next_state
24.          total_reward+=reward
25.          if len(replay_buffer)>batch_size:
26.              batch_state,batch_action,batch_reward,batch_next_
state,batch_done=replay_buffer.sample(batch_size)
27.
28.              batch_state_tensor=torch.FloatTensor(batch_state)
29.              batch_action_tensor=torch.LongTensor(batch_action)
30.              batch_reward_tensor=torch.FloatTensor(batch_reward)
31.              batch_next_state_tensor=torch.FloatTensor(batch_
next_state)
32.              batch_done_tensor=torch.FloatTensor(batch_done)
33.
34.              current_q_values=dqn(batch_state_tensor).gather(1,
batch_action_tensor.unsqueeze(1)).squeeze(1)
35.              next_q_values=dqn(batch_next_state_tensor).max(1)[0]
36.              expected_q_values=batch_reward_tensor+(1-batch_
done_tensor)*gamma*next_q_values
37.
38.              loss=criterion(current_q_values,expected_q_values.
detach())
39.              optimizer.zero_grad()
40.              loss.backward()
41.              optimizer.step()
42.
43.      epsilon=max(epsilon_end,epsilon_decay*epsilon)
44.      print(f"Episode {episode+1},Total Reward:{total_reward}")
```

214

```
# 超参数设置
num_episodes=1000
batch_size=64
gamma=0.99
epsilon_start=1.0
epsilon_end=0.01
epsilon_decay=0.995
replay_buffer_capacity=10000

# 创建经验回放缓冲区
replay_buffer=ReplayBuffer(replay_buffer_capacity)

# 开始训练
train_dqn(env,num_episodes,replay_buffer,batch_size,gamma,epsilon_start,epsilon_end,epsilon_decay)
```

训练过程中，使用了以下步骤：

初始化环境和参数：初始化了 CartPole 环境、神经网络模型、优化器和损失函数；设置了 epsilon 的初始值，用于 epsilon-greedy 策略中的动作选择。

执行训练循环：运行多个训练 episode，每个 episode 代表一轮游戏。在每个 episode 中，代理与环境进行交互，收集数据并更新策略。

选择动作：在每个时间步，使用 epsilon-greedy 策略选择动作。即有一定概率随机选择动作(探索)，否则选择当前 Q 值最大的动作(利用)。

执行动作并存储经验：在环境中执行选择的动作，记录结果(状态、动作、奖励、下一个状态、是否结束)并存储在经验回放缓冲区中。

经验回放：当缓冲区中有足够的经验时，从中随机采样一个小批量的经验数据，用于更新神经网络。通过计算当前 Q 值和期望 Q 值之间的损失来更新网络参数。

调整 epsilon：在每个 episode 结束后，逐渐减少 epsilon 的值，以减少随机性，增加策略性。这有助于从探索转向利用，从而更好地利用已学到的知识。

通过本章的实例，展示了如何使用深度 Q 网络(DQN)算法来解决 CartPole 平衡杆问题。介绍了如何构建深度 Q 网络模型、使用经验回放技术来提高训练稳定性，以及如何训练和评估模型。希望本章内容能帮助读者更好地理解深度强化学习的应用。

本章小结

本章详细介绍了深度强化学习的基本概念、算法原理及其实例。深度强化学习结合了深度学习和强化学习的优势，通过智能体与环境的交互学习复杂的决策策略，可分为价值学习与策略学习等门类。深度强化学习在游戏智能、自动驾驶和机器人控制等领域有广泛的应用，展示了其在解决复杂实际问题中的应用潜力。本章揭示了深度强化学习的理论基础和算法进展，为读者提供了全面理解和应用深度强化学习的基础。

思考题与习题

9-1 如何开发能够跨越多个任务和环境的通用强化学习算法？当前的强化学习模型往往在特定任务上表现出色，但在任务变化或环境变化时表现不佳，应该如何改进这些模型以实现更好的转移学习？

9-2 强化学习算法往往需要大量的训练数据才能达到良好的性能。如何设计更高效的算法，使其在样本有限的情况下也能表现出色？有哪些现实世界的应用可以受益于样本效率的提升？

9-3 在一些需要长时间决策的任务中，如气候变化对策或城市规划，强化学习如何设计有效的长期策略？这些策略如何在不确定性和环境变化中保持鲁棒性？

9-4 在多智能体环境中，强化学习算法如何处理个体之间的合作与竞争关系？这些算法如何确保系统的整体效率和稳定性？例如，在无人机群或机器人团队中，不同个体如何协同完成复杂任务？

参考文献

[1] 张汝波，顾国昌. 强化学习理论，算法及应用[J]. 控制理论与应用，2000，17(5)：637-642.

[2] MARKOV A A. Rasprostranenie zakona bol’shih chisel na velichiny，zavisyaschie drug ot druga[J]. Izvestiya Fiziko-matematicheskogo Obschestva Pri Kazanskom Universitete，1906，15(135-156)：18.

[3] SUTTON R S，BARTO A G. Introduction to reinforcement learning[M]. Cambridge：MIT press，1998.

[4] BERTSEKAS D P. Dynamic programming and optimal control[M]. Belmont，MA：Athena scientific，1995.

[5] MAHADEVAN S. To discount or not to discount in reinforcement learning：A case study comparing R learning and Q learning[J]. Machine Learning Proceeding，1994：164-172.

[6] BELLMAN R. Dynamic programming[J]. Science，1966，153(3731)：34-37.

[7] HOWARD R A. Dynamic programming and markov processes[M]. Cambridge：MIT Press，1960.

[8] WATKINS C J C H，DAYAN P. Q-learning[J]. Machine Learning，1992，8(3-4)：279-292.

[9] SUTTON R S. Learning to predict by the methods of temporal differences[J]. Machine Learning，1988，3(1)：9-44.

[10] KONDA V R，TSITSIKLIS J N. Actor-critic algorithms[J]. Advances in Neural Information Processing Systems，1999，12：1008-1014.

[11] BRIAN Z，ANDREW M，ANDREW B，ANIND D. Maximum entropy inverse reinforcement learning [C]// 23rd AAAI Conference on Artificial Intelligence，Chicago，Illinois，USA，2008. Palo Alto，California，USA：AAAI，2008：1433-1438.

[12] MNIH V，KAVUKCUOGLU K，Silver D，et al. Playing atari with deep reinforcement learning[Z/OL]. 2013 [2024-08-01]. https://arxiv. org/abs/1312. 5602.

[13] LEVINE S，KUMAR A，TUCKER G，et al. Offline reinforcement learning：tutorial，review，and perspectives on open problems[Z/OL]. 2020 [2024-08-01]. https://arxiv. org/abs/2005. 01643.

[14] AYOUB A，JIA Z，Szepesvari C，et al. Model-based reinforcement learning with value-targeted regression [C]//International Conference on Machine Learning，Virtual event：PMLR，2020：463-474.

[15]　LU C，KUBA J，LETCHER A，et al. Discovered policy optimisation[J]. Advances in Neural Information Processing Systems，2022，35：16455-16468.

[16]　OUYANG L，Jeff W，Xu J，et al. Training language models to follow instructions with human feedback.[J]. Advances in neural information processing systems，2022，35：27730-27744.

[17]　SCHULMAN J，WOLSKI F，DHARIWAL P，et al. Proximal policy optimization algorithms[Z/OL]. 2017[2024-08-01]. https://arxiv.org/abs/1707.06347.

第 10 章　深度迁移学习

10.1　迁移学习

机器学习在近些年的研究中取得了很多显著的研究成果，但是现有的机器学习算法通常只能够保证在同分布假设，即训练集和测试集都来自于同一个特征空间，并且具有相同的数据分布。当数据分布发生变化的时候，大多数模型都需要收集在新分布上的训练数据进行重新训练。在某些真实应用的机器学习场景中，由于直接对目标域从头开始学习成本太高，因此采用本章的迁移学习方法依据已有的相关知识来辅助尽快地学习新知识。比如，人们已经会下中国象棋，就可以类比着来学习国际象棋；已经学会了骑自行车，就可以类比学习骑摩托车等。正是通过两种事物之间的相似性，可以构建一种从旧知识到新知识的迁移桥梁，从而可以更快更好地学习新知识。

迁移学习(Transfer Learning)通俗来讲就是学会举一反三的能力，通过运用已有的知识来学习新的知识，其核心是找到已有知识和新知识之间的相似性，通过这种相似性的迁移达到迁移学习的目的。世间万事万物皆有共性，如何合理地找寻它们之间的相似性，进而利用这个桥梁来帮助学习新知识，是迁移学习的核心问题。

迁移学习通常适用于下面的一些场景：

1）虽然有大量的数据样本，但是大部分数据样本是无标注的，而且想要继续增加更多的数据标注，需要付出巨大的成本。在这种场景下，利用迁移学习思想，可以寻找一些和目标数据相似而且已经有标注的数据，利用数据之间的相似性对知识进行迁移，提高对目标数据的预测效果或者标注精度。

2）可以帮助解决算法的冷启动问题。在跨域推荐系统将用户偏好模型从现有域(如图书推荐领域)迁移到一个新域(如电影推荐领域)中。

3）想要获取具有更强泛化能力，但是数据样本较少，许多应用场景数据量小。当前机器学习的成功应用依赖于大量有标签数据的可用性。然而，高质量有标签数据总是供不应求。传统的机器学习算法常常因为数据量小而产生过拟合问题，因而无法很好泛化到新的场景中。

4）数据来自不同的分布时。传统的机器学习算法假设训练和测试数据来自相同的数据分布。然而，这种假设对于许多实际应用场景来说太强。在许多情况下，数据分布不仅会随着时间和空间而变化，也会随着不同的情况而变化，因此人们可能无法使用相同的数据分布来对待新的训练数据。在不同于训练数据的新场景下，已经训练完成的模型需要在使用前进行调整。

近年来，随着深度学习的发展，对深度学习的迁移学习能力的探究也取得了相关进展。本章会首先回顾深度迁移学习的相关定义，再提出对现有的深度学习算法的分类方法，并简要介绍每一个分类中具有代表性的算法，最后再给出深度迁移学习中常用的数据集的简介。

10.1.1　深度迁移学习简介

近年来，深度学习已经成功解决一些具有挑战性的应用程序；特别是涉及非线性数据集的问题。然而，深度学习也有限制，比如昂贵的训练流程以及大量训练数据的要求(带安全标签的数据)。深度迁移学习旨在减少训练过程时间和成本，使得模型在面临与之前训练过的任务不具有相关性的任务时依然能够保持良好的性能，其基本流程如图 10-1 所示。通常来说，预训练(pre-trained)模型无法胜任当前任务与预训练数据集有较大区别的情景。深度迁移学习提供了解决这个问题的思路，其通过保持之前学习到的知识，并试图在这个基础上学习到新的知识。

深度迁移学习是指使用从另一个任务和数据集(甚至是与源任务或数据集没有强相关)获得的知识来降低学习成本。在许多机器学习问题中，拥有大量的标记数据是不可能的，但这对大多数深度学习模型来说是必须的。例如，为训练深度学习模型提供足够的胸部 X 射线标记数据仍然具有挑战性，而使用深度迁移学习，人工智能在有限的训练集下实现了检测疾病的非常高的准确性。另一个应用是通过利用深度迁移学习减少对处理能力的需求，将机器学习应用于手机等边缘设备的变体任务。未经训练的深度学习模型对节点使用随机初始化权重，在昂贵的训练过程中，这些权重通过应用特定任务(数据集)的优化算法调整到最优化的值。

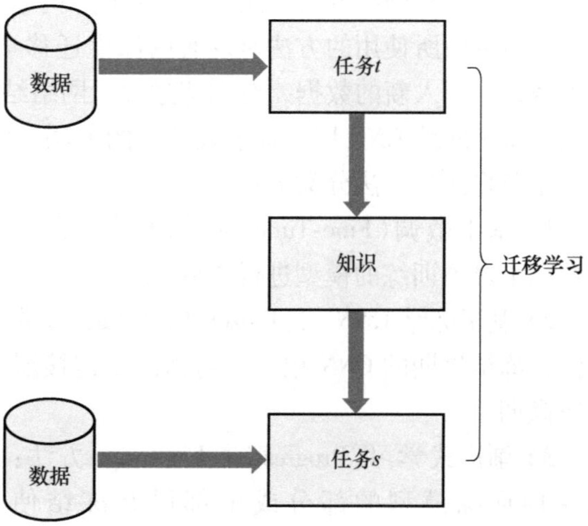

图 10-1　迁移学习基本流程

深度迁移学习与半监督学习不同，因为在深度迁移学习中，源数据集和目标数据集可以有不同的分布，只是相互之间有关系；而在半监督学习中，源数据和目标数据都来自同一个数据集，只是目标集没有标签。深度迁移学习也不等同于多视图学习，因为多视图学习使用两个或多个不同的数据集来提高一个任务的质量，例如，视频数据集可以分为图像和音频数据集。尽管有许多相似之处，但深度迁移学习与多任务学习不同。最根本的区别是，在多任务学习中，任务之间利用相互联系来相互促进，知识转移在相关任务之间同时发生；而在深度迁移学习中，目标领域是重点，并且已经从源数据中获得了目标数据的知识，它们不需要相关或同时发挥作用。

这一小节会对使用的符号进行说明，并给出迁移学习和深度迁移学习的定义：一个域(Domain)，记作 $D=\{X,P(X)\}$，它包含两个部分：域的特征空间 X 和在其上的边缘分布 $P(X)$，其中 $X=\{x_1,x_2,\cdots,x_n\}\in X$ 是来自特征空间的一组样本。一个监督学习的任务 T 通常被定义为关于标签和函数的关系，记作 $T=\{y,f(x)\}$，它也包含两个元素：任务标签 y 与

目标预测函数 $f(x)$，$f(x)$ 通常也被认为是 x 关于 y 的条件分布 $P(y|x)$。

通常来说，迁移学习可以被定义为：

迁移学习：给定一个域 D_t 上的任务 T_t，希望来自另一个域 D_s 上的任务 T_s 能够提供帮助。迁移学习旨在通过发现与挖掘 D_s 和 T_s 上潜在的知识提升模型在任务 T_t 上的性能。两个域 D_t 与 D_s 需要保持不同，但是 T_t 和 T_s 可以相同，也可以不同。在大多数情况下，D_s 表示的空间规模要远大于 D_t 的规模。

相对应的，深度迁移学习的定义为：

深度迁移学习的任务可以表示为 $\langle D_t, T_t, D_s, T_s, f_T(\cdot)\rangle$，其中 $f_T(\cdot)$ 是深度学习模型，通常为以神经网络为代表的非线性函数。

10.1.2 深度迁移学习分类

通常来说，深度迁移学习方法研究的是如何通过神经网络利用不同领域的知识。因为近些年来深度神经网络取得了成功，大量的关于深度迁移学习的工作被相继提出。

本节按照所使用的方法对现有的深度迁移学习方法分类，如图 10-2 所示。目前的研究大多数是不引入新的数据，对训练过程、网络结构与损失函数等进行操作的方法，包括基于微调、基于冻结 CNN 层与渐进式学习的方法。除了上述的方法外，还有基于对抗思想的方法，本节将这些方法分类为：

1）基于微调（Fine-Tunning）的方法：在目标数据上对预训练的模型进行微调。

2）基于冻结 CNN 层（Frozen CNN Layer）的方法：冻结早期的 CNN 层，只对横向全连接层进行微调。

3）渐进式学习（Progressive Learning）方法：选择预训练模型的部分或全部层并冻结使用，一些新层添加到模型中，在目标数据上进行训练。

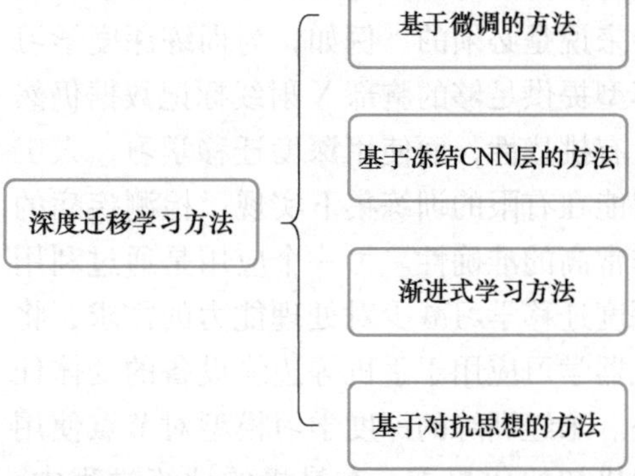

图 10-2 深度迁移学习方法分类

4）基于对抗思想的方法（Adversarial-Based Method）：使用对抗思想从源数据和目标数据中提取可转移特征。

后续的章节会介绍每一类型深度迁移学习方法，并给出每一类型方法中具有代表性的算法。

10.2 基于微调的方法

最常见的深度迁移学习方法是在与目标数据高度相关的数据集上使用训练好的模型，并在目标数据上进行微调。应用这种技术的简单性使其成为人们选择的最流行的深度迁移学习方法。这种方法可以通过各种方式改善目标数据的训练，比如降低训练成本，解决对大量目标数据集的需求。然而，它仍然容易发生灾难性的遗忘。

基于微调的方法是一种非常有效的深度迁移学习方法，适用于许多任务和数据集，如医疗、机械、艺术、物理、安全等各个领域。

基于微调的深度迁移学习方法基本流程如下：训练一个在某一特定任务上表现很好的神经

网络需要花费大量的资源，其中很大一部分的花费在收集合适的训练数据上，甚至对于某一些特定的领域，收集到的数据集的规模很小，无法支撑神经网络进行训练。在这种情况下，人们就需要借助深度迁移学习的方法，寻找到一个现有的或者易于收集、数据规模很大的数据集，并在该数据集上进行训练。让模型在预训练阶段（没有真正在特定的任务上进行训练）取得了一个很好的结果，然后再让模型在关于特定任务上、规模较小的数据集上进行训练，期间可能会对第二次训练的目标函数、学习方式进行不同方式的约束，以保证模型能够利用前一阶段学习到的知识来帮助第二阶段的学习过程，最终实现模型在特定任务上的性能提升。

那应该如何选择与使用预训练模型呢？在选择预训练模型时，如果问题与预训练模型训练情景下有很大的出入，那么模型所得到的预测结果将会非常不准确，因为预训练模型的网络结构、参数权重都是预训练得到的知识，这样的知识如果不能迁移到下游任务；或与下游任务存在矛盾，预训练模型对下游任务带来的影响将会是灾难性的，尤其是知识之间不一定存在可迁移的能力（一般可认为是预训练任务与下游任务的基础特征之间的关系，更进一步说二者之间的特征空间的关联），例如，语音识别任务与图像识别任务的特征空间存在明显的不同，如果将一个在语音识别任务上训练的预训练模型用于下游的图像识别任务的时候，就会导致图像识别的任务结果不理想，甚至可能不如不使用微调策略。同样的，如果使用在一个大规模图像数据集（比如 ImageNet）上训练的模型，让模型再去做下游的猫狗图像分类任务，因为这两个任务之间存在特征空间上的重叠，所以在这个场景下预训练模型的知识能够很好地迁移到下游任务中。

微调不仅仅能够实现迁移学习的性能，也能够让模型的训练时间、训练成本减少。值得注意的是，预训练模型是可以被复用的，即针对不同的下游任务，预训练模型可以相同，这极大地减少了训练成本。

通常来说，采用基于微调的深度迁移学习方法，需要先根据上述所提到的性质与要求选择出合适于下游任务的预训练模型，然后采用合适的分类器（监督学习问题），最后根据以下的三种策略之一对模型进行微调，如图 10-3 所示。

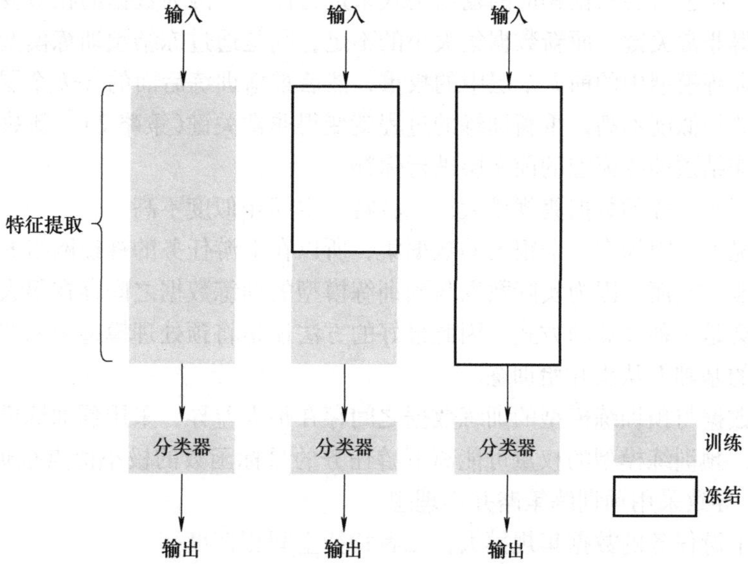

图 10-3　基于预训练模型的训练策略

(1) 训练整个模型　在这种情况下，利用预训练模型的体系结构，并根据数据集对其进行训练。如果从零开始学习模型，那么就需要一个大规模数据集和大量的计算资源。

(2) 训练一些层而冻结其他的层(较低层)　较低层适用的是通用特征，而较高层适用的是特殊特征。这里，可以通过选择要调整的网络权重来处理这两种情况。通常，如果有一个较小的数据集和大量的参数，一般会冻结更多的层，以避免过度拟合。相比之下，如果数据集很大，并且参数的数量很少，那么可以通过给新任务训练更多的层来完善模型，此时过拟合不是问题。

(3) 冻结卷积层(特征提取层)　这种情况适用于训练/冻结平衡的极端情况。主要思想是将卷积层保持在原始形式，然后使用其输出提供给分类器。把正在使用的预训练模型作为固定的特征提取途径，如果缺少计算资源，并且数据集很小，或者预训练模型的特征空间和下游任务的特征空间的重叠程度很高，这种方式较为适用。

选择哪一种策略(与预训练模型)不仅仅要考虑运算资源，也要考虑预训练模型与下游任务的数据集的关联性、与下游任务的数据集的相关性质。具体而言，主要考虑下游任务数据集的规模与预训练模型的数据集、特征空间和下游任务的数据集、特征空间之间的相似性。总共可能出现四种场景：

场景一：下游任务的数据集规模小，二者特征空间相似度高

在这种情况下，因为下游任务的数据与预训练模型的训练数据相似度很高，因此不需要重新训练模型，只需要将输出层改制成符合问题情境下的结构就好。通常情况下，可以使用预训练模型作为特征提取器。

不需要重新训练模型，只需要将输出层修改成符合下游任务的结构即可(策略3)。

例如，使用在ImageNet上训练的模型来辨认一组新照片中的小猫小狗，只需要把最后的全连接层输出从1000个类别改为2个类别(猫、狗)。

场景二：下游任务的数据集规模小，二者特征空间相似度不高

在这种情况下，冻结预训练模型中的前 k 个层中的权重，然后重新训练后面的 $n-k$ 个层，当然最后一层也需要根据相应的输出格式来进行修改。因为数据的相似度不高，重新训练的过程就变得非常关键。而新数据集大小的不足，则是通过冻结预训练模型的前 k 层进行弥补。冻结预训练模型中的前 k 个层中的权重，然后重新训练后面的 $n-k$ 个层。

因为数据的相似度不高，重新训练的过程就变得非常关键(策略2)。新数据集大小的不足，则是通过冻结预训练模型的前 k 层进行弥补。

场景三：下游任务的数据集规模大，二者特征空间相似度不高

在这种情况下，因为有一个很大的数据集，所以在下游任务的神经网络的训练过程将会取得不错的性能。然而，因为实际数据与预训练模型的训练数据之间存在很大差异，采用预训练模型将不会是一种高效的方式。因此最好的方法还是将预处理模型中的权重全都初始化后在新数据集的基础上从头开始训练。

因为实际数据与预训练模型的训练数据之间存在很大差异，采用预训练模型将不会是一种高效的方式，预训练模型的权重可能离下游任务的目标函数的极小值点很远(相对于随机初始化来说)，导致采用预训练策略并不理想。

场景四：下游任务的数据集规模大，二者特征空间相似度高

这就是最理想的情况，采用预训练模型会变得非常高效。最好的运用方式是保持模型原

有的结构和初始权重不变，随后在新数据集的基础上重新训练，可根据需要让适当的层不参与训练。

关于冻结层的更多讨论会在后续章节提到。

在实际应用中，很多的领域都存在数据集收集困难的情况，如在数字遗产(Digital Heritage)领域采集数据就较为困难，进而导致很难利用深度学习方法来缓解日益严峻的数字遗产保护问题，如图 10-4 所示。为此，Sabatelli M 等学者提出了利用微调的方法学习到一个专门解决数字遗产领域问题的神经网络分类器。具体来说，先在 ImageNet 数据集上进行训练，然后再在预先收集好的关于数字遗产与艺术类的数据集上进行训练，注意这一步的训练没有冻结任何一层的参数，保证了模型的分类预测不受到冻结的模型只在 ImageNet 数据集上进行训练这一限制的影响。

图 10-4　数字遗产领域中的样本举例

同样，除了在数字遗产领域，在互联网设备部署的过程中，基于微调的深度迁移学习方法也在发挥作用。在互联网设备部署中，恶意样本的探测与发现一直是主要研究的问题，研发人员提出了一种基于微调的方法，找到一种能够识别恶意样本的软件，利用 ImageNet 数据集来预训练模型，然后再进行恶意样本的预测。

以 MCFT-CNN 为例，简述基于微调的方法的思想。

MCFT-CNN 是专门为恶意样本的探测设计的 CNN 方法，具体来说，以其在上 ImageNet 数据集预训练的 ResNet 模型，修改了 ResNet 最后的全连接层，并冻结了网络中的其他参数，修改后的网络结构如图 10-5 所示。其中，ImageNet 数据集提供了数据的低层次特征，模型在输入针对恶意样本探测设置的数据集后进行正常的分类优化，损失函数采用交叉熵损失函数。

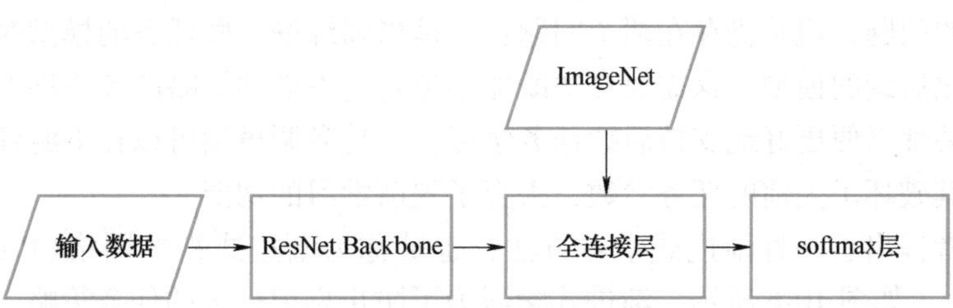

图 10-5　MCFT-CNN 的网络结构示意图

10.3 基于冻结 CNN 层的方法

深度迁移学习中第二种流行的方法是在预训练的模型中冻结 CNN 层，只对全连接层进行微调(冻结 CNN 层)。CNN 层从给定的数据集中提取特征，全连接层负责分类，在这种方法中，将对目标数据的新任务进行微调。

具体而言，冻结 CNN 层意味着选取网络结构中的一部分参数进行训练。从实现层面，冻结 CNN 层可以被看作广义上的微调的一种，狭义上的微调专指只有分类器参与下游任务的训练。

在进行基于冻结 CNN 层的深度迁移学习时，怎样确定需要冻结哪些层呢？这个问题到现在还没有有效的结论，绝大多数选择冻结 CNN 层的方式都是基于经验。学者讨论了关于异构神经网络间如何进行知识的迁移，并探讨了选择不同的 CNN 层对知识迁移的影响。学者设计了一个相似度矩阵 $\lambda^{m,n}>0$ 来表示源域中第 m 层对于目标域中第 n 层的可迁移指标[5]，此指标越大，则越可迁移。值得注意的是，选择冻结 CNN 层的时候，一般都从输入层开始向后冻结，从网络较浅的层进行迁移，其结果往往比从较高的层进行迁移具有更小的波动性，越深的层，对预训练任务越具有强关联性，为了能更好地学到下游任务的特征可能不适合冻结。在冻结 CNN 层的时候，通常根据启发式规则来确定冻结的层数，但这样做并不具有普适性。为此，一种基于元学习的学习框架被提出，能够自动地学习源网络中什么知识需要迁移、迁移到目标网络的什么地方，使得深度迁移学习能够应用在更广泛的任务中。

在实际应用中，基于冻结 CNN 层的方法也非常受欢迎。在脑肿瘤分类中，基于冻结 CNN 层的深度迁移学习方法能够很好地为数字诊疗服务提供帮助，其选用了一个经过预训练的 GoogLeNet，并冻结其中的部分 CNN 层，让该网络能够抽取到脑核磁共振图像的特征，在测试集上的识别率达到了 98%。针对乳腺癌疾病，冻结 ImageNet 上预训练的 ResNet 网络的部分层进行训练的方法也取得了非常不错的效果。值得注意的是，上述两项成果的下游任务(医学分类任务)在预训练模型的训练集中不存在，换言之，预训练模型的数据集和下游任务的数据集的相关性较小，更凸显了使用深度迁移学习的效果。

10.4 渐进式学习方法

前面两个小节中提到的基于微调的方法与基于冻结 CNN 层的方法虽然能在一定程度上解决迁移学习的问题，但是仍存在两个问题：一是当训练好一些任务的模型时，究竟使用哪个模型去初始化后续的模型，这需要算法既能避免对过去学到策略的灾难性遗忘，同时能捕获任务间的相关性以便更好地支持后续任务学习。二是微调虽然可以在下游任务获得较好的性能表现，但其破坏了先前的任务参数，丢弃了先前学习的功能。

为此，学者提出了一种渐进式学习方法，也被称为渐进式神经网络(Progressive Neural Network，PNN)。如图 10-6 所示。渐进式学习为了防止忘记过去的任务策略，每个任务的网络训练完都被保留下来，同时固定参数不再更新，再有新任务的时候，就重新实例化一个新的网络，即增加一个相同结构的模型(称之为一个 column)。同时为了利用以前任务的知识训练新任务，将老任务网络的每一层的输出与当前任务网络每一层输出合并，一起输入下一层。

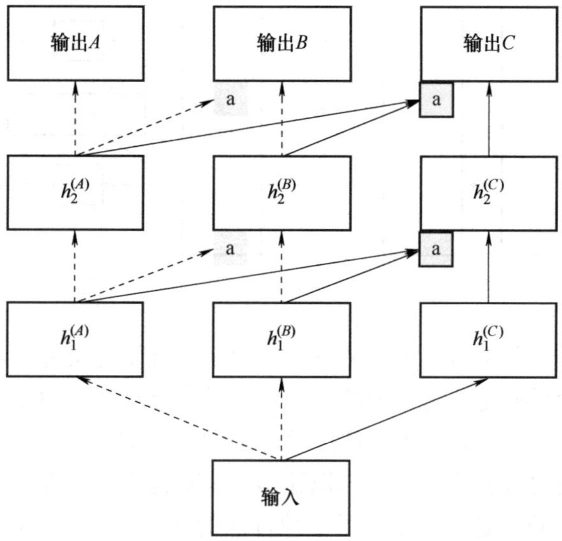

图 10-6　渐进式学习方法

一般可以采用简单的线性加权的方式将之前的任务网络和当前任务的网络的输出合并(图 10-6 中 a 的部分)：

$$h_i^{(k)}=f(W_i^{(k)}h_{i-1}^{(k)}+\sum_{j<k}U_i^{(k:j)}h_{i-1}^{(j)}),\tag{10-1}$$

式中，$W_i^{(k)}$，$U_i^{(k:j)}$ 均为可学习的加权参数。

该方法的显著优点是能够更完善地保留之前网络的信息，并且可以通过加权的参数来确认之前训练的结果对当前训练结果的影响，能够更具体地分析。缺点是参数量会随着任务的增加而增加，是一种拿空间换性能的平衡。

相关工作对常见的自然语言处理任务：序列标注和文本分类的渐进式学习效果进行了评估。通过评估和比较将渐进式学习应用于各种模型、数据集和任务，展示了渐进式学习如何通过避免微调技术中的灾难性遗忘来提高深度学习模型的准确性。还有一部分研究将渐进式学习用于图像和音频数据集，同样发现与其他深度迁移模型技术相比有明显的改进。

10.5　基于对抗思想的方法

基于对抗思想的深度迁移学习方法的核心是利用对抗的方法(如生成对抗网络 GAN)找到适合源域和目标域两个域的可迁移的特征。这一类方法基于一类假设：合适的迁移学习特征能够在主要任务上被区分，但是在源域和目标域上不能够被区分。

通常来说，在源域的训练过程当中，分类器前面的层都可以被视作是特征提取器，这个特征提取器会同时提取来自源域和目标域的数据。对抗学习层用来区分从两个域提取出的特征，如果对抗学习层的性能很差，就表明来自两个域的特征之间的差别很小，进而依据假设，这一组特征就具有很好的迁移性，反之亦然。对抗的思想体现在训练过程中，对抗学习层通过其性能表现，尽力让网络学习到更加具有泛化性与迁移性的特征，如图 10-7 所示。

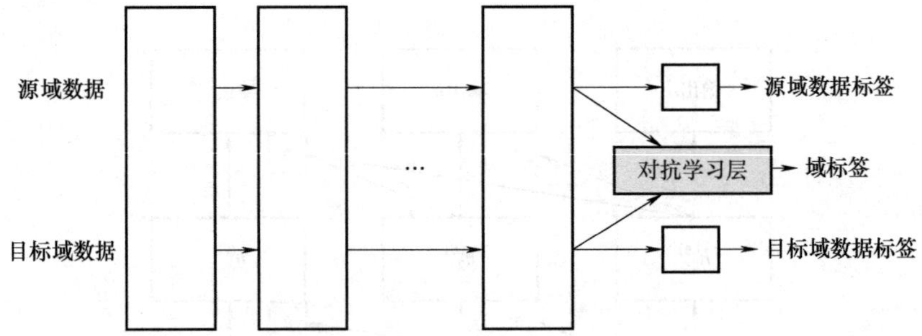

图 10-7　基于对抗学习的深度迁移学习算法示意图

近些年来提出了许多基于对抗思想的方法，但是对抗学习层的学习与目标函数需要精心设计，其不能直接利用反向传播进行训练。为此，学者提出了一种能够适用于绝大多数前向神经网络的对抗学习算法，通过增加一些简单的结构与一个反向梯度层来实现对抗学习层的学习。进一步，一种同时跨域跨任务的知识迁移方式被提出。该方式能够显著提升在目标域数据稀疏的情况下模型的性能；其设计了一种特殊的损失函数，通过强迫 CNN 去优化域之间的距离来实现知识迁移的效果，其由分类损失和对抗学习损失函数两部分组成，因为这两个损失函数的方向相反；并且为了能够让模型能够更好地学习，通过一种迭代优化的算法，在更新一个损失函数的时候固定另一个损失函数，最终实现模型的训练。

在本节的最后介绍参考文献[14]的具体算法。该方法采用了新的 CNN 架构来利用未标记和稀疏标记的目标域数据，通过一个域混合(Domain Confusion)的损失函数来学习到不变的特征。具体来说，该方法增加了一个域分类层(其参数为 θ_D)来实现，这一层是一个简单的二分类函数，作用是判断这个图像是否是来自于这一个域。对于一个特定的参数特征 θ_{repr} 表示来说，通过损失函数 L_D 来判断其学到的特征的域不变性。

$$L_D(x_S, x_T, \theta_{repr}; \theta_D) = -\sum_d \mathbb{1}[y_D = d]\log q_d \tag{10-2}$$

式中，d 表示某一个域；y_D 表示当前样本来自的域；q_d 是 θ_D 的输出经过 softmax 激活之后的结果；x_S，x_T 分别表示来自源域和目标域的输入数据；$\mathbb{1}[\,]$是示性函数。

同时，对于一个特定的域分类器，该方法希望通过计算模型预测的域标签和域标签的均匀分布之间的交叉熵 L_{conf} 损失来实现两个域之间的“最大混合”。

$$L_{conf}(x_S, x_T, \theta_D; \theta_{repr}) = -\sum_d \frac{1}{D}\log q_d \tag{10-3}$$

然而，在实际的优化过程中，L_D 和 L_{conf} 是两个优化方向相反的损失函数：学习一个完全的领域不变的特征(即 L_D)表示意味着领域分类器必须做得很差，而学习一个有效的领域分类器(即 L_{conf})意味着该特征不是领域不变的，这就构成了对抗的思想。具体对这两个损失函数的优化类似于 GAN(参见本书第 6 章)，这里不再赘述。

10.6 相关数据集

本节先介绍常用于预训练模型与训练阶段的 ImageNet 数据集，随后介绍关于深度迁移学习最新的数据集。实际上，深度迁移学习并没有专门的数据集，其通常会采用泛化性实验所用的数据集，如分布偏移、概念偏移的数据集。

1. ImageNet 数据集

ImageNet 数据集是机器学习领域中最为知名的数据集之一，它涵盖了超过 1400 万张图像，分为 1000 个类别。该数据集被广泛用于图像分类算法的训练和测试，以便计算机能够自动识别图像中的对象和场景。ImageNet 数据集的建立对计算机视觉领域的发展做出了巨大的贡献，为许多其他机器学习和人工智能应用奠定了基础。

ImageNet 数据集的建立是一个重要的里程碑，因为它标志着计算机视觉领域从研究小型数据集到大规模数据集的转变。这个数据集的建立使得研究人员能够训练更为准确和复杂的模型，并在更广泛的场景下进行测试。ImageNet 数据集中的图像来自于互联网，因此它们的多样性和复杂性比传统的小型数据集要高得多。这使得研究人员能够更好地模拟现实世界的场景，并使他们的算法更适合于实际应用。

除了对计算机视觉领域的贡献之外，ImageNet 数据集还对其他机器学习和人工智能应用产生了广泛的影响。例如，它已被用于自然语言处理、语音识别、机器翻译和强化学习等领域。此外，ImageNet 数据集也激发了许多其他大型数据集的创建，这些数据集已被广泛用于各种机器学习应用，从语音识别到自然语言处理。总的来说，ImageNet 数据集是机器学习领域中一个非常重要的数据集，它对这些领域的发展做出了巨大的贡献，并将继续为这些领域的未来发展提供支持和启发。

ImageNet 数据集已经成为机器学习领域中最为知名的数据集之一，它的数据量之大和数据质量之高已经成为了其他数据集所追求的目标。这个数据集包含了大量真实世界中的图像，使得训练模型具有更好地泛化能力，从而可以更好地应对实际应用中的情况。ImageNet 数据集也促进了计算机视觉和机器学习领域的发展，使得研究人员能够更深入地研究和探索这些领域。

随着技术的不断进步，ImageNet 数据集也在不断地更新和改进。例如，ImageNet 挑战赛已经成为计算机视觉领域中的一个重要的比赛，吸引了来自世界各地的研究人员参加。此外，ImageNet 数据集也不断地加入新的类别和图像，以适应不断变化的应用需求。

总的来说，ImageNet 数据集是机器学习领域中非常重要的一个数据集，它促进了计算机视觉和机器学习领域的发展，为许多其他应用提供了基础和支持。随着技术的发展和数据集的不断更新，可以期待 ImageNet 数据集在未来为机器学习和人工智能领域的发展提供更多的启示和支持。这个数据集的重要性已被广泛认可，因此它将继续在未来的机器学习研究中扮演重要角色。

2. SHIFTs

SHIFTs 由 3 个大型数据集组成，包含了机器翻译、天气预测、自动驾驶汽车行动预测这三个任务。其主要用来测试分布偏移(Distribution Shift)，由俄罗斯搜索公司 Yandex 发布。这三大任务均包含了大量的泛化性任务，因此，在分类、预测、回归等任务上均可以用来测试模型对于不同分布数据的鲁棒性。可以用该数据集验证迁移学习的能力。

3. LTD

LTD(Long-term Thermal Drift)由长达 8 个月热感图和视频监测构成，用于进行概念偏移(Concept Drift)检测。该数据集包含了来自不同季节、时间、环境的变化图像和视频，以此来进行概念偏移检测。该数据集也可以用来训练或检测模型在特定任务上的迁移能力。

10.7 深度迁移学习实例

码 10-1 深度迁移学习实例

本节将介绍一个具有代表性的深度迁移学习实例，即基于 Xception 的验证码识别的深度迁移学习实例[18]。

10.7.1 背景

验证码识别多分类任务是一种机器学习或深度学习中的分类问题，它要求算法能够自动识别并分类图像中的验证码字符。验证码(CAPTCHA)通常是一种用于区分人类用户和自动化程序的公开图灵测试，它经常用于保护网站免受恶意软件、自动化脚本或机器人的攻击。

在验证码识别多分类任务中，每个验证码图像都包含了一个或多个字符，这些字符是从一个预定义的字符集中随机选择的。字符集可能包括数字、字母(大写或小写)、符号或它们的组合。算法的目标是识别图像中的每个字符，并将它们正确分类到字符集中的相应类别中。

由于验证码的字符数量、字体、大小、颜色、背景、噪声、变形等特性都可能不同，因此验证码识别多分类任务通常是一个具有挑战性的问题。为了解决这个问题，研究者们通常使用深度学习技术，如卷积神经网络(CNN)，来自动学习验证码图像中的特征，并训练模型以识别这些特征对应的字符。

在模型训练过程中，需要使用大量带有标签的验证码图像数据集。这些图像被标记为它们包含的字符的真实类别，然后用于训练深度学习模型。训练完成后，模型可以对新的、未见过的验证码图像进行预测，并输出每个字符的预测类别。

验证码识别多分类任务的应用非常广泛，包括网络安全、自动化测试、数据抓取等领域。通过自动识别和分类验证码，可以大大提高这些任务的效率和准确性，减少人工干预的需要。

验证码识别多分类任务之所以需要用到深度迁移学习技术，主要有以下几个原因：

1）减少数据标注与训练成本。验证码识别通常需要大量的标注样本，包括各种字体、颜色、噪声和变形的验证码图像。然而，收集和标注这些样本需要大量的人力和时间。

深度迁移学习技术允许利用在其他相似任务上已经训练好的模型，这些模型通常在大规模数据集上进行了训练，并已经学习了丰富的图像特征。通过迁移这些特征，可以显著减少对新任务数据的需求，从而降低数据标注和模型训练的成本。

2）提高模型性能。深度迁移学习技术可以将从一个任务中学到的知识迁移到另一个任务中，这有助于提升新任务的模型性能。

在验证码识别多分类任务中，可以利用在图像分类、目标检测等相似任务上已经训练好的模型，这些模型通常具有强大的特征提取能力。通过将这些特征提取器迁移到验证码识别任务中，可以获得更好的识别效果。

3）应对验证码的多样性和复杂性。验证码通常具有多样性和复杂性的特点，包括不同的字体、颜色、噪声、变形等。这些特点使得验证码识别成为一个具有挑战性的问题。

深度迁移学习技术可以帮助应对这些挑战。通过迁移在其他任务上已经训练好的模型，可以获得更强大的特征表示能力，从而更好地捕捉验证码图像中的细微差异。此外，还可以利用迁移学习中的微调技术，在少量新数据上进行调整，以适应验证码的多样性和复杂性。

4）加快模型训练速度。在深度学习中，从头开始训练一个复杂的模型通常需要大量的时间和计算资源。然而，在验证码识别多分类任务中，可能没有足够的资源来进行长时间的训练。

深度迁移学习技术允许利用已经训练好的模型作为起点，并在此基础上进行微调。这样可以大大加快模型的训练速度，同时保持较好的性能。

5）适应验证码的动态变化。随着时间的推移，验证码的生成机制可能会发生变化，例如增加新的字体、颜色或变形方式。这要求识别模型能够快速适应这些变化。

深度迁移学习技术使得模型能够快速适应新的验证码生成机制。当验证码发生变化时，只需要在少量新数据上对模型进行微调，即可使模型适应新的变化并保持较高的识别准确率。

综上所述，深度迁移学习技术通过减少数据标注与训练成本、提高模型性能、应对验证码的多样性和复杂性、加快模型训练速度以及适应验证码的动态变化等方面，为验证码识别多分类任务提供了有效的解决方案。

10.7.2　数据准备

在验证码识别多分类任务中，数据准备过程是一个精细且关键的步骤。本节将介绍详细的数据准备过程，包含了从数据收集到数据增强的各个环节。

1. 数据收集

首先要确定数据来源。从多个网站、应用或服务中收集验证码图像。确保收集的图像涵盖了不同的字体、颜色、噪声和变形等多样性。其次，需要确定数据规模。根据任务的复杂性和模型的要求，收集数千到数万张验证码图像。这通常包括训练集、验证集和测试集。

2. 数据标注

为了实现数据标注，需要进行：

1）创建字符集。定义验证码可能包含的字符集合，如数字 0~9、字母 A~Z（大小写）或特定符号等。

2）手动标注。对于每张验证码图像，手动记录其包含的字符的真实类别。可以使用专门的图像标注工具或简单的文本文件记录。

3）自动标注（可选）。对于大规模数据集，考虑使用 OCR 技术或专门的验证码识别工具进行初步自动标注，然后手动检查和修正标注结果。

通过这些步骤，能够初步得到一个具有标注的数据集。

3. 数据预处理

数据预处理是得到高质量数据集的必须步骤，通常来说，需要进行以下步骤：

1）图像大小调整。将所有验证码图像调整为统一的大小，以适应模型的输入要求。常见的大小如 60×160、224×224 等。

2）图像归一化。将图像的像素值归一化到 0~1 的范围内，以便在训练过程中更好地收敛。这可以通过将像素值除以 255（对于 8 位灰度图像）或相应的最大值来实现。

3）图像去噪。对验证码图像进行去噪处理，以消除背景噪声、扭曲变形等干扰因素。

常用的去噪方法包括滤波(如高斯滤波、中值滤波)、二值化等。

4）数据增强。此步操作是保证数据的多样性，包括旋转、缩放、翻转与噪声添加等方式。

4. 数据集划分

在进行完数据预处理之后，还需要将收集到的标注数据划分为训练集、验证集和测试集。通常，训练集占大部分(如70%或更多)，验证集和测试集各占一小部分(如15%左右)。同时要确保3个集合中的数据互不重叠，并且具有相似的数据分布。这有助于模型在训练过程中学习到具有泛化能力的特征。

通过上述的数据准备过程，可以确保验证码识别多分类任务的数据集具有足够的多样性和数量，从而提高模型的训练效果和识别准确率。

10.7.3 模型构建与训练

模型训练主要分成以下几个步骤：

1. 特征提取

使用预训练的Xception模型作为特征提取器，提取验证码图像的特征。这可以通过加载预训练的Xception模型，并冻结其除全连接层外的所有层来实现。

2. 模型构建和训练

模型的构建和训练具体分成以下几个步骤：

1）加载预训练模型。选择并加载Xception模型作为预训练模型，因为它在图像分类任务上表现出色，且其深度可分离卷积的结构使得模型在保持性能的同时，具有较小的计算复杂度。

2）修改模型结构。需要移除Xception模型的原始全连接层(通常是最后的分类层)，因为需要重新设计以适应验证码识别的多分类任务。同时添加一个新的全连接层，其输出神经元的数量应等于验证码可能的字符类别数。如果需要，还可以添加一层Dropout层来防止过拟合。

3）冻结预训练层。冻结Xception模型中除新添加的全连接层外的所有层。这样，在训练过程中，这些层的权重将保持不变，只更新新添加的全连接层的权重。

4）设置损失函数和优化器。选择适当的损失函数，如交叉熵损失(Categorical Cross-entropy)，用于衡量模型预测结果与真实标签之间的差异。选择优化器，如Adam或SGD，用于在训练过程中更新模型的权重。

5）训练过程。使用训练集对模型进行训练。在每个训练迭代中，将一批数据输入模型，计算损失函数值，并通过反向传播算法更新模型的权重。使用验证集来监控模型的性能，并在验证集上评估模型的准确率、损失等指标。这有助于在训练过程中调整超参数，如学习率、批次大小等。

在训练过程中，可以保存性能最好的模型权重，以便后续使用。

3. 模型评估

模型评估需要进行以下两个步骤：

1）在测试集上评估模型。使用测试集对训练好的模型进行评估，计算准确率、精确率、召回率等指标，以全面评估模型的性能。

2）调整与改进。根据评估结果对模型进行调整和改进，如调整模型结构、增加数据多样性等，以进一步提高模型的性能。

相关代码可在数字资源中查询。

本章小结

深度迁移学习是一种降低训练成本，提升模型泛化性的算法，其核心思想是通过利用源域的知识来帮助目标域的学习过程。深度迁移学习与深度学习中众多热门技术息息相关，如最近非常火热的通用人工智能和终身学习。终身学习可以通过一系列的迁移学习流程得到，来保证最终得到的模型是继承了之前所有模型的知识。

本章给出了深度迁移学习的分类方法，并总结了每一种方法的基本实现思路与相关应用。具体来说，在对预训练的模型进行微调的情况下，整个模型的权重很有可能发生剧烈的变化，导致灾难性的遗忘困境。因此，所获得的知识可能被部分或完全抹去，导致训练不成功，没有继续学习的可能。这种约束限制了微调方法对紧密相关的源数据和目标数据的成功。另外，一个非常有效的减少遗忘效应的技术是在目标训练数据中加入有限数量的源样本。冻结预训练的 CNN 层试图解决灾难性遗忘的问题，通过冻结浅层获得的知识和微调全连接的横向层来实现目标数据的迁移学习。鉴于深度学习模型的早期层提取详细的特征，并向输出层移动，更多的抽象知识被提取出来；冻结早期层限制了模型从目标数据中学习任何新特征的能力，这被称为过度偏向的预训练模型。拥有大量的源数据或在大型数据集上获得预训练的模型，对于这种技术的成功转移至关重要。这样一来，预训练的模型很有可能已经学会了任何可能的细节特征，只需对分类层进行微调就可以在目标数据上表现出来。然而，即使解决了第一个障碍，这种解决方案仍然受到横向层中灾难性遗忘的威胁。尽管有上述的限制，这种技术在源和目标数据相关的情况下仍然是成功的。渐进式学习试图在灾难性遗忘和有偏见的模型之间找到一个平衡，即在一个冻结的预训练模型的末尾添加一个(多个)新层。这种技术在源和目标数据的任务相关的情况下迁移是成功的。但它不能处理不相关的源数据和目标数据，因为早期的层是冻结的，不能学习新的特征；然而，新的分类层有助于模型适应新的任务。基于对抗思想衍生的深度迁移学习方法引入了对抗学习层，通过该层让模型学习到与域无关的特征，从而能够学到具有可迁移性的特征。这些不同的方法共同构成了深度迁移学习的大家庭。

通用人工智能，如 ChatGPT，展现出了非凡的泛化性，在大部分 Zero-shot 任务中取得了接近于监督学习的成绩。这不禁也让人们思考，在大模型时代，深度迁移学习这个问题是否依旧成立，大模型的泛化性是否已经足够，是否能够将深度迁移学习的技术引入大模型的训练中帮助提升模型泛化性，还是将深度迁移学习用于下游任务中提升模型在某一特定任务下的性能？如何将小规模的模型中蕴含的知识迁移到大模型中？希望在大模型时代，深度迁移学习依旧能够蓬勃发展。

思考题与习题

10-1 请解释深度迁移学习方法，并讨论其在实际应用中的重要性。

10-2 列举并解释深度迁移学习的 4 种主要类型。

10-3 描述如何使用预训练的深度学习模型（如 VGG16、ResNet、BERT 等）进行深度迁移学习，并讨论其优缺点。

10-4 解释在深度迁移学习中进行微调的过程，并讨论如何选择合适的超参数。

10-5 分析数据集大小如何影响迁移学习的性能，并给出在数据集较小的情况下如何提高性能的策略。

10-6 讨论目标域（新任务的数据集）与源域（预训练模型的数据集）之间的差异如何影响迁移学习的效果。

10-7 设计一个基于迁移学习的图像分类系统，并解释你选择的迁移学习方法和理由。

10-8 设计一个基于迁移学习的自然语言处理任务（如文本分类、机器翻译），并解释你选择的迁移学习方法，并尝试讨论和题 10-7 的异同。

10-9 讨论在迁移学习中如何有效地融合不同层次的特征，以提高模型的性能。

10-10 设计一个基于深度迁移学习的推荐系统，并解释如何利用迁移学习来克服冷启动问题。

参考文献

[1] SINNO JIALIN PAN, QIANG YANG. A survey on transfer learning[J]. IEEE Transactions on knowledge and data engineering, 2009, 22(10): 1345-1359.

[2] ZHUANG F, QI Z, DUAN K, et al. A comprehensive survey on transfer learning[J]. Proceedings of the IEEE, 2020, 109(1): 43-76.

[3] SABATELLI M, KESTEMONT M, DAELEMANS W, et al. Deep transfer learning for art classification problems[C]// Proceedings Of The European conference on computer vision (ECCV) workshops, Munich: Springer, 2018: 631-646.

[4] KUMAR S. MCFT-CNN: Malware classification with fine-tune convolution neural networks using traditional and transfer learning in Internet of Things[J]. Future Generation Computer Systems, 2021, 125: 334-351.

[5] TAO Y, XIA Y, NING M, et al. Deep representation-based transfer learning for deep neural networks[J]. Knowledge-Based Systems, 2022, 253: 109526.

[6] JANG Y, LEE H, HWANG S J, et al. Learning what and where to transfer[C]// International conference on machine learning, Long Beach: PMLR, 2019: 3030-3039.

[7] DEEPAK S, AMEER P M. Brain tumor classification using deep CNN features via transfer learning[J]. Computers in biology and medicine, 2019, 111: 103345.

[8] CELIK Y, TALO M, YILDIRIM O, et al. Automated invasive ductal carcinoma detection based using deep transfer learning with whole-slide images[J]. Pattern Recognition Letters, 2020, 133: 232-239.

[9] RUSU A A, RABINOWITZ N C, DESJARDINS G, et al. Progressive neural networks[Z/OL]. (2022-10-22)[2024-08-01]. 2016. https://arxiv. org/abs/1606. 04671.

[10] MOEED A, HAGERER G, DUGAR S, et al. An evaluation of progressive neural networks for transfer learning in natural language processing[C]// Proceedings of the Twelfth Language Resources and Evaluation Conference, Marseille: EACL, 2020: 1376-1381.

[11] JOSHI D, MISHRA V, SRIVASTAV H, et al. Progressive transfer learning approach for identifying the leaf type by optimizing network parameters[J]. Neural Processing Letters, 2021, 53(5): 3653-3676.

[12] TAN C, SUN F, KONG T, et al. A survey on deep transfer learning[C]// 27th International Conference on Artificial Neural Networks, Rhodes: Springer, 2018: 270-279.

[13] GANIN Y, LEMPITSKY V. Unsupervised domain adaptation by backpropagation[C]// International Conference on Machine Learning, Lille: JMLR, 2015: 1180-1189.

[14] TZENG E, HOFFMAN J, DARRELL T, et al. Simultaneous deep transfer across domains and tasks[C]// Proceedings of the IEEE international Conference on Computer Vision, Santiago: IEEE, 2015: 4068-4076.

[15] MALININ A, BAND N, CHESNOKOV G, et al. Shifts: A dataset of real distributional shift across multiple large-scale tasks[Z/OL]. (2022-02-11) [2024-08-01]. 2021. https://arxiv.org/abs/2107.07455.

[16] NIKOLOV I A, PHILIPSEN M P, LIU J, et al. Seasons in drift: A long-term thermal imaging dataset for studying concept drift [C]// Thirty-fifth Conference on Neural Information Processing Systems, Virtual: NeurIPS, 2021.

[17] CHOLLET FRANÇOIS. Xception: Deep Learning with Depthwise Separable Convolutions[C]// IEEE Conference on Computer Vision and Pattern Recognition, Honolulu: IEEE, 2016: 1800-1807.

[18] 0911DUZHOU. Deep-learning-verification-code-recognition-project [EB/OL]. (2023-07-21) [2024-08-01]. https://github.com/0911duzhou/Deep-learning-verification-code-recognition-project.

第 11 章　无监督深度学习

11.1　概述

深度学习领域在近年取得的巨大成功，源于标记数据的质量和数量，例如数百万的带有人工标记的图片或者文章。当前正处于数据爆炸的信息时代，数据资源是丰富的，而在大多数情况下，收集大量的带标签数据是非常困难的，这需要极高的人力成本和时间成本。深度神经网络更高的性能离不开更大规模的数据，因此越来越多的研究工作探索标记数据之外的无监督的信息，以此来训练能够应对不同任务的神经网络。

无监督深度学习是一种不依赖于数据标签的训练方式，本质上是一种统计手段，在没有标签的数据里发现潜在的信息。无监督深度学习关键的特点在于，传递给神经网络的数据在内部结构或者特征中非常丰富，但没有明确的训练目的，既无法提前知道训练的结果是什么，也无法量化训练的效果怎么样。无监督深度学习任务学到的大部分内容往往是理解数据本身，而不是将这种理解应用于特定任务，例如文本中的上下文信息和图片中的特征信息，这些信息都是存在于数据本身的信息，无需对数据进行标注，同时这样的信息也和具体的特定任务无关。使用这样无监督的方式来训练深度神经网络，能够使用更大规模的数据集而无需投入大量的人力成本和时间成本，同时这类数据内部蕴含的抽象特征信息能够提高模型网络的健壮性和泛化性，能够增益于各种各样的具体任务，例如当模型学习了文本中的上下文信息，那么在所有基于文本的任务中，都具有了理解文本语义的先验知识，从而获得更佳的任务性能。

无监督深度学习同监督学习一样，仍然使用输入和输出的数据对来训练深度神经网络。同监督学习不同，无监督深度学习不需要人工来标注数据标签，而使用简单的逻辑或者算法，通过程序自动地将无标签的数据处理为输入输出数据对，并以此体现数据的内部结构或者特征信息。处理无标签数据的方式有很多种，根据不同的数据处理方式形成了各种训练任务，本章将无监督深度学习方法中常见的训练任务分为四种类别，包括基于掩码的任务、基于语言模型的任务、基于时序的任务，以及基于对比学习的任务。最后，介绍若干使用上述方法训练的典型模型。

11.2　基于掩码的任务

掩码是一种使用特殊标记替换数据某一部分内容的方式，这样的方式可以实现对于数据某一部分内容或者信息的遮掩。前文中提到，无监督深度学习使用的数据虽然没有经过人工标注，但数据自身便包含了内部结构或者特征的信息，数据的一部分被遮掩，但不会影响数据整体蕴含的信息，同时根据数据内部的逻辑，可以从其他部分内容推导出被遮掩的内容。例如，对于一句话，“无监督深度学习不依赖人工标记数据”，将其中的“学”字遮掩，变成“无监督深度#习不依赖人工标记数据”。虽然这句话被掩码了一个字，但结合“#”位置的上下文信息，可以推知“#”位置的文字很大可能是“学”字，这便是因为文本数据自身便具有上下文特征。

基于掩码的任务便是训练深度神经网络学习这种数据内部的结构和特征信息，将数据的某一部分进行掩码，并通过深度神经网络还原被掩码的内容。因为这种内部信息是数据自身蕴含的，不需要人工进行标注，可以通过程序自动地将数据处理为训练神经网络所需要的输入输出数据对形式，所以是一种无监督的训练方式。经过这样掩码方式训练的模型称之为掩码模型(Masked Model)。掩码的数据并不局限于文本数据，图片数据也可以经过采用掩码的方式进行训练，例如将图片的某一部分遮掩，并通过深度神经网络还原被掩码的图块。经过文本数据训练的方式称为掩码语言建模任务(Masked Language Modeling，MLM)，而经过图片数据训练的方式称为掩码图片建模任务(Masked Image Modeling，MIM)。

掩码模型是目前无监督深度学习中应用最广泛的技术，通过使用掩码任务，神经网络模型可以有效地学习数据内部的结构和特征信息。这种学习过程使得模型在具体任务中具备了良好的先验知识，从而提高了网络模型在这些任务中的性能表现。掩码模型的优势在于它能够从大规模数据中自动学习，而无需人工标注数据，这在许多实际应用中具有重要意义。通过预训练和微调的方式，掩码模型可以适用于各种下游任务，并取得令人瞩目的结果。

11.3　基于语言模型的任务

语言模型是一种自然语言处理技术，通过学习大量无标签的文本数据来建模语言的概率分布和规律。它的目标是预测给定上下文时下一个单词或字符的概率分布。一个语言模型通常构建为字符串 s 的概率分布 $P(S)$，这里 $P(S)$ 试图反映的是字符串 s 作为一个句子出现的频率，也就是单词在这个句子中的联合概率。

$$P(S)=P(w_1,w_2,w_3,\cdots,w_n)=P(w_1)P(w_2|w_1)\cdots P(w_n|w_n-1\cdots w_2w_1) \tag{11-1}$$

式中，w_i 表示字符串 S 中第 i 个单词。

语言模型通常使用深度神经网络来学习文本的概率分布，训练过程通常使用大量的无标签文本数据，例如互联网上的大规模语料库。在训练过程中，模型会根据给定的上下文序列预测下一个单词或字符，并通过最小化预测与实际目标的差异来优化模型网络参数。这个过程被称为自回归(AutoRegression)，因为模型生成的每个单词或字符都依赖于前面已生成的序列。

语言模型也可以视为特殊的掩码任务，对于文本数据，掩码任务是将数据中的某个字进行掩码，进而训练模型通过上下文还原被掩码的字，而语言模型则是将全部下文进行掩码，只通过上文来预测下一个字的可能情况。相比于掩码任务，语言模型的训练任务对于数据内部信息学习更加困难，因此语言模型对于文本数据的理解能力和泛化能力不如掩码语言模型，但语言模型更加擅长于文本生成任务，通过给定一个初始文本或前缀，模型可以自动地生成后续的连贯文本。

11.4 基于时序的任务

基于时序的任务是一种判别任务，目的是学习数据的时序信息。大多数数据内部存在时序逻辑，将数据中部分的内容进行调换便会破坏数据的时序信息，例如，将文本段落中的两个句子调换位置，会使得该段文本的语义逻辑不再连贯。如果网络模型能够准确地判断出一个数据对是否相邻或者前后顺序正确，那么就说明该模型很好地学习到了数据内部的时序逻辑。

基于时序的任务常用于文本数据，相比于图片或者视频等其他数据，文本数据的时序错误更加明显，易于学习。下句预测任务(Next Sentence Prediction，NSP)和语句顺序预测(Sentence-Order Prediction，SOP)是两种常见的时序任务，都是判断语句对是否为前后句，区别主要体现在负样例的构建。下句预测任务是随机将文档中的两个作为句子对构建负样例，而语句顺序预测任务是将相邻的两个句子颠倒顺序构建负样例。语句顺序预测任务相比于下句预测任务更为复杂，需要对于语义逻辑信息有更深入的掌握，因此语句顺序预测任务能够学习到更多语句间的语义关系，具有更好的性能表现。

11.5 基于对比学习的任务

对比学习是一种表示学习，旨在通过学习如何将相似样本聚集在一起，将不相似样本分散开来。它通过比较输入样本与其相关样本或不相关样本之间的相似性来进行训练。对比学习的基本思想是，利用数据之间的差异进行学习，设计一个损失函数，使得相似的样本之间的距离不断拉近，同时不相似样本之间的距离不断拉远。这样，模型学习到了一种表示或嵌入空间，在该空间中相似样本的嵌入之间距离更接近，不相似样本的嵌入之间距离更远。

对比学习可以应用于文本、图片、音频等多种数据形式，同时在多模态数据中也有优异表现，不同模态的数据之间天然地便可形成对比，进而构建样本对。例如在视频数据中，天然地存在匹配一致的图片、音频或者文本数据，表达一致的不同模态数据便是正样本对，而不一致的便是负样本对。通过对比不同模态信息之间的特征是否一致，网络模型可以学习到不同模态特征之间的对应关系。

对比学习方法的优势在于无需标注数据即可进行训练，适用于大规模无标签数据的场景。它可以用于提取有用的特征表示，同时这样的特征表示有效地反映了样本的特征信息，可以用于图像识别、语音识别、自然语言处理等具体任务。但对比学习方法的方法同样面临一些挑战，因为没有人工标注数据，所以需要确定合适的样本对构建策略，能够通过程序自动地从大规模数据中构建出正负样本对，同时需要设计有效的损失函数来区分相似样本和不相似样本。

11.6 经典无监督深度学习模型

本节将介绍几个基于无监督深度学习方法训练的经典模型。

11.6.1　掩码自动编码器

自动编码器(Auto-Encoder)的功能是通过将输入信息作为学习目标，对输入信息进行表征学习，其主要的目的在于对高维数据进行降维，同时保留数据的主要特征。

自动编码器由编码器和解码器两个主要部分组成，编码器用于输入编码，而解码器使用编码重构输入。具体而言就是将高维的数据编码为低维的特征向量，使得解码器可以仅通过低维的特征向量还原出高维的原始数据，如下所示：

$$h=f_e(x)$$
$$y=f_d(h)$$
$$y\rightarrow x$$

其中，$f_e(x)$表示编码器，$f_d(h)$表示解码器。如果解码器能很好地把输入内容恢复，即 x 与 y 足够相似，就说明隐藏层很好地压缩了输入内容，同时能保留输入信息。编码器的输出 h 即特征向量可以代替输入数据，完成后续内容的研究。

自动编码器的单纯表征学习的应用场景有限，深度学习技术经过多年发展，基于自动编码器衍生出了掩码自动编码器。掩码自动编码器并非是狭义地获取数据表征的编码器，而是泛指经过掩码任务训练的神经网络模型。掩码自动编码器本质上是一种解码器，在原有自动编码器结构中扮演着解码器的角色，学习对掩码数据的还原，如下所示：

$$x'=f(x)$$
$$y=f_d(x')$$
$$y\rightarrow x$$

掩码自动编码器不再使用编码器对数据进行编码，而是通过启发式的规则对输入数据 x 进行掩码或者破坏，并训练网络模型对掩码后的数据进行还原。在这样的方式下，网络模型同样可以学习到数据内部特征，并且具有生成真实数据的能力，因此具有更广泛的应用场景。掩码自动编码器在文本生成、图像生成以及表征学习等各种领域均具有出色表现，涌现了一系列基于掩码自动编码的网络模型。例如，文本生成模型 BERT 对文本进行破坏，并训练一个 Transformer 编码器-解码器网络对破坏的文本进行还原；图像生成模型 MAE 提取图片中的像素块，并利用像素块还原整个图片。

11.6.2　BERT 模型

2018 年，谷歌推出了基于大规模语料预训练的 BERT 模型(Bidirectional Encoder Representation from Transformers)，一个面向自然语言处理任务的无监督预训练语言模型，该模型通过“预训练-微调”两阶段方式在自然语言处理领域的 11 种任务上均取得了最好的效果，是近年来自然语言处理领域公认的里程碑模型。

BERT 模型由 Transformer 编码器网络构成，如图 11-1 所示，并通过大规模语料数据进行无监督预训练，其本质是为了获取文字的语义向量表示。在预训练阶段中 BERT 模型主要有两个任务：掩盖语言模型(MLM)任务和下句预测(NSP)任务，预训练阶段，这两个任务是同时训练的，之后将输出的预训练模型迁移至下游任务上进行微调，即可借助迁移学习的知识提升下游任务上的效果。

掩盖语言模型任务通过对文本位置上的词进行随机掩盖，然后使用上下文对掩盖部分进行预测以获取深度语义表征能力，其具体实现过程是随机掩盖15%的字符，然后预测这些位置上被掩盖部分的词。其中15%被掩盖的字符中使用[MASK]字符对其中80%的字符进行替换，随机使用其他字符对其中10%的字符进行替换，剩余的字符保持原样。

下句预测任务是通过构建语句对训练模型判断语句之间语义关系。具体做法是，训练阶段挑选出句子A和句子B数据，50%的句子B是句子A的下一句，剩下50%的句子B不是句子A的下一句。

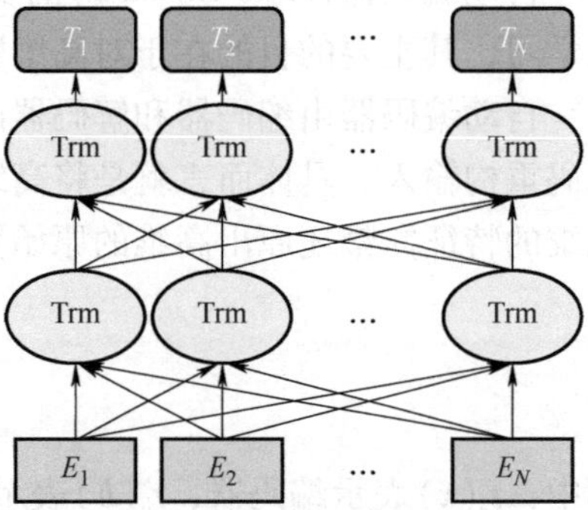

图11-1 BERT模型

经过掩码语言模型任务和下句预测任务，BERT模型充分利用了大规模无标签语料数据，并有效地学到了文本的上下文表示，在包括文本分类、命名实体识别、语义关系抽取等各项自然语言处理任务中取得显著成果，并成功激发了后续无监督深度学习研究工作的发展。

RoBERTa模型(Robustly Optimized BERT Pretraining Approach)在BERT模型的基础上进行了优化和改进，是BERT模型更为精细的调优版本。RoBERTa模型在训练过程中去掉了下句预测(NSP)任务，同时采用了动态掩码策略训练掩码语言建模(MLM)任务。BERT模型在MLM任务中对于数据集进行预处理，并形成掩码数据，同一份数据在后续的训练过程中都采用相同的掩码方式，即静态掩码。而RoBERTa并没有在数据预处理的过程中进行掩码，而是在每次向模型提供输入时动态生成掩码，相比于BERT静态掩码方式取得了更好的效果。

ALBERT模型(A Lite BERT)增加了隐藏层单元数量，同时引入了词嵌入的因式分解和交叉层的参数共享两种技术精简了BERT模型的参数，其参数量降低为BERT-large的1/18，而不显著损害其性能。同时ALBERT使用语句顺序预测任务(SOP)替换了BERT模型中的下句预测任务(NSP)。SOP主要聚焦于句间连贯，相比于NSP任务更具有挑战性，有效解决NSP损失的低效问题。

11.6.3 GPT模型

GPT模型(Generative Pre-trained Transformer)是由OpenAI在2018年提出的基于Transformer解码器的单向预训练语言模型，如图11-2所示。因为GPT中不含有编码器，所以其Transformer解码器网络中没有编码器注意力层，也可以视为带有单向掩码的Transformer编码器网络，即每一个输入token只能关注到输入序列中位置在其之前的token信息。

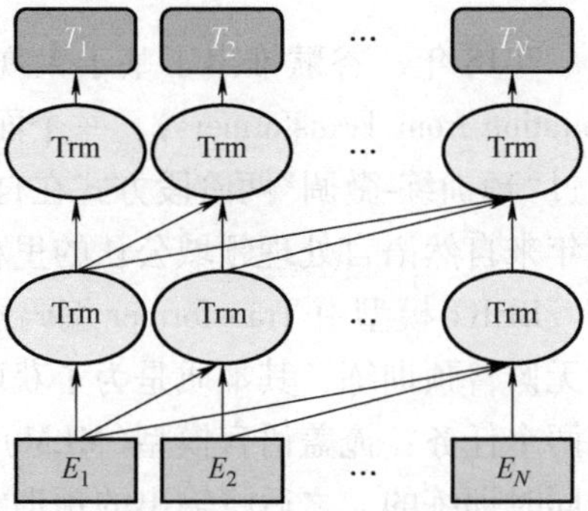

图11-2 GPT模型

GPT模型是一种单向语言模型，其无监督训练方式采用标准的语言模型训练方式，给定文本序列(T_1, T_2, T_3, …, T_{n-1})，预测目标T_n，并最大化似然函数。

$$L(T_n)=\sum \log P(T_n|T_1,T_2,\cdots,T_{n-1};\theta) \tag{11-2}$$

式中，θ表示模型网络中的参数。

GPT 模型经过这样的训练，可以实现从左到右单向建模文本，因此可以直接使用自回归的方式生成文本。自回归是指模型一次只生成一个单词，每个单词在产生之后又被添加到输入单词序列的后面，作为下一步的输入，这正是语言模型在文本生成方面效果超群的主要原因，目前大多数文本生成模型本质上都是基于自回归模型。

OpenAI 在 GPT 的基础上使用更大的模型参数和更多的预训练语料构建了 GPT-2 模型，二者在模型结构上的区别是，GPT-2 模型将归一化层放到了每一层 Transformer 网络的最前端，而 GPT 模型的归一化层在每一层 Transformer 网络的最后端，同时在最后一层 Transformer 网络之后增加了一层归一化层。

GPT-2 模型将语言视为多任务学习者，舍弃了大多数无监督训练模型采用的“预训练+微调”两阶段模型，将所有具体的任务都构建为文本的形式，GPT-2 模型通过自回归的方式生成文本，进而完成具体的任务。例如对于机器翻译任务，在模型训练阶段构建“unsupervised deep learning=无监督深度学习”形式的语料样本，这样对于训练好的 GPT-2 模型，只需要输入模型“unsupervised deep learning=”，GPT-2 模型就可以通过自回归的方式生成对应的翻译语句，实现零样本学习。

OpenAI 在 GPT-2 模型基础上再次扩大模型规模，推出了 GPT-3 模型，其参数量达到了 1750 亿，同时为了模型能够处理更长的文本，在 Transformer 网络中加入了稀疏注意力机制。GPT-3 的训练方式不再像 GPT-2 模型那样需要构建任务样本，而只需要使用大规模语料进行无监督训练。但因为其具有足够大的模型规模，使得 GPT-3 模型出现了涌现能力，能够实现上下文学习。上下文学习是一种少样本学习方式，但无需更新模型的参数，如图 11-3 所示。

将任务描述和一些任务样例输入模型，GPT-3 模型结合上下文生成后续文本，完成具体任务。GPT-3 模型在这种上下文少样本学习的情况下，在多数任务中达到了最好成绩。

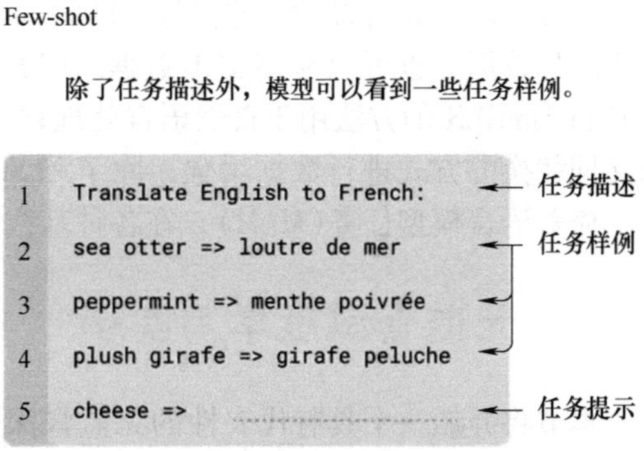

图 11-3　上下文学习

11.6.4　BEiT 模型

BEiT 模型(Bidirectional Encoder representation from Image Transformers)由微软亚洲研究院推出，类似于 BERT 模型，二者区别在于 BERT 模型使用文本数据训练，而 BEiT 模型使用图片数据训练。BEiT 模型同样由 Transformer 编码器构成，采用掩码图片建模任务(MIM)训练，随机掩码一定比例的图像块，然后预测与掩码图像块对应的视觉 token。

给定一个图片，将该图片拆分为 N 个图像块，并通过视觉分词器，分词为视觉 token，随机将其中 40%的图像块替换为掩码 token，然后一并输入 BEiT 网络，最终的隐藏向量被视为输入图像块的编码表示，由每一个掩码位置对应的编码表示预测被掩码图像块的 token。

在图像分类和语义分割方面的实验结果表明，与以前的无监督方法相比，BEiT 模型获得了更出色的结果。同时，BEiT 对大模型也更有帮助，特别是当标记数据不足以对大模型进行有监督预训练时，BEiT 的无监督训练方法能够更充分地利用大规模无标签数据。

11.6.5 SimCLR 模型

SimCLR 模型(A Simple Framework for Contrastive Learning of Visual Representations)是一种对比学习框架，用来学习图片数据的表示。对于一个图片，通过数据增强方式形成相似的图片，例如旋转、镜像、灰度等方法，形成的新图片和原图片不同，但其内容表达的信息是一致的，这样便形成了相似的样本，同时，不同图片之间便形成了不相似的样本对，由此构成了对比学习的前提。

SimCLR 对于每一个训练 batch，将 batch 中的每个图片进行数据增强，形成两张图片。SimCLR 通过最小化同类之间的距离占总距离的比例，实现“同类相吸、异类互斥”，计算方式如下所示：

$$l_{i,j}=-\log\frac{\exp(\mathrm{sim}(z_i,z_j)/\tau)}{\sum_{k=1}^{2N}\mathbb{1}_{[k\neq i]}\exp(\mathrm{sim}(z_i,z_k)/\tau)} \tag{11-3}$$

式中，sim(· , ·)表示两个样本之间的相似度，exp(·)是指数函数，τ 是一个超参数用来控制损失的平滑程度，$\mathbb{1}_{[k\neq i]}\in\{0,1\}$ 是一个指示函数，当 $k\neq i$ 时，该指示函数为 1，否则为 0。

例如一组 batch 中有 2 张图片，经过数据增强后得到 4 张图片，分别为 1a，1b，2a，2b，SimCLR 的目标是最小化$\frac{(1a,1b)}{(1a,2a)+(1a,2b)}+\frac{(1b,1a)}{(1b,2a)+(1b,2b)}$。

SimCLR 通过无监督学习到的图片表示，在各种具体任务中的效果能够媲美有监督的训练，充分体现了无监督学习的优势。同时 SimCLR 是一种无监督对比学习的框架，不仅可以使用图片数据，也可以使用文本数据。CLEAR(Contrastive LEArning for sentence Representation)将 SimCLR 的方法用于自然语言处理领域。CLEAR 采用单词删除、语段删除、重排序、同义词替换的方式进行数据增强，除了和 SimCLR 相同的对比学习损失之外，CLEAR 还加入了掩盖语言模型任务(MLM)，在各种基线测试中取得了最好成绩。

11.7 无监督深度学习实例

本节将介绍一个具有代表性的无监督深度学习实例，基于生成对抗网络的手写数字生成实例。

码 11-1 无监督深度学习实例

11.7.1 数据准备

首先需要准备一些真实的图片数据，这些图片应当具有统一风格，以便网络模型能够更好地学习图片生成任务。例如，头像图片、风景图片、动物图片等，本节以手写数字作为实例数据。其次，需要确定数据规模，根据图片的复杂性和网络模型的规模，收集一定量的图片数据。数据量应当遵循以下启发式规则，学习的图片数据越复杂，网络模型的规模越大，则数据量应当越多。本节使用的手写数字数据来自公开数据集 MNIST，具有数据 70000 条。

载入 MNIST 数据集，并构建数据加载器，代码如下：

```
import torchvision.transforms as tfs
#载入数据集
train_set=MNIST('mnist-data',train=True,download=True,transform=tfs.ToTensor())
```

```
train_data=DataLoader(train_set,batch_size=batch_size,shuffle=True)
```

11.7.2 模型构建

首先构建生成网络和判别网络，本节使用多层感知机(Multi-Layer Perceptor)作为模型网络框架，模型构建代码如下所示：

```
# 判别网络
def discriminator():
    net=nn.Sequential(
            nn.Linear(784,256),
            nn.LeakyReLU(0.2),
            nn.Linear(256,256),
            nn.LeakyReLU(0.2),
            nn.Linear(256,1)
    )
    return net
# 生成网络
def generator(noise_dim=NOISE_DIM):
    net=nn.Sequential(
        nn.Linear(noise_dim,1024),
        nn.ReLU(True),
        nn.Linear(1024,1024),
        nn.ReLU(True),
        nn.Linear(1024,784),
        nn.Tanh()
    )
    return net
```

手写数字图片的尺寸为 28×28，并且为黑白图片，所以一张图片被表示为一个维度为 784 的向量。生成网络的输入为一个随机数种子，并输出维度为 784 的向量作为生成的图片；判别网络的输入为 784 维的生成图片，而输出为一个概率值，表示该图片是真实图片的概率。

构建模型之后，还需要为模型构建优化器，代码如下：

```
# 使用 adam 来进行训练,学习率是 3e-4,beta1 是 0.5,beta2 是 0.999
def get_optimizer(net):
    optimizer=torch.optim.Adam(net.parameters(),lr=3e-4,betas=(0.5,0.999))
    return optimizer
```

最后将生成网络和判别网络进行实例化并传入显卡显存，并分别为两个网络构建优化器：

```
D=discriminator().cuda()
G=generator().cuda()
D_optim=get_optimizer(D)
G_optim=get_optimizer(G)
```

11.7.3 模型训练

在训练网络之前，需要为训练任务定义损失函数，如下所示：

```
from torch import nn
bce_loss=nn.BCEWithLogitsLoss()
def discriminator_loss(logits_real,logits_fake):# 判别器的损失
    size=logits_real.shape[0]
    true_labels=Variable(torch.ones(size,1)).float().cuda()
    false_labels=Variable(torch.zeros(size,1)).float().cuda()
    loss=bce_loss(logits_real,true_labels)+bce_loss(logits_fake,false_labels)
    return loss
def generator_loss(logits_fake):# 生成器的损失
    size=logits_fake.shape[0]
    true_labels=Variable(torch.ones(size,1)).float().cuda()
    loss=bce_loss(logits_fake,true_labels)
    return loss
```

其中，判别网络和生成网络均使用交叉熵作为损失函数。判别网络的训练目标是使得真实数据的概率得分接近于1，而虚假数据的概率得分接近于0。生成网络的训练目标是使得生成的虚假数据在判别器的概率得分接近于1。

定义好损失函数后，便可以开始对网络的训练了。生成对抗网络的训练基于以下策略：第一步使用生成网络生成若干样例；第二步使用真实图片和第一步生成的虚假图片训练判别网络；第三步训练生成网络使得其生成的虚假图片能够骗过判别网络；重复上述过程，直到达到训练结束条件。代码如下：

```
def train_a_gan(D_net,G_net,D_optimizer,G_optimizer,
discriminator_loss,generator_loss,show_every=250,noise_size=96,num_epochs=10):
    iter_count=0
    for epoch in range(num_epochs):
        for x,_ in train_data:
```

```
6.          bs=x.shape[0]
7.          # 判别网络
8.          real_data=Variable(x).view(bs,-1).cuda() # 真实数据
9.          logits_real=D_net(real_data) # 判别网络得分
10.         sample_noise=(torch.rand(bs,noise_size) -0.5) / 0.5
11.         g_fake_seed=Variable(sample_noise).cuda()
12.         fake_images=G_net(g_fake_seed) # 生成的假数据
13.         logits_fake=D_net(fake_images) # 判别网络得分
14.         d_total_error=discriminator_loss(logits_real,logits_fake)
15.         D_optimizer.zero_grad()
16.         d_total_error.backward()
17.         D_optimizer.step() # 优化判别网络
18.         # 生成网络
19.         g_fake_seed=Variable(sample_noise).cuda()
20.         fake_images=G_net(g_fake_seed) # 生成的假数据
21.         gen_logits_fake=D_net(fake_images)
22.         g_error=generator_loss(gen_logits_fake) # 生成网络的 loss
23.         G_optimizer.zero_grad()
24.         g_error.backward()
25.         G_optimizer.step() # 优化生成网络
26.         iter_count+=1
```

243

生成网络和判别网络经过多轮对抗迭代，直到达到预设的最大迭代次数，则停止训练，此时生成网络具备了生成拟真数据的能力。

本章小结

　　本章介绍了无监督深度学习，无监督深度学习是一种不依赖于标注标签的训练方式，其主要目的是训练网络模型学习无标签数据的自有特征。根据所学习数据特征的不同，本章将无监督深度学习划分为 4 种训练任务，具体而言，基于掩码的任务学习数据的上下文特征，基于语言模型的任务学习文本数据的概率建模，基于时序的任务学习数据的逻辑特征，基于对比学习的任务学习数据的含义特征。此外，本章还介绍了一些经典无监督深度学习模型，涵盖了全部 4 种无监督训练任务。最后本章通过手写数字生成这一个实例介绍了生成对抗网络无监督深度学习过程。

思考题与习题

11-1　请简述无监督深度学习的目的是什么？

11-2　请简要介绍什么是自动编码器(Auto-Encoder)？

11-3 自动编码器和掩码自动编码器有什么区别？

11-4 介绍几种经典无监督深度学习模型，并简述这些模型的主要思想。

参考文献

[1] HE K, CHEN X, XIE S, et al. Masked autoencoders are scalable vision learners[C]// Proceedings of the IEEE/CVF Conference on Computer Vision and Pattern Recognition, New York: IEEE, 2022: 16000-16009.

[2] LEWIS M, LIU Y, GOYAL N, et al. BART: denoising sequence-to-sequence pre-training for natural language generation, translation, and comprehension[C]//Proceedings of the 58th Annual Meeting of the Association for Computational Linguistics, Stroudsburg: ACL, 2020: 7871.

[3] JACOB D, CHANG M, LEE K, et al: BERT: pre-training of deep bidirectional transformers for language understanding[C]//NAACL-HLT, Stroudsburg: ACL, 2019: 4171-4186

[4] LIU Y, OTT M, GOYAL N, et al. Roberta: a robustly optimized bert pretraining approach[Z/OL]. 2019. [2024-08-01]. https://arxiv.org/abs/1907.11692.

[5] LAN Z, CHEN M, SEBASTIAN G, et al. ALBERT: a lite BERT for self-supervised learning of language representations[C]//International Conference on Learning Representations, New York: IEEE, 2020: 1-10.

[6] RADFORD A, NARASIMHAN K, SALIMANS T, et al. Improving language understanding by generative pre-training[EB/OL]. (2018-06-11)[2024-08-01]. https://cdn.openai.com/ research-covers/language-unsupervised/language_understanding_paper.pdf

[7] RADFORD A, WU J, CHILD R, et al. Language models are unsupervised multitask learners[J]. OpenAI Blog, 2019, 1(8): 9.

[8] BAO H, DONG L, PIAO S, et al. BEiT: BERT pre-training of image transformers[C]//International Conference on Learning Representations, New York: IEEE, 2022: 1-18.

[9] CHEN T, KORNBLITH S, NOROUZI M, et al. A simple framework for contrastive learning of visual representations[C]//International Conference on Machine Learning, New York: ACM, 2020: 1597-1607.

[10] WU Z, WANG S, GU J, et al. CLEAR: Contrastive learning for sentence representation[Z/OL]. 2020. [2024-08-01]. https://arxiv.org/abs/2012.15466.